상단좌 : 자카르타연안에서 주상퇴적물(코어)을 채취하는 저자 (타카다高田).

상단우 : 주상퇴적물 채취 전의 퇴적물채취기. 투입하는 순간은 잘 채취되도록 염원한다.

중단좌 : 채취한 주상퇴적물을 깊이별로 자르는 작업. 흔들리는 배위에서의 작업은 아주 어렵다.

하단좌 : 마닐라의 시내운하에서 표층퇴적물을 채취. 플라스틱 쓰레기가 걸려올 경우도 있다.

하단우 : 태국의 시내운하에서 채취하는 저자(미즈카와水川).

상　단 : 캄보디아의 쓰레기 매립처분장. 유기물이 혐기성 환경에서 분해되어 발생한 메탄가스에 발화. 쓰레기가 연소하여, 연기가 자욱하다(4장, 9장).

중단좌 : 캘커타의 쓰레기 매립처분장의 침출수를 채취하는 저자(타카다高田). 마스크와 고무장갑은 필수이다(4장, 9장).

중단우 : 말레이시아 시내에서 확인된 엔진오일 유출현장. 무분별한 관리가 석유유래의 오염을 일으키는 요인이 된다(6장).

하　단 : 가나 수도 근교의 전기·전자기기폐기물 해체장. PCB와 같은 과거에 규제가 실시된 오염물질이 선진국으로부터 개발도상국으로 이동·확산하는 원인이 되고 있다(2장).

상 단 : 슴새(좌)와 슴새의 우지선(우). 우지선에서 분비되는 기름성분을 이용하여 오염물질의 모니터링이 가능하다(12장).

중단좌 : 지중해 담치와 초록담치. 각각 낮은 온도 해역과 높은 온도 해역의 외래종이지만, 토쿄만에는 모두 서식하고 있다(12장).

중단우 : 타마천 하수처리장의 방류구 부근에서 잉어의 채취. 여러 사람이 몰아넣어 그물로 포획한다.

하 단 : 안벽에 서식하는 지중해 담치의 채취. 기구를 사용하여 부착되어 있는 안벽으로부터 떼어낸다(12장).

상단좌 : 지하수(우물물)의 시료. 난분해성으로 수용성이 큰 물질은 토양을 침투하여 지하수에 도달한다(8장, 11장).

상단우 : 고속도로의 도로배수 채취모습. 비가 오면 고가도로 아래의 배수구로 빠르게 흐른다(5장, 8장, 13장).

중단좌 : 하수처리장의 방류구에서 우천시 월류하수를 포착한 순간. 탁도가 높은 물이 밀려오는 모습을 알 수 있다.

중단우 : 오키나와 이리오모테섬에 표착한 대량의 플라스틱 쓰레기(10장).

하 단 : 세계 각지로부터 도착한 해안 표착 플라스틱입자(resin pellet). 각각 해역의 오염물질을 흡착하고 있어, 간편하게 할 수 있는 세계규모의 오염물질 모니터링을 가능하게 한다(12장).

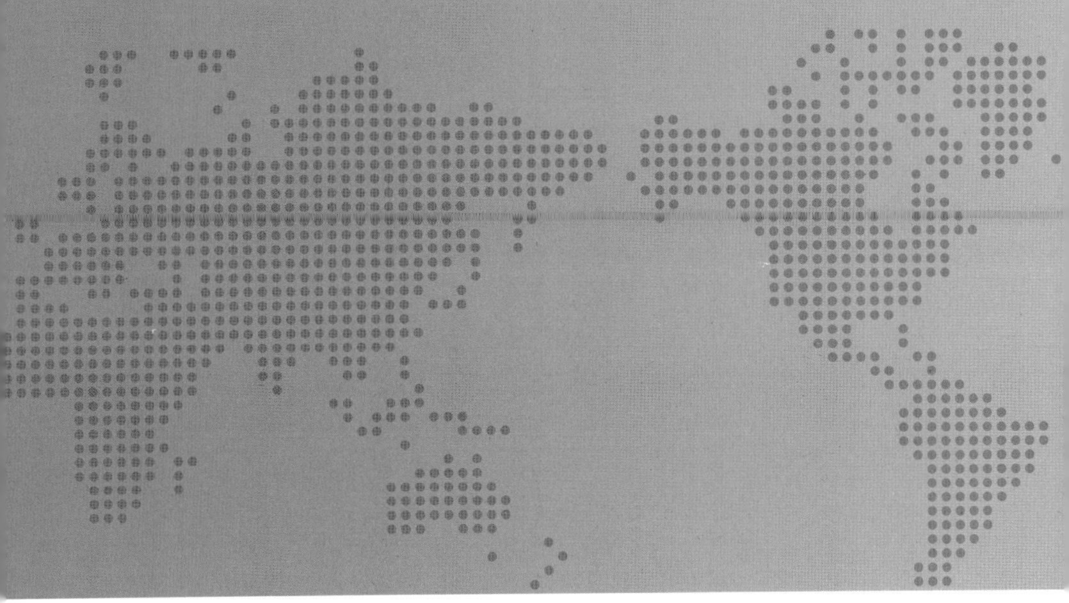

環境汚染化学

환경오염화학

생태계 내에서 유기오염물질의 거동

水川薫子 · 高田秀重 저 / 조현서 · 김성수 · 김영일 역

전남대학교출판문화원

서 문

이 책은 토쿄東京농공대학 농학부 환경자원과학과의 2학년 학생들을 대상으로 하는 「환경오염화학」이라는 강의내용을 바탕으로 쓴 것이다. 1997년 처음으로 강의를 시작하게 되었고, 「환경오염화학」을 담당하게 되었다. 그러나 「환경오염화학」이라는 강의에서 가르치고 싶은 내용이 정리된 교과서가 없었기 때문에 스스로 자료를 모아서 강의 자료를 만들었다. 이 분야의 외국 교과서로는 Schwarzenbach 등의 "Environmental Organic Chemistry"라는 두꺼운 교과서가 있었다. 이 책의 1장은 그 외국 교과서를 기본으로 한 내용으로 구성되어 있다. 그러나 "Environmental Organic Chemistry"는 이론적인 내용이 많고, 개별 오염물질의 해설은 부족하여 각론에서는 다른 교과서에 의존해야 했다. 각론으로 들어가면 교과서의 선정은 더욱 어려워지고, 한 권의 책에서 PCB, 다이옥신류, 석유오염, 합성세제, 의약품 등을 함께 다루는 책은 없었다. Kennish 등의 "Practical handbook of estuarine and marine pollution"은 오염물질의 발생원과 석유오염, PAH, 유기염소계화합물 등에 대해 매우 참고가 되었지만, 결국은 물질별로 전문 서적과 학술논문, 학회발표 초록을 바탕으로 강의 자료를 만들게 되었다. 첫 해의 강의가 끝났을 때 어느 정도 분량이 되는 강의 자료가 만들어졌다. 그러나 기존의 오염물질에 관한 연구도 나날이 발전하고 있기 때문에 내분비장애 화학물질, 브롬계 난연제, 불소계 계면활성제, 항생물질, 해양플라스틱오염 등 새로운 오염물질에 관한 연구도 추가하게 되었다. 그 때문에 첫 해 강의에서 가르쳤던 분자마커는 다른 강의(지구화학)에서 하게 되었다(이 책에서는 분자마커를 마지막 장에서 다루고 있다).

이 책은 1장에서 오염물질 발생원의 특성, 오염물질의 거동과 물성과의 관계에 대해서 설명하고 있다. 이러한 것이 환경오염물질 화학의 근간이 되는 것이다. 그러나 개론만으로는 이해하기 어려운 것이 있기 때문에 2장에서 13장까지 각각의 오염물질과 그 응용에 대해서 설명하였다. 그러나 그러한 것들을 단순히 기재하는 것으로 끝나지 않게 1장과 연관 지어서 집필하였기 때문에 각 장을 읽을 때는 1장을 참고하길 바란다. 그리고 이 책을 처음부터 순서대로 읽어가는 경우에는 13장까지 읽은 후 다시 1장을 읽어보길 바란다. 그렇게 함으로서 개별적인 현상 각각의 특수성을 인식하고 비교함으로써 거기에 연결되는 일반적인 이해에 도달하게 될 것이다. 원래는 마지막에 전체를 정리한 장과 그것들을 수치적으로 나타내는 모델링의 장을 만들어 완결해야 하므로 환경오염물질을 연구하는 전문가에게는 이 책이 부족할지도 모른다. 향후에 개정판 등 이 책을 바탕으로 보다 포괄적인 교과서가 만들어지기를 기대한다. 「환경오염화학」에 대한 학문적 체계가 없었던 것에 체계를 세우는 시도의 의미로 이 책을 읽어주면 다행으로 생각한다.

환경오염화학의 강의를 13년 정도 계속하여 강의 자료도 꽤 갖추어진 2011년 1월, 그 해 박사학위를 취득한 이 책의 필두 저자인 미즈카와 카오루코水川薫子씨로부터 환경오염화학 강의의 내용으로 교과서를 집필하자는 제안을 받았다. 나는 쌓여있는 데이터를 논문으로 작성하는 것이 우선이었기 때문에 집필을 할 수 없어서 내가 강의한 자료를 바탕으로 미즈카와水川씨가 교과서를 집필하게 되었다. 또한 책으로 편찬할 때 데이터와 자료 등의 출처 찾기 및 확인 등 세세한 작업도 미즈카와水川씨가 담당하였다. 그리고 각 장의 교정은 최신 연구를 하고 있는 연구실의 졸업생에게 부탁하였다. 귀중한 의견을 주신 쿠마다 히데토시熊田英峰씨, 이소베 토모히코磯部友彦씨, 나카다 노리히데中田典秀씨, 오쿠다 토모아키奥田知明씨, 마나가키 사토시真名垣聡씨, 엔도 사토시遠藤智司씨, 무라카미 미치오村上道夫씨, 야마시타 레이山下麗씨에게 감사드린다. 그리고 이 책의 기획단계에서 독려해주신 시바타 야스유키柴田康行 교수님, 와타나베 이즈미渡邊泉 교수님께 감사드린다. 이 책을 편집할 때 참고 기다려주신 마루젠丸善 출판주식회사의 쿠마가이 겐熊谷現씨에게 감사드린다. 이 책에는 논문으로 아직 발표되지 않은 우리 연구실의 연구 자료도 수록되어 있다. 이러한 귀중한 사료를 제공해준 연구실의 졸업생 여러분께도 감사드린다.

2015년 8월

집필자를 대표하여

타카다 히데시게高田秀重

역자 서문

얼마 전 세계 최고 권위의 의학저널인 랜싯(The Lancet)의 발표를 보면 "2015년 전 세계에서 환경오염으로 인해 당초 주어진 수명만큼 살지 못하고 조기에 사망한 사람이 900만 명이나 된다고 발표 하였으며, 2015년 전 세계 사망자 6명 가운데 한명 꼴로 환경오염 때문에 조기에 사망했다"는 보고였습니다. 이러한 수치는 에이즈와 결핵, 말라리아로 사망하는 사람을 모두 합한 것보다 3배 이상 많고, 전 세계에서 전쟁이나 폭력으로 희생되는 사람보다는 15배 이상, 흡연이나 기아, 재해로 사망하는 사람보다도 많은 것으로 랜싯 환경오염·보건위원회(The Lancet Commission on pollution and health)의 보고가 있었습니다(2017.10.25. SBS 보도).

산업혁명 이후 산업화가 진행되는 과정에서 엄청난 양과 다양한 종류의 합성화학물질이 생산되면서 인류는 이들에 의한 각종 오염문제로 골머리를 앓고 있습니다. 가까운 일본의 미나마타병은 결국 2017년 8월16일에 수은에 관한 미나마타 협약의 발효를 이끌어 내었습니다. 그리고 미국 허드슨강의 폴리염화비페닐(PCB) 오염사건도 유명한 환경오염사건입니다. 국제 통계에 따르면 약 1억3백만 여종의 화학물질이 개발되어 있고, 매일 1만 5천여종이 새롭게 개발되고 있다고 합니다. 약 5초마다

1종, 연간 5백만종 이상이 개발된다고 하니 엄청난 수치입니다. 물론 모든 화학물질이 상품화되어 유통되는 것은 아니지만 농약과 의약품을 제외하고 실제로 유통되는 화학물질은 약 12만종으로 알려져 있으며, 매년 2천여종의 신규화학물질만이 시장으로 진입하고 있습니다. 이와 같은 화학물질들은 결국 다양한 경로를 거쳐서 해양생태계로 유입되어 최종적으로는 해양오염문제를 일으키게 됩니다.

1962년 해양생물학자이며, 환경운동의 어머니라고 불리는 레이철 카슨(Rachel Carson 1907~1964)은 살충제와 살균제의 무분별한 사용으로 인한 환경오염의 심각성을 지적한 책 「침묵의 봄」을 발간하면서 세계인들의 주목을 받게 되었습니다. 이러한 제목이 나오게 된 배경은 살충제의 오남용으로 인하여 생태계가 파괴됨으로서 "봄이 왔는데도 새들이 노래 소리가 들리지 않는다"는 것을 우려한 의미를 담고 있습니다.

잔류성유기오염물질(Persistent Organic Pollutants, POPs)은 독성이 강하고, 생물농축성과 생태계의 잔류성이 높으며, 장거리 이동하는 특성을 가진 물질을 말하며, 특히 생태계의 먹이사슬을 통하여 동식물의 체내에 축적되어 면역체계 교란, 중추신경계 손상 등을 초래하는 물질을 말합니다. 이러한 물질들을 전 세계적으로 관리하기 위하여 2001년 5월에 공식적으로 스톡홀름 협약이 채택되어 2004년 5월에 프랑스가 50번째로 비준서를 기탁함으로써 발효하였으며, 우리나라는 2001년 10월 4일에 가입하였고, 2007년 1월 25일 비준하였습니다. 이 협약에서는 최초 12종의 물질(폴리염화비페닐(Polychlorinated Biphenyls: PCBs), 다이옥신(dioxins), 퓨란(furans), 알드린(aldrin), 디엘드린(dieldrin), DDT, 엔드린(endrin), 클로르데인(chlordane), 헥사클로르벤젠(hexachlorobenzene, HCB), 마이렉스(mirex), 톡사펜(toxaphene), 헵타클로르(hepachlor))이 지정된 이후 지속적으로 추가 지정되면서 현재는 의도적물질 24종(부속서 A: 22종(최초 9종+클로로데칸, 린단, 알파/베타헥사클로로사이클로헥산, 테트라/펜타/헥사헵타브로모디페닐에테르(-BDE), 헥사브로모비페닐(HBB), 펜타클로로벤젠, 엔도설판, 헥사브로모사시클로도데칸(HBCD), 염화나프탈렌, 펜타클로로페놀(PCP), 헥사클로로부타디엔(HCBD), 부속서 B: 2종(과불화옥탄술폰산(PFOS)과 그 염류, 과불화옥탄산술포닐플로라이드)과 비의도적 물질 5종(부속서 C(다이옥신, 퓨란, 헥사클로로벤젠, 펜타클로로벤젠, CO-PCB)이 지정되었지만 헥사클로로벤젠, 펜타클로로벤젠, PCB 등 3종이 부속서 A와 C에 모두 지정되어 있어서 총 26종의 물질이 지정되었습니다.

잔류성유기오염물질 중 대표적인 물질이 디클로로디페닐트리클로로에탄(DDT) 입니다. 이 물질은 1874년에 독일 화학자에 의해 처음으로 합성되었지만 살충제의 효능이 발견된 것은 1939년이었으며. 그 공로를 인정받아서 스위스의 파울 뮐러(Paul Müller, 1899～1965)가 노벨상을 받았습니다. 당시 인류는 마땅한 살충제가 없어 고민했는데 이 고민을 한꺼번에 해결해준 기적의 살충제로 각광을 받았습니다. 1940년대 미국에서는 TV나 인쇄물에 “DDT if good for meee”라고 선전도 하였고, 집안 곳곳에 어른, 아이 할 것 없이 DDT가 녹아 있는 액체를 도포하는 광고도 있었습니다. 지금 생각해보면 살떨리는 일이었습니다. 1940년대 화려하게 등장한 DDT는 미국 남부에서 매년 수백만 명을 괴롭히던 말라리아를 1950년 완전히 퇴출시켰으며, 비슷한 시기에 남유럽에서도 DDT가 말라리아를 퇴치했습니다. 그러나 이러한 영광은 오래가지 못하였습니다. 1950년대 후반 미국에서는 살충제가 대량으로 살포된 지역에 야생동물이 피해를 입는 사태가 자주 발생하였습니다. 대표적인 예가 봄의 전령사로 사랑을 받았던 울새와 미국을 상징하는 동물인 흰머리수리(일명 대머리독수리)의 개체수가 급감하는 사태가 발생하였습니다. 1970년 4월 22일에는 제1회 지구의 날 행사가 개최되었고, 그해 12월에는 환경문제를 전담하는 연방기구로 환경보호청(Environmental Protection Agency,

EPA)이 설립되었으며, 1972년에 드디어 DDT의 사용이 금지되기에 이르렀습니다. DDT 사용이 금지되면서 멸종위기에 처했던 흰머리수리의 개체수가 복원되는 등 바람직한 효과가 나타나기 시작하였습니다. 그러나 살충제에 대한 관심이 시들해지면서 DDT 보다 훨씬 더 해로운 유기인계 살충제가 그 빈자리를 매웠고, 제초제의 사용량도 꾸준히 증가했습니다.

PCB의 환경오염 사례로는 1986년 3월 일본의 큐슈 일대에서 이상한 피부염이 걸린 사람들이 나타났고, 이는 카네미회사에서 제조한 식용유로 만든 음식을 먹은 것이 원인으로 밝혀졌습니다. 이 사건으로 14,000명이 신체 이상을 호소하였으며, 이 지방의 닭 100만 마리가 카네미유가 포함된 먹이를 먹고 중독되었으며, 이 중 70만 마리가 떼죽음을 당했습니다.

최근에는 미세플라스틱에 의한 환경오염물제가 국내외적으로 큰 관심을 끌고 있습니다. 우리나라에서도 수돗물에 미세플라스틱이 검출되었다는 보도가 있으며, 해양생물 중 굴, 홍합, 게, 갯지렁이 등에서 미세플라스틱이 검출되어 사회적 문제가 되고 있습니다.

많은 사례에서 볼 수 있듯이 우리가 사용하는 다양한 물건이나 인류가 필요해서 만들어진 생산품들이 잘못 폐기되거나 무단으로 버렸을 경우 미세플라스틱의 습격처럼 쓰레기의 종착역인 해양으로 유입되어 먹이사슬을 거쳐 최종적으로는 우리의 밥상에 올라올 가능성이 매우 큽니다. 이러한 해양오염 문제를 슬기롭게 해결하기 위해서는 새로운 화학물질에 대한 감시를 강화하기 위해 분석법을 개발함과 동시에 이러한 오염물질의 저감대책을 마련함으로써 해양오염을 해결함은 물론 최종적으로는 우리 인간의 건강을 위협하는 요소를 제거하는 길이 될 것입니다.

이 번역서는 환경오염을 전공하는 대학생 수준의 강의 도서로서도 적합하며, 환경에 관심이 있는 일반인들도 충분히 이해할 수 있는 수준이라고 판단됩니다. 또한, 해양환경 및 해양생태계 보전이나 수산물 안정성 측면에서 정책을 수립하는 공무원들에게도 도움이 될 것으로 기대하고 있습니다. 끝으로 이 번역서의 출판에 애써주신 전남대학교출판문화원에게도 감사드립니다.

2018년 2월

역자 일동

목 차

제2부 사례 편

제1부

개 론

01

개 론

1.1. 증가하는 화학물질과 그 물성을 기반으로 한 환경거동 파악의 중요성

현재 전 세계에 화학물질이 얼마나 존재하고 있는지 아는가? 새롭게 발견되는 화학물질을 데이터베이스에 등록하는 시스템이 있다. 그 중에 주요한 것 하나가 Chemical Abstracts Service(CAS)이며, 여기에는 화학합성에 의해 인공적으로 만들어 지거나 자연계에서 발견되는 화합물이 등록된다[1]. 비율로는 유기합성에 의해서 만들어진 것이 많다.

그림 1.1은 1965년부터 2015년까지 CAS에 등록된 무기화합물과 유기화합물 총수의 변화양상이다. 1965년에는 약 21만종이었던 등록 수는 2014년 10월에는 9,000만종, 2015년 6월 중순에는 1억 종을 넘었다. 이 8개월 반 정도에 약 1,000만종이 증가하여, 평균하면 하루에 약 4만개의 화학물질이 등록되는 것이다. 이것은 약 2초에 한 개가 등록되는 속도이다. 2006년부터 2007년에 걸친 증가 수는 약 300만개로, 약 10초당 한 개의 속도이며, 신규 화학물질이 등록되는 속도는 점점 증가하고 있다. 실제로 CAS의 홈페이지에는 무기·유기화합물의 등록되는 총수에 관한

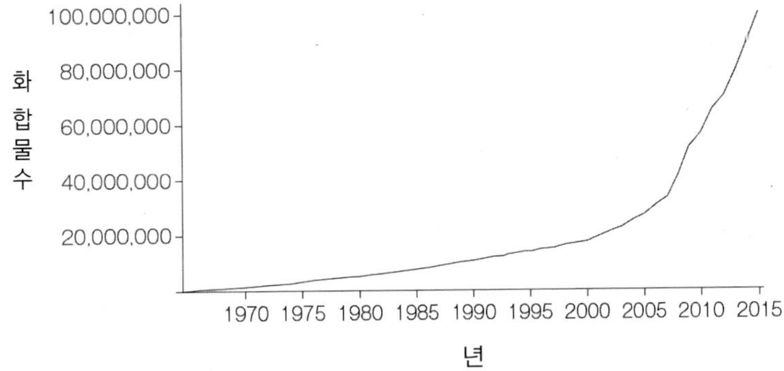

그림 1.1. CAS에 등록되어 있는 화합물 수의 변화

"CAS Assigns the 100 millionth CAS registry Number® to a Substance Designed to Treat Acyte Myeloid Leukemia"를 근거로 작성
https://www.cas.org/news/media-releases/100-millionth-substance

계수기(counter)가 표시되어 있으며, 범추지 않고 계속 돌아가고 있다.

이와 같이 몇 초에 한 개씩 새로운 화학물질이 탄생하는 것은 환경오염 연구자에게는 큰 문제가 된다. CAS에 등록된 모든 화학물질이 환경으로 방출되는 것은 아니지만 나날이 증가하고 있는 모든 화학물질에 대한 분석법을 개발하고, 거동을 파악하는 것은 사실상 불가능하기 때문이다. 화학물질 1개의 분석법을 개발하는 것만으로도 1년 이상 걸리는 경우가 있다.

여기서 요구되는 것이 화학물질의 물리·화학적 성질을 이용한 분포·거동의 추정 및 예측이다. 화학물질의 분포·거동은 그 화학물질의 물리·화학적인 성질에 크게 의존하고 있다. 예를 들면, 휘발성이 높은 오염물질은 대기로 이동되어 발생원으로부터 멀리 떨어진 곳까지 운반된다. 그리고 물에 녹기 어렵고, 기름에 녹기 쉬운 오염물질은 사람이나 야생동물의 지방에 축적된다. 이와 같이 오염물질의 물리·화학적 성질과 분포·거동과의 관련성을 이해하면 오염물질의 분포나 거동을 직접 조사하지 않아도 예측하는 것이 가능하다. 물성과 거동과의 관련성이 이해되면 보다 정량적으로 예측할 수 있다. 물성은 실험실에서도 비교적 쉽게 측정할 수 있으므로 화학물질이 실제로 사용되어 환경으로 방출되기 이전에 그 물질의 분포나 거동을 예측할 수 있다. 게다가 지금은 분자식·구조식으로부터도 물성을 추정할 수 있기 때문에 공업적으로 생산되기 전에 그 물질의 분포·거동 및 생태계에 미치는 영향이 예측 가능하게 되었다. 어쨌든 중요한 점은 오염물질의 물리·화학적 성질과 분포·거동과의 관련성에 대한 정량적인 이해 또는 물성과 거동과의 관련성에 대한 일반적인 법칙을 찾아내는 것이 중요하다. 일반 법칙의 적용에는 연역적인 방법과 귀납적인 방법이 있지만 이 책에서는 귀납적인 방법을 시도해보겠다. 즉 기존 물질의 분포·거동을 물리·화학적인 성질과 관련지어 고찰하고 거기에서 유도되는 일반적인 「법칙」을 찾아내는 것을 목표로 한다.

이 책의 목적은

① 대표적인 인위적 기원 유기화합물의 구조·성질·분포·거동·영향의 이해

② 인위적 기원 유기화합물의 환경거동을 지배하는 법칙의 이해

③ 목적 ①·②에서 얻어진 지식을 활용한 거동 연구 방법·모니터링 방법의 이해이다.

이 책은 제1부에 개론으로서 화학물질의 물리·화학적 성질과 지금까지 알려진 지식으로부터 확립된 일반적인 법칙에 대해서 살펴보겠다. 그리고 제2부의 대표적인 인위적 기원 유기화합물의 각론에서는 각 화합물이 각각 어떠한 구조·성질을 가지고 있는지, 어디에 분포하기 쉬운지, 어떻게 움직이는지, 어떠한 영향이 있는지 등의 항목에 대해서 고찰하겠다. 마지막 제3부에서는 예방적 대응으로서의 모니터링 방법에 대해서 소개하겠다.

아마도 제1부 개론을 한번 읽어서는 이 책의 전모가 아직 보이지 않을 것으로 생각되지만 그 개론을 기본으로 하여 제2부의 각론을 읽어 나가

며 각각의 사례에 대해 이해가 깊어질 것이며, 책 전체를 통하여 다시 개론이 이해될 것으로 기대한다.

1.2. 오염물질의 정의와 종류

1.2.1. 오염의 정의

이 책은 환경오염에 대해 서술하는 책이기 때문에 먼저 「오염」을 정의하겠다. 한자어[1) 「오염」은 영어로는 「contamination」과 「pollution」의 두 종류의 단어로 나타낸다. Contamination은 본래 존재하지 않던 것이 존재하는 것, 또는 원래는 존재량이 적었던 것이 증가하는 것을 의미한다. 그것에 의해 생물·생태계로의 영향 여부는 관계가 없다. Pollution은 단순히 자연에 없었던 것이 존재하거나 존재량이 적었던 것이 증가하는 것에 추가로 생물에 유해한 영향이 있는 것을 전제로 한다. 한자로는 모두 오염으로 표기하지만 생물로의 영향 유무가 중요한 포인트이다. 오염의 정의에 대해서는 Kennish(1997)에 상세하게 기술되어 있다[2].

1.2.2. 오염물질과 인위적 기원물질

오염물질도 영어로는 contaminant와 pollutant 두 종류의 단어가 된다. Contaminant를 인위적 기원물질, pollutant를 오염물질이라고 부르면 한자어로서도 구별할 수 있다. 즉 인위적 기원물질 속에 생물 영향이 있는 것이 오염물질이다. 이 책에서 다루는 화학물질은 인위적 기원물질 중의 유기화합물, 즉 「인위적 기원 유기화합물」이다. 인위적 기원 유기화합물은 영어로는 anthropogenic organic compound라고 한다. Anthropogenic은 「인간이 원인」이라는 의미의 단어이며, 간단히 「인공유기화합물」만을 가

1) 역자 주 : 원서에는 일본어로 표기되어 있으나 원래는 한자어이며, 우리나라도 마찬가지로 오염이라는 단어를 사용하기 때문에 의역하여 한자어로 번역함

리키는 것은 아니라는 점에서 주의하길 바란다.

인위적 기원 유기화합물은 두 개의 범주(category)로 나눌 수 있다. 첫 번째는 공업적으로 합성된 화학물질이며, 인위적 기원 유기화합물의 대부분이 여기에 해당된다. 대표적인 예로서 폴리염화비페닐(polychlorinated biphenyl: PCB), 디클로로디페닐트리클로로에탄(dichlorodiphenyltrichloroethane: DDT), 연성알킬벤젠설폰산염(linear alkylbenzenesulfonate: LAS) 등을 들 수 있다.

두 번째는 자연계에 원래부터 존재하지만 인간 활동에 의해서 환경으로 유입이 증가하고 있는 화학물질이다. 예로서 우선 석유가 있다. 석유라고 하면 공업적인 이미지가 있지만 석유는 수 천만년 전에 바다나 호소의 바닥에 퇴적된 생물 유해가 지각 속에서 속성작용에 의해 자연적으로 만들어진 것이며, 지구상에서는 자연적으로 용출되는 장소도 있다. 우리가 이용하고 있는 석유는 인위적으로 대량으로 퍼올린 것이다. 그리고 다환방향족탄화수소(polycyclic aromatic hydrocarbon: PAH)도 여기에 포함된다. PAH는 유기물의 연소에 의해서 생성되는 화학물질이며, 자연에서는 산불이나 산림화재 등의 기원으로 존재하고 있다. 그러나 자동차의 배출가스나 화석연료의 연소 등 인간 활동에 의해서도 환경으로 방출되고 있다. 마찬가지로 다이옥신도 자연에 미량으로 존재하였던 물질이었지만 쓰레기 연소 등에 의해 인위적인 유입이 증가하고 있는 물질이다.

1.3. 오염물질의 거동을 지배하는 요인

그림 1.2는 어떤 물질 「i」가 물 환경 속에서 어떻게 거동을 하는지를 예를 들어 토쿄만東京湾과 같은 내만에서의 오염물질의 거동을 나타낸 모식도이다.

우선 물질 「*i*」가 시스템에 들어가는 경로부터 살펴보면 하수(sewage)

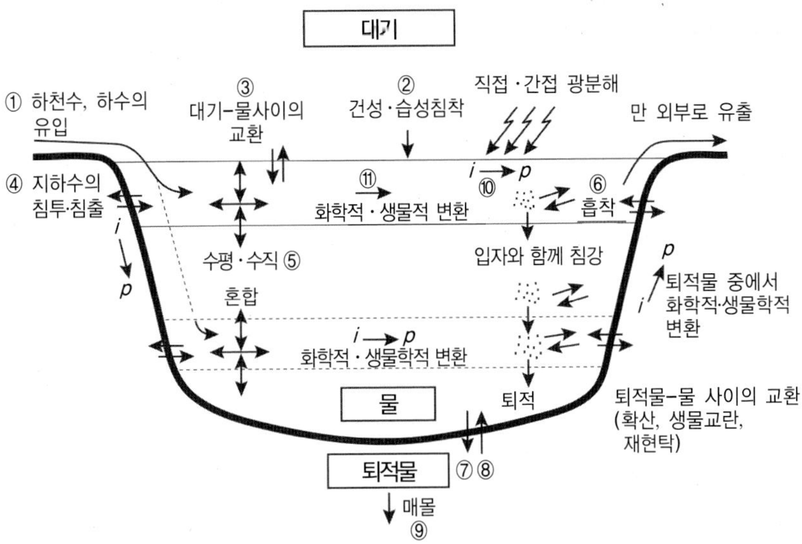

그림 1.2. 환경에서 유기화합물 *i* 가 받는 물리적, 화학적, 생물석 process.
i : 임의의 물질, *p* : 생성물

R.P. Schwarzenbach *et al.*, "Environmental Organic Chemistry, 2nd edition", p.7, John Wiley(2003)

는 수역으로 유입되는 오염물질의 중요한 유입원이다(①). 하수는 하수처리가 된 즉, 하수처리수와 처리되지 않은 하수(생하수) 모두 포함한다. 선진 공업화 국가의 도시지역에서는 하수처리수가 주요하지만 경제적 발전도상국 등에서는 생하수도 수역으로 방류되는 경우가 있다. 그리고 직접 내만으로 하수가 방류되고 있는 경우도 있다. 또한 하천으로 하수가 직접 방류되는 경우가 많기 때문에 하수에 포함되어 있는 화학물질은 하천수와 더불어 수역으로 유입된다. 「*i*」는 대기로부터도 수역으로 들어온다. 대기로부터의 유입은 두 가지의 경로가 존재한다. 하나는 대기의 「*i*」가 빗물에 녹거나, 먼지에 흡착되어 수역으로 들어오는 경로이다(②). 각각 습식침착(wet deposition), 건식침착(dry deposition)이라고 한다. 또 하나는 가스 상태로 대기에 존재하고 있는 「*i*」가 물에 녹아드는 과정이다(③). 이 과정은 역방향, 즉 물에 녹아 있는 것이 대기로 방출되는 과정도 있으며, 이 두 과정을 합쳐서 대기-물 사이의 교환이라고 부른다. 지하수에도 오염물질은 존재하고 있으며, 수역으로의 지하수의 누출(exfiltration), 수역으로부터 지하수로의 물의 침입(infiltration)에 의해서도 오염물질은 유입·유출된다.

다음으로 시스템 내에서 물질 「*i*」의 움직임에 주목해보자. 물속의 물질 「*i*」는 물의 수평적인 움직임(수평혼합)에 의해서 평면적으로 확산된다(⑤). 동시에 물의 수직적인 움직임(수직혼합)에 의해서 수직방향으로도 운반된다(⑤). 물질 「*i*」의 움직임 특히 수직방향의 움직임은 물질 「*i*」의 존재 상태에 따라서 달라진다. 오염물질 「*i*」는 환경수에서 두 가지 상태로 존재한다. 하나는 물에 녹아 있는 상태(용존태), 또 하나는 현탁입자에 흡착(sorption)되어 있는 상태(입자태)이다(⑥). 입자에 흡착되어 있는 것은 물로 탈착(desorption)되는 현상도 일어난다. 용존태와 입자태의 비율은 물질의 성질에 의존하므로 다양하다. 거의 대부분이 물에 녹은 상태로 존재하는 물질도 있지만, 그 반대로 입자에 흡착된 것이 거의 100%인 물질도 있다. 입자에 있는 오염물질은 오염물질이 입자의 표면에 존재하는 것, 즉 흡착(adsorption)된 것과 입자의 내부에 침투·흡수(absorption)된 것이 존재한다. 두 개를 합쳐서 수착收着(sorption)이라고 하는 쪽이 화학적으로 정확하지만, 이 책에서는 두 개를 합친 것을 흡착吸着이라고 표현하고, 영어로서 sorption을 사용하겠다. 현탁입자는 최종적으로 수층의 바닥에 가라앉는데, 이 현상을 침강 또는 퇴적(sedimentation)이라고 한다(⑦). 현탁물질의 침강·퇴적과 함께 입자태의 물질 「*i*」도 수직방향으로 운반되어 퇴적물(sediment)로 들어가게 된다. 퇴적물이 된 직후의 현탁입자는 다시 수층으로 되돌아가는 것도 있지만(⑧), 현탁입자가 점점 쌓이면 매몰(burial)이라는 상태가 된다(⑨). 퇴적물의 상태에 따라 달라지지만 약 30~50cm 정도의 깊이가 되면 생태계와는 단절된 안정한 상태가 되고, 현탁입자에 흡착된 물질 「i」는 더 이상 수층으로 되돌아가지 않는다. 이러한 물질 「i」의 수직운반과 퇴적은 입자태의 물질 「i」에 대해서 일어나는 현상이다. 물에 녹아 있는 물질 「i」는 수괴(watermass) 안에서 확산과 수괴의 이류移流에 의한 수평적·수직적으로 움직일 수 있지만(⑤), 물이 온도나 염분의 관계에서 성층을 이루고 있는 경우에는 수괴들끼리 혼합되지 않으므로 용존태의 물질 「i」는 수직방향으로는 운반되지 않는다. 성층이 있는 수역에서는 입자에 흡착된 물질 「i」만이 수직방향 즉 퇴적물까지 운반된다.

이와 같이 수역에서는 다양한 움직임이 일어나고 있지만 그 움직이는 형태는 화학물질에 따라 다르다. 이 책은 유기화합물에 초점을 맞추고 있지만 여기에서 설명한 것처럼 「어떤 물질이 어떤 매체에 얹혀서 움직이는가」라는 점에서는 무기물질에 대해서도 적용된다. 무기물질과 유기화합물 사이의 큰 차이점은 분해가 되는지의 여부이다.

유기화합물은 환경에 존재하는 동안 다양한 화학변화를 받는다. 광분해(photolysis)는 직접 빛을 받아서 결합이 끊어지고 부서지는 직접광분해(direct photolysis)와 빛이 다른 물질에 닿아서 생긴 라디칼이 물질을 파괴하는 간접광분해(indirect photolysis)가 있다(⑩). 또한 화학적인 분해나 미생물 분해 등에서도 변성이 일어난다(⑪). 유기화합물은 분해를 거쳐서 무기화되는 것과 역으로 독성이 증가하는 것도 있다. 또한 이 그림에서는 포함되어 있지 않지만 생물로 흡수되는 과정도 존재한다.

그림 1.2와 같이 화학물질이 어디로부터 환경으로 유입되었고, 어떤 매체에 의해 어느 정도의 속도로, 어느 방향으로 가기 쉬운지, 어떻게 분해되는지 등의 하나하나의 작은 과정의 종류와 특성을 이해하는 것에 의해 환경에서 화학물질의 오염실태를 파악할 수 있게 된다. 그리고 이러한 작은 각각의 과정들을 정량적으로 수식으로 표현하고 그것을 조합시키는 작업(모델링)이 이루어진다. 이 책에서는 모델링까지는 들어가지

않았지만 각각의 작은 과정에 대한 보다 정량적인 이해와 그것을 바탕으로 한 모델화에 대해서는 Schwalzenbach *et al.*(2003)과 카와모토(河本, 2006) 등에 상세히 서술되어 있고[3, 4], 그것에 기초한 거동모델이 만들어져 있다. 일본에서도 국립환경연구소의 리스크(risk) 연구센터가 작성한 GIS 다매체환경동체예측모델(G-CIEMS) 등이 공개되어 있다[5].

다음의 절에서는 이들의 다양한 각각의 작은 과정들을 발생원, 물리·화학적 성질에 지배되는 운반매체와의 친화성, 매체의 거동, 분해로 나누어서 살펴보겠다.

1.4. 발생원

이 절에서는 물 환경 오염을 고려할 때 중요한 두 종류의 발생원인 점원(특정 오염원, point source)과 비점원(비특정 오염원, non-point source)에 대해서 설명하겠다. 표 1.1에 점원과 비점원의 종류를 정리하였다.

1.4.1. 점원 오염

점원 오염이란 오염물질이 어떤 특정의 점(장소)에서 수역이나 대기로 방출되는 현상이다. 그 오염물질의 방출원이 점원이며, 공업배수나 하수처리수 등의 배수구 등이 대표적이다.

배수의 경우 선진 공업화 국가에서 공업배수를 환경으로 방류하기 위해서는 어느 정도 처리하여 환경기준을 만족시킬 필요가 있기 때문에 최근에는 공업배수에 의한 오염 사례는 줄어들었다. 그러나 개발도상국에서는 아직까지 공업배수에 대한 대책이 충분하지 않은 경우가 많은 것이 문제이다. 한편 선진 공업화 국가·개발도상국 관계없이 우리의 생활과 끊을 수 없는 발생원이 도시배수(municipal wastewater)이다. 도시배수란 도시활동 전반으로부터 나오는 배수(공업배수를 제외)이며, 가정배수, 상

표 1.1. 점원과 비점원

점원(point source)
공업배수(industrial wastewater) 도시배수(municipal wastewater) 생하수(raw wastewater) 1차 처리수(primary effluent) 2차 처리수(secondary effluent) 하수오니(sewage sludge) 우천시 월류하수(combined sewer overflow: CSO) 해양투기(ocean dumping) 쓰레기처분장 침출수(leachate from garbage dumping site)
비점원(non-point source)
도시표면 유출수(urban runoff) 도로배수(street runoff) 지붕배수(roof runoff) 농지표면유출수(agricultural runoff) 대기침착(건식·습식) (atmospheric deposition(dry & wet) 정화조배수·누출(septic-tank effluent & leackage) 연안퇴적물(coastal sediment)

업시설로부터의 배수, 교통관련 배수를 총칭하는 말이다. 그 중에서 대부분을 차지하는 것이 가정배수, 즉 하수(sewage)이다. 이번 항에서는 하수를 중심으로 몇 개의 점원을 소개하겠다.

가) 하수처리장

하수 유래의 점원을 이해할 때 중요한 것이 하수처리장의 구조이다. 그림 1.3은 하수처리장의 일반적인 모식도이다. 우리가 가정에서 사용한 배수는 하수도를 통해 흘러가서 하수처리장으로 운반되며, 이렇게 처리하지 않은 하수를 생하수(raw sewage)라고 부른다. 생하수는 1차 침전지를 통과하면서 생하수에 들어 있는 고형물을 물리적으로 침전시킨다. 하수처리장에 따라서는 1차 침전지에 무기적인 약제를 투입하여 침전을 촉진시키는 경우도 있다.

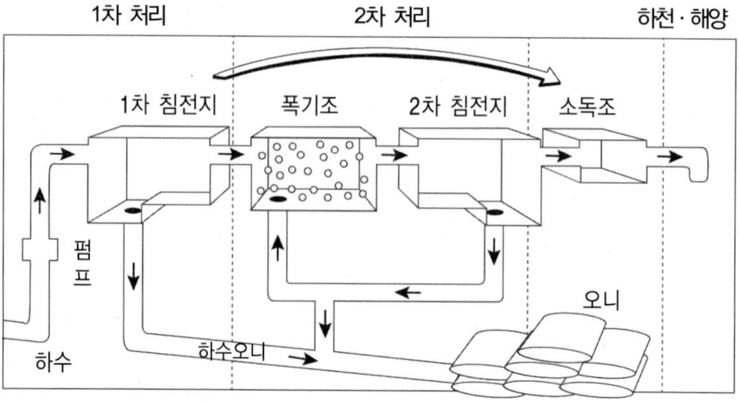

그림 1.3. 하수처리장의 구조

M.J. Kennish, "Practical Handbook of Estuarine and Marin Pollution", p.53, CRC Press(1997)

다음으로 1차 침전지에서 나온 배수(1차 처리수, primary effluent)는 폭기조로 이송되어 대량의 공기로 폭기시킨다. 1차 처리수에 포함되어 있는 유기물은 호기적인 미생물의 먹이가 되어 분해되고, 한편으로 미생물 자신은 증식한다. 그후 폭기된 물을 2차 침전지에 천천히 흘려보내어 증식한 미생물을 1차 처리와 같이 침전시킨다. 여기에서 생성되는 침전물을 활성오니(activated sludge)라고 하며, 그 일부는 폭기조로 반송되어 미생물 분해를 일으키기 위한 씨앗(종균)으로 활용된다. 또한 1차 처리·2차 처리의 침전물을 합쳐서 하수오니(sewage sludge)라고 한다. 이렇게 폭기·침전을 거친 후의 물(2차 처리수, secondary effluent)은 소독조에서 바이러스 등을 죽이기 위해 염소(고도처리 방법으로서 오존을 사용하는 곳도 있다)로 소독한 후에 수역으로 방류된다.

이상이 일반적인 하수처리 과정이다. 생하수에 들어 있는 오염물질 중 입자에 흡착되기 쉬운 물질은 침전, 미생물에 의해 분해되기 쉬운 물질은 분해되어 하수처리 과정에서 제거된다. 그러나 오니에는 하수의 「입자에 흡착하기 쉬운」 오염물질이 포함되어 있으므로 오니를 적절하게 처리하지 않으면 이것이 또 새로운 오염원이 되는 것을 잊지 말아야 한다. 일본에서는 일반적으로 하수오니를 건조한 후에 다이옥신류가 발생하지 않도록 높은 온도에서 소각처분하여 수역으로 방출되지 않도록 하고 있다. 본래 하수오니는 질소나 인을 대량으로 포함하고 있기 때문에 영양염의 순환이라는 관점에서는 대단히 유용한 비료이므로 과거에는 토쿄東京에서도 하수오니를 퇴비로서 이용하였다. 그러나 유해화학물질과 바이러스 등의 위생문제가 우려되어 최근에는 극히 일부만 비료로서 사용된다. 앞으로는 하수에 유해화학물질이 들어가지 않도록 처리과정을 구성하고, 또한 병원성미생물을 제거하는 방법을 개발함으로써 하수오니를 비료로 이용하여 영양염의 순환을 이루어나가는 것이 바람직하다. 그러한 순환형 사회의 형성을 가로막고 있는 것 중의 하나가 가정에서 유해화학물질의 사용이다. 또한 침전·미생물분해를 거친 2차 처리수에도 「물에 녹기 쉬고」, 「미생물분해가 어려운」 물질이 남아 있어 하수처리장은 이들 물질의 항상적 오염원이 된 것이 최근 주목되고 있다.

한편, 경제적 발전도상국에서는 이러한 하수처리장이 보급되어 있지 않고, 하수가 직접 수역에 들어가거나 지하로 침투하여 미처리 하수가 공급원이 되는 환경오염이 심각한 문제가 되고 있다. 그러나 하수도가 보급되어 있는 선진 공업국에서도 1차 처리밖에 하지 않는 지역과 하수관의 누수·우천시 월류(1.4.1항 b 참조)에 의해 미처리 하수가 직접 수역으로 들어가는 지역이 존재한다. 이와 같이 하수처리장은 그 시설의 차이와 국가의 차이에 관계없이 중요한 점원点源이 되어 있다.

나) 우천시 월류

우리의 가정에서 배출되는 배수는 하수관을 통하여 통상적이라면 앞에서 설명한 것과 같이 하수처리한 후 수역으로 방류된다. 그러나 일부 지역에서는 그것이 맑은 날에 한정되어 있다. 즉 하수와 우수가 같은 배관을 통해서 흘러가는 시스템인 「합류식 하수도」 지역이다. 토쿄東京 23구와 오사카시大阪市를 비롯하여 오래전부터 하수도가 정비된 지역에서는 합류식 하수도가 도입되어 있다. 하수도에는 합류식 하수도 외에 하수와 우수를 개별적으로 흐르게 하는 「분류식 하수도」가 있다. 분류식 하수도는 1980년대 이후부터 보급되어 최근 새롭게 정비된 하수도는 여기에 해당된다. 맨홀에 「합류」라고 쓰여 있으면 합류식 하수도, 「우수」 「하수」(또는 「오수」)라고 쓰여 있으면 분류식 하수도로 판단할 수 있다.

하수도를 설치하는 목적은 하수를 정화하여 방류하는 것과 동시에 우수를 신속하게 바다나 하천으로 흘려보내서 도시를 침수로부터 보호하는 것이다. 합류식 하수도에서는 그 두 목적을 하나의 하수관로망으로 처리한다. 즉 우수와 하수가 같은 배관을 통해 흘러가기 때문에 대량의 우수가 하수관으로 들어가면 하수관과 하수처리장이 넘칠 우려가 있다. 그 대책으로 하수관로망의 도중에 배수구와 펌프장(물을 퍼 올리는 시설), 하수처리장내의 우회관로(bypass)를 통해 우수와 하수를 하천이나 바다로 방류한다. 간단한 처리가 이루어지기도 하지만 우수에 희석되어 있는 하수는 미처리된 채로 직접 방류되는 경우가 많다. 이것을 우천시 월류 하수(combined sewer overflow: CSO)라고 한다. 그림 1.4에 우천시 월류의 개념도를 나타내었다. 우천시 월류는 하수처리장의 용량에도 관련되지만 5mm/h의 강우에도 일어나는 곳도 있다. 5mm/h 이상의 강우는 토쿄東京에서는 매년 50~70회 정도 발생되기 때문에 토쿄도東京都의 하수도 보급률은 거의 100%임에도 불구하고 토쿄만東京湾으로 처리되지 않은 하수가 흘러들어가는 것이 매년 50~70회 정도 발생하고 있는 것이 현실이다. 생하수는 병원성 미생물과 함께 대량의 입자와 거기에 흡착되어 있는 입자 흡착성 화학물질이 포함되어 있다. 이것들은 하수처리에 의해 제거되는 것이지만 우천시 월류가 일어나면 하천이나 연안해역으로 직접 유입된다. 토쿄만東京湾의 퇴적물 속에서 발견되는 화학물질의 대부분은 우천시 월류 하수로부터 유래한 것으로 추정할 수 있다. 강우의 시간적·공간적인 변동에 따라서 하수관로망내의 우수와 하수의 배출 방식의 조절(real-time control), 우수 저류조의 설치 등에 의해 우천시 월류 하수가 하천과 바다로 유입되는 것을 가능한 줄이고자 하는 대책도 추진되고 있지만 근본적인 대책은 현존하는 합류식 하수도를 분류식 하수도로 모두 바꾸는 것이다. 여기에는 막대한 비용이 들어가기 때문에 바로 대책을 세우기가 어려운 것이 현실이다. 우천시 월류는 21세기 도시의 큰 오염원의 하나이다.

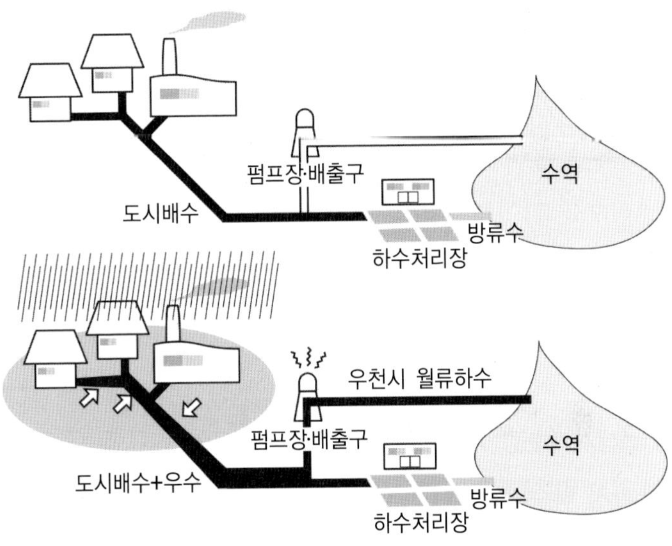

그림 1.4. 우천시 월류 모식도 (a) 청천(晴天)시, (b) 우천시

다) 해양투기[2)]

1.4.1항 A에서 일본에서는 하수오니를 연소처리하는 것이 일반적이라

2) 역자 주 : 과거에는 하수오니를 해양에 직접 투기하였지만 런던협약/런던의정서에 의해 2000년대 이후부터 현재 하수오니를 해양에 투기하는 국가는 없다. 이 책의 저자는 과거의 자료를 수집하여 정리하였기 때문에 현재도 행해지고 있는 것처럼 설명하고 있다. 따라서 역자는 번역과정에서 현재형으로 되어 있는 문장을 모두 과거형으로 바꾸어서 번역하였다.

고 설명했지만, 정해진 해역에 전용선박으로 운반하여 바다에 투기하는 처분방법도 있었다. 하수오니를 선박을 이용하여 외양으로 운반하여 스크류로 교반하면서 하수오니를 투기하고, 그 후에는 희석·확산, 미생물 분해 등의 자연의 작용에 맡기는 방법이다. 과거에는 연안에 투기지점이 있었지만 어업·레크리에이션에 오니의 영향이 나타날 것으로 우려되어 외양에서 이루어지게 되었다. 그러나 투기된 하수오니의 일부가 심해저에 모여 있으며, 심해생물에 흡수된다는 등의 사실이 밝혀지게 되어 미국에서는 1990년대 전반 이후 오니를 외양에 투기하지 않았다. 일본에서는 극히 일부가 외양투기[3])가 되었으며, 그 밖에 한국에서도 외양에 하수오니가 투기되었다[4]).

오니는 파이프라인을 통해 근해로 운반되어 해양으로 방출된 경우도 있었다. 예를 들어 캘리포니아주에서는 근해 5~10km까지 하수오니와 1차 처리수를 파이프라인으로 운반하여 수온약층의 바로 아래의 물속(수심 약 60m)에 방류하였다. 이와 같이 파이프라인을 통한 오니와 하수의 투기는 미국 외에 오스트레일리아, 남아프리카공화국 등에서도 이루어졌다.

라) 쓰레기 처분장

지금까지 하수와 관련된 점원 오염에 대해서 설명하였지만 점원 오염은 하수에 국한된 것은 아니다. 우리가 일상적으로 버리는 「쓰레기」도 오염원이다. 불에 타지 않는 쓰레기는 회수된 후에 쓰레기 처분장으로 운반되지만, 거기서 어떠한 특별한 처리 없이 쌓아서 매립한다. 또는 그대로 쌓아두기만 한다. 이러한 쓰레기 처분장에 비가 오면 플라스틱 등

---

3) 역자 주 : 일본은 런던협약/런던의정서에 의해 2008년 4월부터 해양투기를 금지하였다.

4) 역자 주 : 한국은 2012년 1월부터 하수오니의 해양투기를 금지하였지만, 런던협약/런던의정서에서 규정하고 있는 하수오니류의 범주에 들어가는 폐수와 폐수처리오니는 하수오니류의 해양투기가 완전히 금지된 2016년 1월 1일 이전까지는 일부 투기되었다.

에 포함되어 있는 다양한 화학물질이 빗물에 녹아서 고이며, 거기서부터 침출된다. 이렇게 침출된 물을 쓰레기처분장 침출수라 부르며, 플라스틱 첨가제 등의 유해화학물질이 고농도로 들어 있다. 개발도상국에서는 쓰레기처분장 침출수가 그대로 지하로 침투되어 지하수를 오염시키거나 지표로 흘러나가 표류수表流水를 오염시키는 경우가 있다. 선진 공업화 국가에서는 매립지 바닥에 고무시트를 깔아서 지하로 침출수가 침입하지 못하게 하거나 침출수의 유해화학물질을 처리시설을 통하여 제거한 후 하천 등으로 방류하고 있다.

1.4.2. 비점원 오염

비점원 또는 비특정 오염원은 환경의 오염부하원이 하나의 점이 아닌 어느 지역에서 평면적으로 펼쳐진 오염원을 의미한다. 비점원 오염은 지역 내에 평면적으로 펼쳐져 존재하고 있는 오염물질이 강우 등에 의해 씻겨 흘러가 지표면으로 유출되어 일어난다. 도시에 비가 내리면 도시 표면 유출수(urban runoff), 농지라면 농지 표면 유출수(agricultural runoff)가 된다. 도시 표면에는 자동차의 배출가스, 도로 분진, 지붕 위의 먼지 등이 존재하고 있어 우천시에 도로배수(street runoff)나 지붕배수(roof runoff)로서 수역으로 유입된 것이 오염원이 된다. 평면적으로 펼쳐져 있으며, 공간적·시간적인 변동이 크기 때문에 점원 이상으로 실태 파악이 곤란하다.

비점원에는 각각의 점원이 하나의 지역 내에 산재하는 것도 포함된다. 그 예가 하수도가 정비되지 않은 지역에서 가정의 배수를 처리하는 정화조이다. 일본의 하수도 보급률은 2014년 3월말 시점에 77%이며, 정화조를 이용하는 지역도 일정 비율로 존재하고 있다. 정화조는 하수처리장과 비교하면 전반적으로 오염물질의 제거효율도 낮고, 관리도 개인에게 맡겨져 있기 때문에 누출이 일어날 가능성도 높으므로 비점원 오염이 발생하기 쉽다.

2011년 3월 동일본 대지진 이후 새로운 비점원 오염의 존재를 확인하였다. 바로 연안퇴적물이다. 쓰나미에 의해서 육상으로 밀려올라간 연안의 퇴적물은 지진 후에 건조되어 먼지가 된 후 재해지역에 퍼졌다. 지붕 위나 초등학교의 옥상·교내에 쌓여 있는 분진을 채취하여 오염물질을 분석한 결과 합성세제 유래의 연성알킬벤젠(linear alkylbenzene: LAB)이 검출되었다. LAB는 연안의 해저퇴적물에 하수 유래로 포함되어 있는 물질이지만, 그 LAB가 육상에서 검출된 것은 해저퇴적물에 축적되어 있던 그 밖의 유해화학물질도 마찬가지로 분진에 흡착되어 육상에 존재한다는 것을 의미하고 있다. 지금까지는 일단 해저에 들어가 퇴적물이 된 오염물질에 대해서는 그 부근에 서식하고 있는 생물에 미치는 영향과 농축만이 우려되었으며, 육상으로 되돌아와서 사람이 직접 노출되는 것은 생각할 수 없었다. 미국에서는 2005년 허리케인 카트리나에 의한 침수피해 이후 일본 보다 한발 빨리 이 문제에 착수하기 시작하였다. 이와 같이 21세기에 들어서 쓰나미나 홍수에 의해 육상으로 이동된 도시주변의 퇴적물도 비점원 오염이 될 수 있는 것을 새롭게 알게 되었다.

1.5. 물리·화학적 성질과 환경거동

오염물질은 대부분의 경우 단독으로 움직일 수 없으므로 물, 대기, 입자 등의 매체에 실려서 이동한다. 오염물질을 사람과 비유하자면 매체는 탈것이다. 자동차, 비행기, 선박 등의 탈 것의 움직이는 방식이 서로 다른 것처럼 매체의 종류에 따라서 그 움직이는 방식도 변화한다. 또한 이동 중에 일어나는 미생물분해·화학변화·광분해 등을 받는 방식도 어떤 매체에 의존하는가에 따라서 다르다. 그리고, 오염물질이 어느 매체를 탈 것인지는 그 오염물질의 물리·화학적 성질에 의해서 결정된다. 즉 오염물질이 각 매체와의 친화력은 오염물질의 물리·화학적 성질이 결정하게 된다. 이 절에서는 오염물질과 매체와의 친화성을 결정하는 요소인 물리·화학적 성질 중에서도 특히 중요한 휘발성(volatility)과 소수성(hydrophobicity)에 대해서 설명하겠다.

1.5.1. 휘발성

가) 휘발성과 증기압

휘발성이란 물질이 휘발하여 증기로 변하는 성질을 말한다. 물질이 대기에서 증기로 존재하면 대기 속을 빠른 속도로 넓게 퍼져나가는 것이 가능하지만 고체나 액체 상태로는 그 장소에 머물러 있기 쉽다. 그 때문에 기체로서 존재하기 쉬운지의 여부는 그 오염물질의 확산을 생각하는 데 있어서 대단히 중요하다. 휘발성을 정량적으로 나타내는 파라미터로서 증기압(vapor pressure: P)이 있다. 증기압은 어떤 물질의 기체가 고체 또는 액체와 평형이 되어 있을 때의 기체의 압력이다(그림 1.5a). 평형을 이루고 있는 것을 강조하여 포화증기압(P^0)으로 표현하는 경우도 있다. 이 책에서도 포화증기압을 나타낼 때의 기호는 P^0라고 표기한다. 문장 속에서 「증기압」이라고 표기하는 경우 특별한 언급이 없으면 포화증기압을 의미한다. 또한 증기압의 단위는 여러 가지가 있지만 이 책에서는 Pa(파스칼)를 사용한다.

그림 1.6은 가로축에 25℃일 때의 증기압 P^0, 세로축에 이 책에서 소개하는 오염물질의 일부를 나타낸 것이다. 증기압은 온도에 따라 변화하기 때문에 다른 물질과 비교하려면 온도를 맞출 필요가 있다. 가로축은 왼쪽으로 갈수록 증기압이 낮은, 즉 기화되기 어려운 물질인 것을 의미한다. 반대로 세로축의 오른쪽에 있는 증기압이 높은 물질은 휘발하기 쉽고, 장거리로 이동하기 쉬운 물질이다. 예를 들면, 석유에 들어있는 탄화수소의 일종인 벤젠은 증기압이 높고, 휘발하기 쉽다. 석유 중에는 증기압이 높은 성분과 낮은 성분 모두 다 들어 있지만 주유소에서 급유

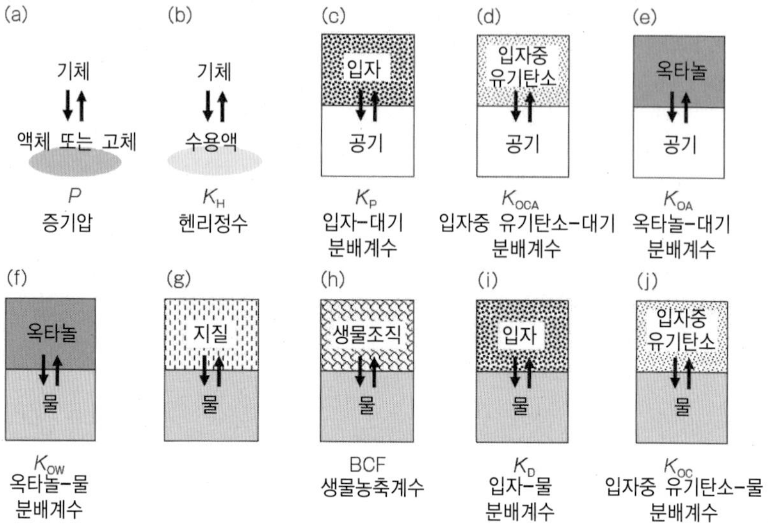

그림 1.5. 분배계수의 일람

할 때 가솔린의 냄새로 느껴지는 것은 벤젠과 그 부류의 저분자 방향족 탄화수소가 휘발되고 있기 때문이다. 한편 다이옥신(그림 1.6에 나타낸 염소수 4~8인 PCDD와 PCDF)은 증기압이 낮아 휘발하기 어려워 멀리까지 운반되지 않고 발생원 가까운 곳에 모이기 쉽다.

증기압은 화학물질 단체가 액체·고체로 존재할 때 기체가 되는 정도를 나타낸다. 그러나 실제 환경에서는 화학물질이 단체로 존재하는 경우는 드물고, 물에 녹아 있거나 입자에 흡착되어 있다. 여기에서는 말을 단순화하여 수용액과 대기 사이의 분배로 생각하여 헨리정수(K_H)를 도입한다. 헨리정수는 물속의 화학물질이 기체상태로 이동하기 쉬운 정도를 나타내는 파라미터이며, 증기압(P^0)을 물속의 화학물질 농도(C_W)로 나눈 것이다($K_H = P^0/C_W$; 그림 1.5(b)). K_H값이 클수록 물속에서 화학물질이 기체상태로 이동하기 쉬운 것을 의미한다. 헨리정수는 증기압뿐만 아니라 물속의 화학물질 농도에도 지배되기 때문에 증기압이 높은 화학물질의 헨리정수가 높다고는 일률적으로 말할 수 없다.

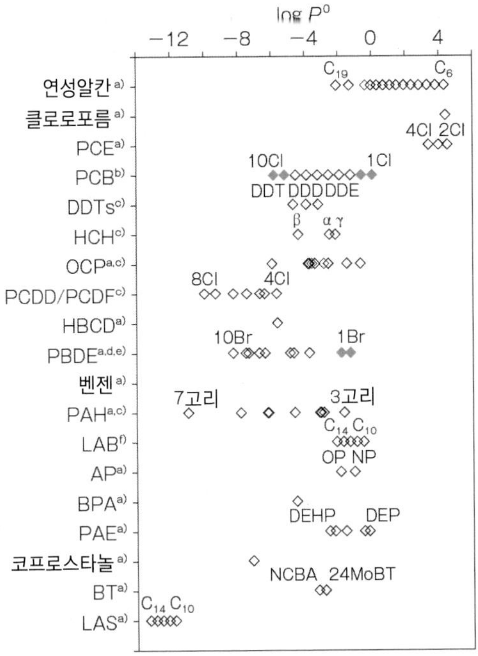

그림 1.6. 이 책에서 취급하는 유기오염물질의 증기압

PCE: 폴리염화에틸렌, PCB: 폴리염화비페닐(환경에서 주요한 동족체를 ◇로 표시), OCP: 유기염소계 농약(스톡홀름조약등록화합물, 표 2.1 참조), PCDD/PCDF: 다이옥신, PBDE: 폴리브롬화디페닐에테르(환경에서 주요한 동족이성체를 ◇로 표시), PAH: 다환방향족탄화수소, LAB: 연성알킬벤젠, AP: 알킬페놀(NP: 노닐페놀, OP: 옥틸페놀), PAE: 프탈산에스테르(DEP: 프탈산디에틸, DEHP: 프탈산디에틸헥실), BT: 벤조티아졸(NCBA: N-시크로헥실-2-벤조티아졸아민, 24MoBT: 2-몰폴리노벤조티아졸), LAS: 연성알킬벤젠설폰산염

a) U.S. Environmental Protection Agency, "EPI-suite™ ver.4.11"(2012). b) M.D. Erickson, "Analytical Chemistry of PCBs, 2nd edition", CRC Press(1997). C) R.P. Schwarzenbach *et al.*, "Environmental Organic Chemistry, 2nd edition", Wiley-Interscience(2003). d) S.A. Tittlemier and G.T. Tomy, *Environ. Toxicol. Chem.*, **20**, 146(2001). e) F. Wania and C.B. Dugani, *Environ. Toxicol. Chem.*, **22**, 1252(2003). f) P.M. Sherblom, P.M. Gschwend and R.P. Eganhouse, *J. Chem. Eng. Data*, **37**, 394(1992)

나) Global distillation

증기압과 헨리정수는 온도에 의존하여 변화한다. 기온이 높아지면 기체상태로 분배되기 쉽고, 낮아지면 액체상태로 머물기 쉽다. 이것은 물을 가열하면 쉽게 증발되는 것을 예로 들면 상상이 될 것이다. 이러한 휘발성의

온도 의존성은 화학물질의 운반에도 영향을 미친다. 그 예로서 헥사클로로시클로헥산(hexachlorocyclohexane : HCH)을 소개하겠다. HCH는 유기염소계 농약의 일종이며, 일본을 비롯하여 선진 공업화 국가에서 사용이 규제되었지만 일부 열대지방에서는 최근까지 사용되었다. 그림 1.6에서는 HCH가 상대적으로 중간정도의 증기압을 가진 화학물질로 보이지만 이러한 화학물질은 기온에 따라 이동성이 크게 좌우된다. 그림 1.7은 적도부근의 인도네시아로부터 중위도 지역의 일본을 거쳐 북극지역인 베링해까지의 해수 중 α-HCH 농도를 나타낸 것이다. 세로축이 해수의 α-HCH 농도, 가로축은 위도이다. α-HCH의 발생원이 적도 부근으로 한정되어 있음에도 불구하고, 적도지역에서는 낮은 농도를 나타내고 있다. 그러나 위도가 높아질수록 그 농도가 증가하여 북극지역에서 가장 높은 농도가 되었다[6].

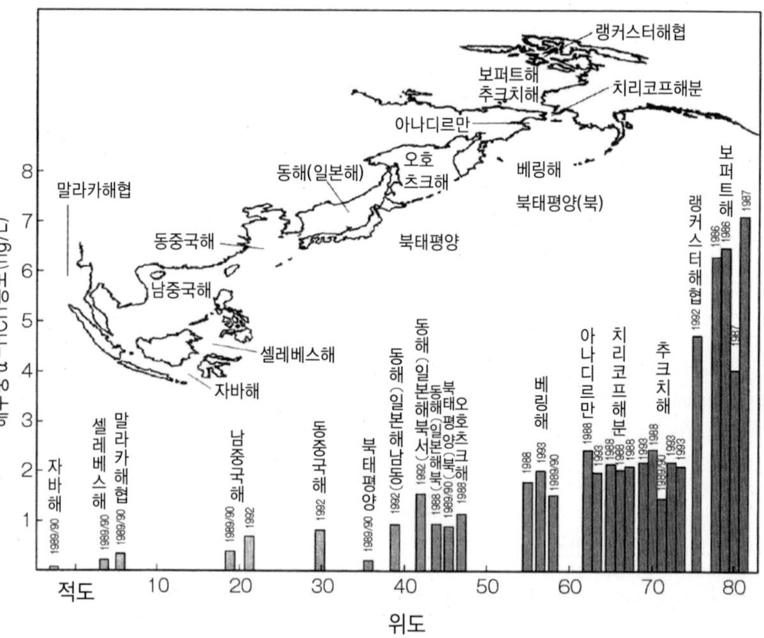

그림 1.7. α-HCH의 농도와 위도의 관계

F. Wania and D. Mackay, *Environ. Sci. Technol.*, **30**, 392A(1996)

이러한 현상이 일어나는 메커니즘은 다음과 같다. 발생원인 적도지역은 일사가 강하고 수온이 높기 때문에 HCH와 같이 증기압이 어느 정도 높은 화학물질은 휘발되어 해수로부터 기체상태로 분배되고, 대기에 의해서 넓은 범위로 운반된다. 지구 대기의 흐름은 대략적으로 적도지역에서 극지역으로 향하고 있기 때문에 휘발된 HCH는 대기의 흐름을 타고 고위도 지역으로 운반된다. 고위도 지역에서는 온도가 내려가 기체상태보다도 액체상태로 분배가 치우치기 때문에 대기에서 해수로 다시 HCH가 녹아 들어가 해수의 HCH 농도가 높아진다. 지구를 커다란 증류장치로 비유하면 적도지역에서 가열되어 기화된 HCH가 극지역에서 냉각되어 응축된다고 생각할 수 있다. 말 그대로 지구규모의 증류이며, 이 현상을 global distillation이라고 부른다[6]. 수천 km에 걸친 움직임이 휘발성이라는 물리·화학적 요인에 지배된다는 사실의 단적인 예이다. 실제로는 지구상의 대기 흐름은 자전 등에 의해 훨씬 복잡하고 대기도 일방적으로 적도지역에서 극지역으로 운반되는 것은 아니며, 동시에 계절변화도 있기 때문에 대기를 통한 화학물질의 운반도 복잡하다. 예를 들면, 열대지역에서 휘발되어 대기의 흐름을 타고 온대지역으로 운반된 HCH는 겨울철이 되면 기온·수온이 낮아지므로 온대해역에서 일단 해수로 분배된다. 따뜻한 계절이 되면 다시 휘발되어 고위도로 향하는 바람에 실린 것은 고위도 지역으로 운반되어 기온이 낮아진 곳에서 해수로 분배된다. 이와 같이 실제로는 단순에 적도지역에서 극지역으로 운반되는 것이 아니라 몇 번이나 휘발, 고위도지역으로 수송, 해수로의 분배를 반복하면서 발생원과 멀리 떨어진 고위도 지역에서 오염물질의 농도가 높아진다. 이러한 반복과정은 HCH 이외의 물질에서도 일어나며, grass hopping 현상이라고도 부르고 있다(그림 1.8).

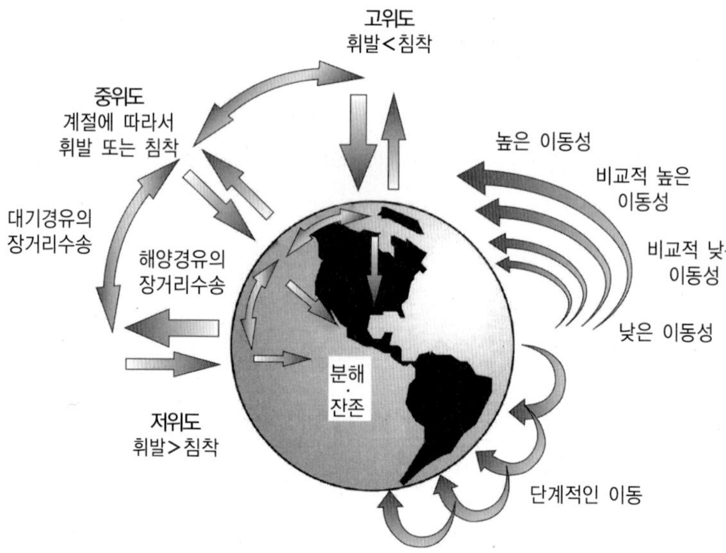

그림 1.8. POPs의 global distillation

F. Wania and D. Mackay, *Environ. Sci. Technol.*, **30**, 392A(1996)

물론 모든 화학물질이 이러한 움직임을 하는 것은 아니다. 화학물질이 다르면 그 움직임의 방식도 달라진다. 물질의 움직임은 증기압에 따라 표 1.2와 같은 4개의 움직임으로 크게 분류할 수 있다.

높은 증기압을 가진 물질은 기온의 높고, 낮음에 관계없이 항상 기체 상태로 존재하기 때문에 높은 이동성을 가진다. 그 때문에 오염은 대기의 흐름을 타고 지구 규모로 확산되기 쉽다. 다음으로 HCH와 같이 상대적으로 중간 정도의 증기압을 가지는 물질은 global distillation에 의해 비교적 고위도까지 운반된다. 그러나 화학물질의 증기압이 점차 낮아지게 되면 이동성도 낮아지고, global distillation으로 수송되는 범위도 중위도 지역까지로 짧아진다. 열대지역에서 대기에 의해 운반되지만 중위도 지역의 기온에서는 분배가 보다 해수 쪽으로 치우쳐 중위도의 해수에 머물게 되기 때문이다. 그리고 더욱 증기압이 낮은 물질은 기체상태로 운

표 1.2. POPs의 이동성과 물리화학적 성질

수송거동	낮은 이동성	비교적 낮은 이동성	비교적 높은 이동성	높은 이동성
	발생원 근처에 급속히 침착	중위도에 침착·축적	극지역에 침착·축적	침착되지 않고 대기경유로 지구규모로 확산
log P0 증기압(Pa)	← -4	-2	0	→
PCB 폴리염화비페닐	8~10 염소	4~8 염소	1~4염소	1염소
PCDD/PCDF 다이옥신	4~8 염소	2~4 염소	1염소	-
PAH 다환방향족탄화수소	4 고리 이상	4 고리	3 고리	2 고리
OCP 유기염소계농약	클로르데콘 DDTs 톡시펜 마이렉스	클로르덴 Drin류	헵타클로르 HCH 클로르벤젠	-

F. Wania and D. Mackay, *Environ. Sci. Technol.*, **30**, 394A(1996)를 바탕으로 작성

반되기 어렵기 때문에 발생원 근처에 머물기 쉬우며, 그 이동성도 낮다. 1999년에 사이타마현埼玉県의 폐기물처분장 부근에서 다이옥신이 고농도로 검출되어 문제가 된 적이 있으며, 이것은 4~8개 염소를 가진 다이옥신의 이동성이 낮기 때문에 발생원 부근에 침착된 것이다.

이와 같이 물질의 증기압에 따라 움직이는 방식이 변하고, 발생원과 오염원의 관계가 변화한다. 증기압은 오염이 어디서 문제가 되는지를 판단하기 위한 중요한 파라미터이다.

1.5.2. 소수성(疏水性)

소수성(hydrophobicity)이란 단어는 익숙하지 않을지도 모르지만 물(hydro)을 싫어한다(phobic)는 의미이다. 물이 극성이 높은 액체인 것에 비해 기름은 무극성의 액체로 이 둘은 서로 반대의 성질을 가지고 있다. 물

을 싫어한다는 것은 기름을 좋아한다는 것과 같은 의미이다. 즉 소수성이란 기름에 녹기 쉬운 성질을 의미한다. 한편 물을 좋아하는 성질은 친수성(hydrophilicity)이라고 한다. Philic은 좋아한다는 의미의 접미어이다.

소수성은 성질을 나타내는 말이지만 그 정도를 정량적으로 나타내기 위한 파라미터가 옥타놀-물 분배계수(K_{OW})이다. K_{OW}는 원래 약학분야에서 발달한 개념이며, 체내에서 의약품의 거동을 검토할 때 인간의 지방에 가까운 유기용매로서 탄소수 8개의 지방족 알코올인 옥타놀이 사용된다. K_{OW}는 목적으로 하는 화학물질을 옥타놀과 물 사이에서 분배시켰을 때의 분배계수이다. 예를 들면, 분액깔때기에 옥타놀과 물을 넣고, 그곳에 목적으로 하는 화학물질을 첨가하여 잘 혼합시킨 후 정치하여 옥타놀 속의 목적 화학물질의 농도를 물속의 목적 화학물질의 농도로 나누어서 계산한다(그림 1.5(f)). 소수성이 높은 것은 옥타놀 쪽으로 분배되기 쉽고, K_{OW}도 커진다. 또한 소수성이 낮은 것은 물 쪽으로 분배되기 쉽기 때문에 K_{OW}도 작아진다. 보통은 로그값으로 나타내어 log K_{OW}로 표기한다. 그림 1.9에 이 책에서 취급하는 물질의 K_{OW}를 나타내었다.

가) 생물농축의 개념

환경에서 소수성에 의해 일어나는 오염물질의 거동으로서 중요한 것이 생물농축이다. 물질이 생물의 체내에 축적되는 과정은 주로 소수성에 의해 지배된다. 생물농축은 영어로는 bioaccumulation이라고 나타낸다. 그러나 이 생물농축에는 2가지 과정이 포함되어 있다. 그 과정을 나타낸 것이 그림 1.10이다. 하나는 bioconcentration으로 아가미나 몸의 표면을 통해 주위의 물로부터 생물조직으로 오염물질이 농축되는 과정이다. 또 하나는 biomagnification으로 생태계 속에서 먹이사슬을 통하여 농도가 증가하는 것을 의미한다[3]. 이 과정은 먹이생물의 섭취를 통해 일어나는 복잡한 과정이다. Biomagnification에 대해서 일반적으로 사용되고 있는 적절한 우리말 번역은 없지만 이 책에서는 「먹이사슬을 통한 오염물질의 농도 증폭」 또는 「생물증폭」이라 표현하겠다. 또한 bioaccumulation과 bioconcentration을 구별하기 위해 이 책에서는 전자를 생물농축, 후자를 「좁은 의미의 생물농축」이라고 하겠다.

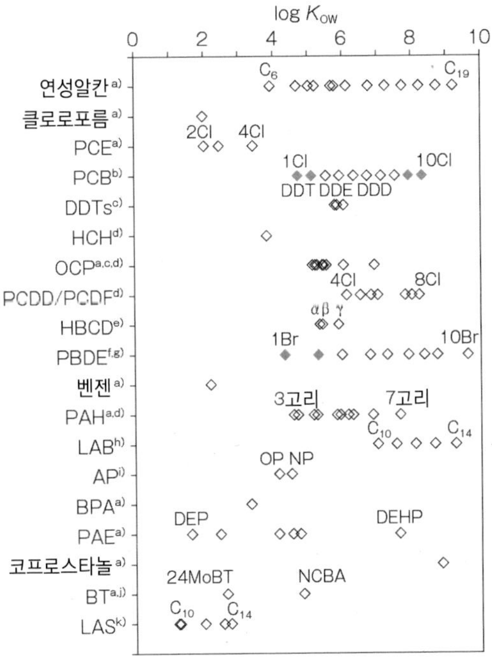

그림 1.9. 이 책에서 취급하는 유기오염물질의 옥타놀-물 분배계수

약칭은 그림 1.6을 참조

a) U.S. Environmental Protection Agency, "EPI-suite™ ver.4.11"(2012). b) M.D. Erickson, "Analytical Chemistry of PCBs, 2nd edition", CRC Press(1997). C) C. Travis and A.D. Ama, *Environ. Sci. Technol.*, **22**, 271(1988). d) R.P. Schwarzenbach *et al.*, "Environmental Organic Chemistry, 2nd edition", Wiley-Interscience(2003). e) S.J. Hayward, Y.D. Lei and F. Wania, *Environ. Toxicol. Chem.*, **25**, 2018(2006). f) S. Han *et al.*, *Anal. Chim. Acta*, **713**, 130(2012). g) L. Li *et al.*, *Chemosphere*, **72**, 1602(2008). h) P.M. Sherblom, P.M. Gschwend and R.P. Eganhouse, *J. Chem. Eng. Data*, **37**, 394(1992). i) M. Ahel and W. Giger, *Chemosphere*, **36**, 1471(1993). j) C.M. Reddy and J.G. Quinn, *Environ. Sci. Technol.*, **31**, 2847(1997). k) V.C. Hand and G.K. Williams, *Environ. Sci. Technol.*, **21**, 370(1987)

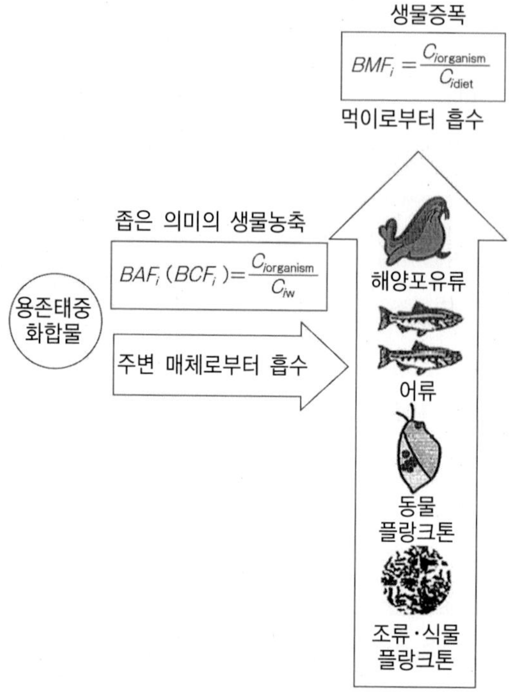

그림 1.10. 좁은 의미의 생물농축(bioconcentration)과 생물증폭(biomagnification)

R.P. Schwarzenbach, P.M. Gschwend and D.M. Imboden, "Environmental Organic Chemistry, 2nd edition", p.345, Wiley(2003)

나) 좁은 의미의 생물농축

좁은 의미의 생물농축(bioconcentration)이 일어나면 수생생물의 목적 화학물질의 농도가 그 생물 주변 물속의 농도보다도 높아진다. 물속에는 낮은 농도이더라도 오염물질에 따라서는 생물농축에 의해 수백 배, 수만 배로 농축되는 것도 있다.

이러한 현상은 소수성이 높은 물질이 물보다 기름쪽으로 옮겨가기 쉬운 것처럼 물보다 지질을 많이 함유한 조직, 예를 들면 지방조직으로 옮겨가기 쉽기 때문에 발생한다. 한편 친수성 물질은 지질보다도 물쪽으로 옮겨가기 쉽기 때문에 생물농축이 일어나기 어렵다.

어떤 물질이 어느 정도 생물농축이 되는지는 생물농축계수(bioconcentration factor: BCF)로 나타낸다. BCF는 어떤 물질의 생물 중 농도를 물속의 농도로 나눈 것이다[5]. BCF와 K_{OW}의 관계를 단적으로 나타낸 것이 그림 1.11이다. 세로축의 BCF값은 토쿄만東京湾의 홍합과 토쿄만東京湾 해수의 12 종류 화학물질의 농도로부터 산출하였다. 이 그림을 보면 K_{OW}가 높으면 BCF가 높고, 반대로 K_{OW}가 작으면 BCF가 낮은 것을 알 수 있을 것이다. 그 이유는 옥타놀에 녹기 쉬운 물질일수록 지질 즉 생물조직으로 옮겨가기 쉽기 때문이라고 생각하면 쉽게 이해될 것이다. 그림 1.5(h)는 생물농축의 개념을 매우 단순화한 것으로, 생물농축은 물과 지방, 물과 생체조직과의 분배평형으로 생각하고 있다. K_{OW}가 높은 물질은 그 물질의 옥타놀로의 분배가 큰 것을 의미하며(그림 1.5(f)), 옥타놀은 생물의 지질과 유사한 성질의 기름으로서 이용되고 있기 때문에 옥타놀을 지질로 바꾸면 지질로 분배되기 쉽게 되는 것이다(그림 1.5(g)). 그리고 지질을 생물농축으로 바꾸면 생물농축(bioconcentraion)되기 쉬운 물질, BCF가 높은 물질이 되는 것이다(그림 1.5(h)). 물론 상세하게 살펴보면 예외도 있지만 일차적인 근사식으로 생각하면 생물농축에 관한 많은 설명이 K_{OW}에 의해서 가능하게 된다. 이와 같이 유기화합물의 생물농축성을 이해하는데 있어서 소수성은 중요한 성질인 것이다. 또한 생물 중 농도를 표현하는 방법은 습중량, 건중량, 지질중량 당으로 산출하는 경우가 있지만, BCF와 K_{OW}의 상관관계는 지질중량당 농도로 계산하는 것이 이 개념에 적합하다. 생물농축을 논의하는 경우 많은 연구에서는 BCF를

---

5) 엄밀하게 말하면 물에서 생물조직으로 오염물질의 농축, 즉 좁은 의미의 생물농축만이 작용하고 있을 경우에 BCF는 적용되고, 먹이로부터 농축이 있는 경우에는 bioaccumulation factor(BAF)를 적용해야 하는 것이다. 그러나 지금까지 많은 연구에서 먹이로부터의 농축이 있는 경우도 BCF가 적용되어 있다. 따라서 이 책에서는 먹이 경유의 농축이 있는 경우에도 BCF를 적용하고 있다. 향후 BCF와 BAF를 구별하여 적용될 가능성이 있다.

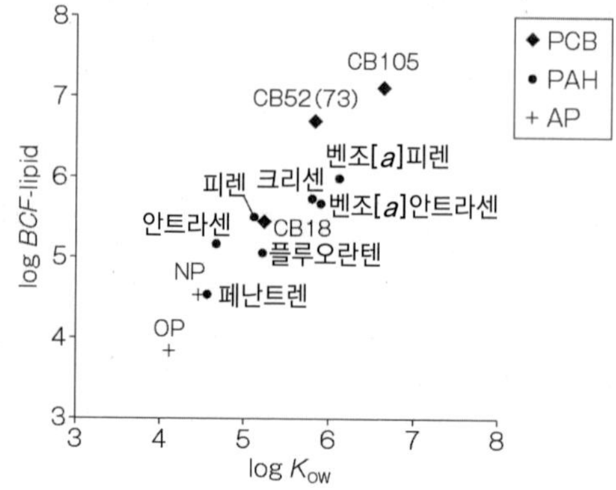

그림 1.11. 옥타놀-물 분배계수와 생물농축계수의 관계

산출할 때는 지질중량 당의 농도가 이용되고 있다. 물론 연구자와 연구의 목적에 따라서는 습중량이나 건중량을 이용하는 경우도 있다.

다) 생물증폭

생물증폭(biomagnification)이란 먹이사슬의 높은 단계에 있는 생물일수록 오염물질의 농도가 높아지는 현상이다. 많은 사람들이 생물농축이라는 말에서 떠올리는 이미지는 「어떤 종의 화학물질은 생물농축이 되기 때문에 물속의 농도가 낮아도 위험」하다고 하는 것이 아닐까? 이것은 먹이사슬을 통하여 낮은 단계에서 높은 단계로 오염물질의 농도가 높아진다는 생물증폭의 개념을 포함하고 있는 것이다.

실제로 어떠한 농도로 되어 있는지를 나타내는 예로서 까나리 대구, 바다표범의 먹이사슬을 그림 1.12에 나타내었다. 괄호안의 숫자는 이들 생물의 DDTs, PCB, 헥사클로로벤젠(HCB), HCH의 K_{OW}의 log값을, 생물의 아래 숫자는 지질중량당 농도를 나타내고 있다. 작은 물고기로부터 바다표범으로 갈수록 PCB, DDTs의 생물 중 농도는 영양단계가 한 단계 올라갈 때마다 1 자릿수 높아진다[3]. 이와 같이 보다 높은 단계의 생물

	까나리 (전부위)	대구 (간장)	바다표범 (지질)
총DDTs(7.6~7.9)	60 (30~130)	200 (100~470)	2,000 (600~7,800)
PCB153(7.1)	25 (10~60)	95 (45~300)	1,200 (550~2,800)
HCB(5.1)	4 (2~8)	60 (40~70)	95 (90~100)
총HCH(3.8)	40 (25~60)	30 (20~40)	55 (5~200)

그림 1.12. 지질중량당 유기염소화합물 농도(ng/g-lipid)와 먹이사슬

R.P. Schwarzenbach, P.M. Gschwend and D.M. Imboden, "Environmental Organic Chemistry, 2nd edition", p.345, Wiley(2003)

에서 오염물질 농도가 높아지는 즉 먹이사슬을 통하여 오염물질의 농도가 증폭되는 현상이 생물증폭이다.

좁은 의미의 생물농축(bioconcentraion)과 다르게 생물증폭은 K_{OW}나 소수성만으로 단순화하여 설명할 수 없다. 같은 시스템 내에 존재하고 있는 생물은 영양단계가 달라도 같은 화학물질 농도의 물과 접촉하고 있다. 물과 옥타놀의 분배 즉 물과 지질의 분배를 생각하면 분배가 평형에 도달해 있으면 생물 중 농도는 먹이사슬의 영양단계와 지질함량에 관계없이 같은 농도가 되어야 한다. 그러나 실제 환경에서는 높은 단계의 생물일수록 화학물질 농도가 높아지는 현상, 생물증폭이 일어난다. 물속에 녹아 있는 것과 생물과의 단순한 분배만으로는 설명할 수 없다.

생물증폭은 20년 이상 전부터 관측되었지만 그 메커니즘에 대해서는 다양한 해석이 있다. 그 중 하나는 생물과 그 주변의 물과의 분배가 여러 가지 많은 과정을 거치기 때문에(그림 1.13) 시간이 걸린다는 설이다. 옥타놀-물 분배계수는 물과 옥타놀로 직접 분배되는 단순한 시스템이지만 실제 생물은 보다 복잡한 시스템을 가진다. 예를 들면 물고기의 경우 오염물질은 주위 환경에서 아가미와 먹이를 매개로 생물체내로 들어가지만 그것들이 생체내의 지질로 분배되기까지는 여러 조직을 경유하여 분배되어 간다. 예를 들면 먹이로부터 들어간 경우 소화액에 용출되어 장에서 체내로 흡수되고, 혈액의 흐름을 타고 간으로 운반되어, 최종적으로 체지방에 축적된다. 이 분배에 걸리는 시간이 영양단계가 낮은 작은 물고기는 짧지만, 높은 영양단계의 보다 대형의 생물에서는 길어진다. 따라서 만약 물속의 농도가 변하더라도 생물의 농도가 물과 평형에 도달할 때 까지 큰 생물일수록 보다 긴 시간을 필요로 한다.

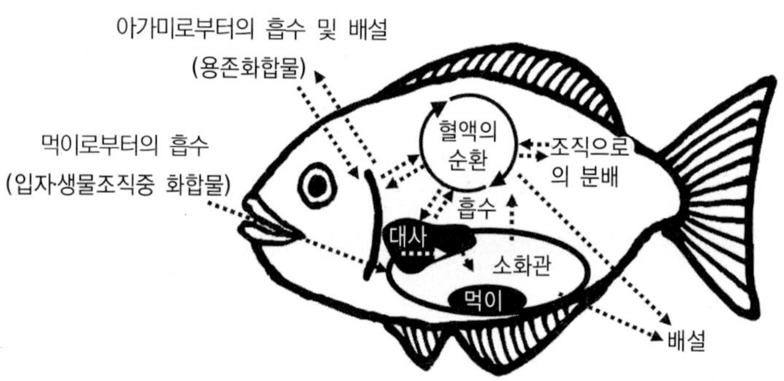

그림 1.13. 생물체내에서 화학물질의 거동

이것을 염두에 두고 먹이를 통해 화학물질이 유입되는 경우를 생각해 보자. 먹이를 섭취할 때 오염물질 이외의 유기물, 즉 탄수화물, 단백질, 지방은 지질도 포함하여 소화된다. 그러면 지질중량당 화학물질의 농도는 분모가 되는 지질의 양이 작아지기 때문에 먹이를 섭취한 시점보다도 높아진다. 주변에 있는 물과의 관계에서는 평형이 깨진 상태가 된다. 체내의 화학물질 농도가 평형상태보다도 높아지게 된 것이다. 시스템은 평형을 향해서 작동하기 때문에 오염물질을 체내로부터 배출하려고 한다. 그러나 높은 영양단계에 위치하는 생물은 몸의 크기가 크고, 체내의 기구機構도 복잡하므로 체내로부터 화학물질이 배출되려면 몇 가지 단계를 거치기 때문에 화학물질이 배출되어 평형에 도달하기까지는 시간이 걸린다. 생물은 그 사이 즉 화학물질이 배출되기 전에 다른 먹이를 먹고 소화하기 때문에 지질의 화학물질 농도가 더욱 높아진다. 이와 같이 생물체내의 농도가 외부 세계와 평형에 도달하기 전에 새로운 먹이가 들어오기 때문에 생물체내에는 항상 「평형화되기 전」 상태가 유지되게 된다. 이렇게 평형농도보다도 체내 농도가 높은 방향으로 평형이 붕괴되는 것은 체내에서 분배에 시간이 걸리는 높은 영양단계의 크기가 큰 생물일수록 일어나기 쉽다. 이러한 메커니즘에 의해 생물증폭이 일어나는 것으로 생각된다.

예를 들면, 식물플랑크톤, 동물플랑크톤, 어린물고기의 PCB를 분석한 연구 사례에서는 식물플랑크톤과 동물플랑크톤의 지질중량당 농도는 같은 정도였다. 식물플랑크톤과 동물플랑크톤에서 영양단계로서는 동물플랑크톤이 한 단계 높지만 모두 몸의 크기가 작고, 몸의 구조도 단순하기 때문에 주변 물과의 분배평형이 이루어져 있다고 생각된다. 한편, 어린물고기의 PCB 농도는 식물·동물플랑크톤보다도 높은 농도였다. 물고기의 경우는 오염물질이 체외로 배출되어 평형상태가 될 때까지 시간이 걸리기 때문에 생물의 체조직 중 화학물질 농도가 물속과의 평형보다 높아진 채로 그 상태가 계속되어 생물증폭이 일어난 것이라는 위에서 설명한 개념으로 설명된다.

생물증폭을 설명하는 또 하나의 해석은 높은 영양단계의 생물이 이미 주위의 물 환경과 평형을 유지하게 하는 교환과정을 가지고 있지 않기 때문에 농축된다고 하는 것이다. 예를 들면 바다표범 등의 해양포유류와 바닷새는 항상 해수에서 생활하는 것은 아니며, 물에서 나와 육상이나 공중에서 생활하는 시간도 많은 생물이다. 이런 생물은 해수와 물질을 교환하는 기회가 적기 때문에 평형에 도달하지 못하여 농도가 높은 상태인 것으로 생각된다.

그림 1.12에서 PCB, DDT, HCB에 대해서는 분명히 생물증폭이 일어나고 있는 한편, HCH의 생물증폭은 현저하게는 일어나지 않았다. 이것에 대해서도 아직 연구자 사이에서 통일된 견해는 존재하지 않는다. 가설로서 화학물질이 지방으로 유입되었을 때 소수성이 큰 물질은 지질로부터 움직이기 어렵고, 소수성이 작은 물질은 지질로부터 움직이기 쉬워 평형이 일어나기 쉬운 것으로 생각되고 있다. 옥타놀-물 분배계수가 클수록 생물증폭이 되기 쉽다는 것은 그 외에도 몇몇 보고된 사례가 있다[7, 8].

라) 입자로의 분배

소수성이 지배하는 과정에서 또 하나 중요한 것이 입자로의 흡착이다. 화학물질이 입자에 어느 정도 흡착되는지 라는 점에서 소수성이 관여하고 있다.

입자는 하수, 하천수, 해수, 빗물 등 환경수에는 반드시 들어있다. 오염물질은 환경수에서 입자에 흡착된 상태(입자태)이거나 물에 용해된 상태(용존태)이거나 어느 쪽이든 존재한다[6]. 입자태와 용존태의 화학물질은 환경에서의 거동이 크게 다르다. 난분해성 오염물질이더라도 입자태 물질은 하수처리장에서 오니로의 흡착과 오니의 침전에 의해 효율적으로 제거되어 하수처리장으로부터 방출되는 것은 적다. 거기에 비해 수용성의 오염물질은 난분해성이면 통상의 하수처리에서는 제거되지 않고, 하수처리수로 물 환경으로 배출된다. 하천과 해역에서도 입자는 물속에서 침강하여 바다나 호수의 바닥에 퇴적되어 발생원 근처에 머무른다. 한편, 수용성인 오염물질은 물의 흐름을 타고 넓게 운반된다. 입자로의 흡착은 환경으로의 오염물질의 공급과 오염의 확산을 생각할 때 중요한 과정이다. 또한 뒤에 설명하는 것처럼 수중에서의 분해(광분해나 미생물

---

6) 보다 진보된 개념에서는 콜로이드에 흡착되어 있으면서 용존태로 취급되는 상태까지 포함하여 3개의 상태에서의 분배를 생각하는 개념도 있다.

분해)도 입자태와 용존태에서는 분해의 정도가 다르다.

유기오염물질은 입자에 빈틈없이 흡착되는 것은 아니다. 예를 들면 하천수의 입자 대부분은 광물로 구성되어 있지만 그 일부에 유기물이 들어가 있고, 그 일부분이 소수성 유기오염물질이 흡착되는 장소가 된다. 물에서 입자의 유기물로 흡착, 입자의 유기물에서 물로의 용출을 둘 사이에서의 분배로 생각하고 살펴보자. 소수성 높은 물질은 물보다도 유기물로 분배되기 쉽기 때문에 입자에 흡착되기 쉬워진다. 물론 입자에 따라 유기물의 양이나 유기물의 종류도 다르기 때문에 거기에 따라서 분배 정도도 크게 좌우된다.

유기물로 입자가 흡착되는 것이 소수성에 의해 지배를 크게 받고 있는 것을 단적으로 나타낸 것이 그림 1.14이다. 그림 1.14는 10종류의 화학물질에 대해서 가로축에 소수성 파라미터인 K_{OW}, 세로축에 입자 중 유기탄소-물 분배계수(organic carbon-water partition coefficient: K_{OC})를 나타낸 것이다. K_{OC}는 입자의 유기물과 물과의 분배를 나타내는 파라미터이며(그림 1.5(j)), 어떤 화학물질의 입자중량당 농도를 물속 농도로 나누어 입자-물 분배계수(K_D ; 그림 1.5(i))를 구하고, K_D를 입자의 유기탄소 함유량으로 나누어 K_{OC}를 구한다. 이때 입자에는 화학물질이 모두 유기물에 흡착되어 있는 것으로 가정하고 있다. 10종류의 화학물질에서 이 두 개의 파라미터는 매우 강한 상관관계를 가지며, K_{OC}의 K_{OW}에 의한 지배가 정말 알기 쉽게 나타내어져 있다[9]. 소수성이 커지면 입자 중 유기탄소-물 분배계수도 커지게 된다. 즉 입자로 분배되기 쉽다.

한편, 소수성이 작으면 입자와 물의 분배도 물쪽으로 치우친다. 그림 1.15에는 소수성에 의해서 입자와 물 사이의 분배비가 변화하는 양상을 나타내었다. 1ℓ당 약 10㎎의 입자가 존재하고, 그 입자의 유기탄소 함량은 20%로 가정하고 있다. 이것은 도시하천의 현탁입자를 상정하고 있다.

가로축에는 log K_{OW}를, 세로축에는 그 화학물질이 입자에 흡착되어 존재하는 비율을 나타내었다. log K_{OW}가 8 이상인 물질은 대부분이 입자, log K_{OW}가 3 이하인 물질은 대부분이 물에 녹아서 존재하고 있다. 그 사이인 log K_{OW}가 4~7 정도인 화학물질은 물과 입자의 양쪽 상태로 존재하고 있고, log K_{OW}가 커진다. 즉 소수성이 커질수록 그 화합물의 존재 비율은 서서히 입자 쪽에 치우친다. 다만 이 비율은 물속의 입자량과 입자의 유기물량에 크게 의존한다. 입자량과 유기물량이 많아지면 이 곡선은 좌측으로, 적어지면 우측으로 치우친다.

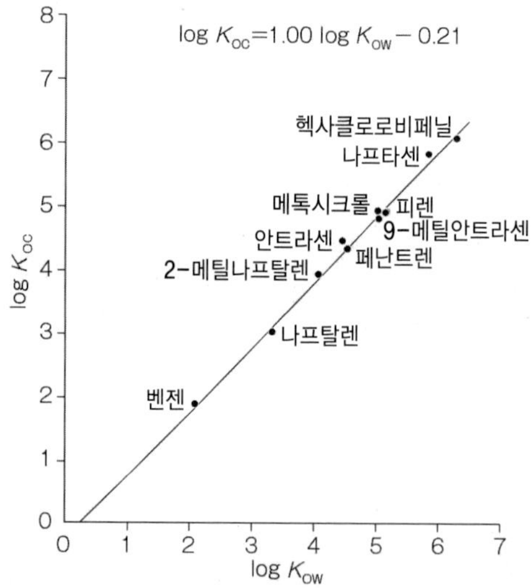

그림 1.14. 옥타놀-물 분배계수와 입자 중 유기탄소-물 분배계수의 관계
S.W. Karickhoff, D.S. Brown and T.A. Scott, *Water Res.*, 13, 241(1979)을 근거로 작성

입자로의 분배는 물 환경에서만 일어나는 것은 아니다. 환경수에 항상 입자가 존재하는 것과 마찬가지로 대기에도 미세한 입자나 부유입자(에어로졸)가 존재하고 있다. 이들 입자와 가스의 사이에 화학물질의 분배가 일어나며, 최종적으로 평형에 도달한다. 기체상태와 대기입자 사이의

화학물질 분배를 입자흡착상수(입자-대기 분배계수 : K_P, 그림 1.5(c))로 나타낼 수 있다. 이 때 입자 쪽으로 분배된 소수성의 화학물질은 입자의 유기물에 흡착되어 있다고 생각할 수 있기 때문에 K_P는 입자의 유기물과 가스 사이의 분배라고 생각할 수 있으며(그림 1.5(d)), 그 분배는 입자의 유기탄소-대기 분배계수(K_{OCA})로 나타낼 수 있다. 그리고 그 유기물을 옥타놀과 가까운 성질로 생각하고 K_{OCA}는 옥타놀-대기 분배계수(K_{OA})와 관련지을 수 있다(그림 1.5(e)). K_{OA}가 큰 물질은 K_{OCA}와 K_P가 크며, K_{OA}가 작은 물질은 K_{OCA}와 K_P가 작고, 입자에 유기성분의 비율이 높으면 같은 K_{OA}의 물질이라도 K_P가 크다.

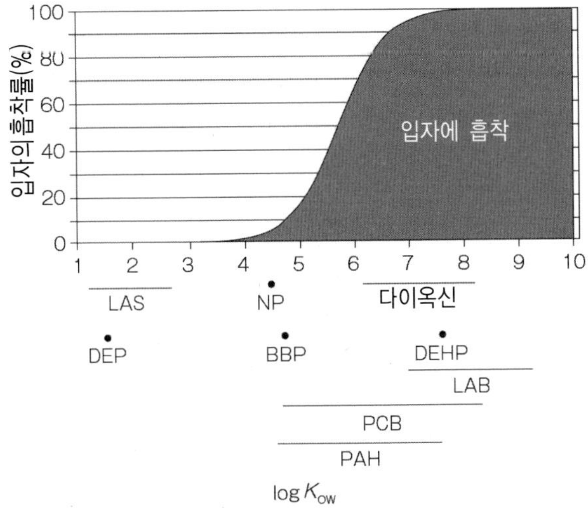

그림 1.15. 하천에서 유기화합물의 입자로의 흡착율과 옥타놀-물 분배계수

1.6. 환경에서의 변화과정

1.6.1. 미생물분해, 광분해

수송매체에 실려 환경 안에서 이동하는 사이에 유기오염물질이 분해

되는 경우가 있다. 분해의 중요한 과정은 주로 3가지가 있다. 생물에 의한 분해(주로 미생물), 화학적인 분해, 광화학 반응(직접 광분해, 간접 광분해)이다. 어떤 물질의 분해성은 반응속도와 반감기를 이용하여 정량적으로 표현된다. 다만 같은 물질이라도 대상이 되는 미생물과 화학분해 및 광분해의 환경조건에 따라서 값이 달라지기 때문에 일반화하는 것은 어렵다. 최근 분자구조부터 분해성을 예측할 수 있게 되었지만 옥타놀-물 분배계수와 같은 일반화된 파라미터는 존재하지 않는다. 그러나 유기화합물에서 분해라는 과정은 환경 거동를 파악하는데 대단히 중요하다.

광분해·미생물분해 모두 입자 중 유기물로의 흡착성은 매우 중요한 요인이다. 물 환경에서 화학물질이 입자의 유기물에 흡착되기 쉬운지, 물에 녹기 쉬운지에 의해 환경에서의 거동 방식이 변화하기 때문이다. 그림 1.16은 물속에서 유기물의 분해와 입자의 관계를 나타낸 그림이다. 입자의 유기물에 흡착되어 있는 화학물질은 입자의 침강과 함께 호수나 바다의 바닥으로 운반되어 퇴적물로 유입된다. 퇴적물에 있는 화학물질은 빛이 도달하기 어렵기 때문에 광분해되기 어렵다. 또한 퇴적물은 일반적으로 산소가 적은 혐기적인 환경이기 때문에 호기적인 미생물 분해도 일어나기 어렵다. 이와 같이 환경에서는 분해가 일어나기 어렵기 때문에 환경에 장기간 잔존하기 쉬워진다.

또 하나, 입자에 흡착되어 있는 것은 그 유기물의 표면에 있는 것뿐만 아니라 내부에 흡수되어 버리는 것도 생각할 수 있다. 이 경우 같은 수역의 표층에서 물에 녹아 있는 화학물질보다도 부유하고 있는 입자에 흡착되어 있는 화학물질 쪽에 빛이 도달하기 어려워진다. 즉 광분해도 일어나기 어려운 것을 예상할 수 있다. 미생물분해에 대해서도 마찬가지로

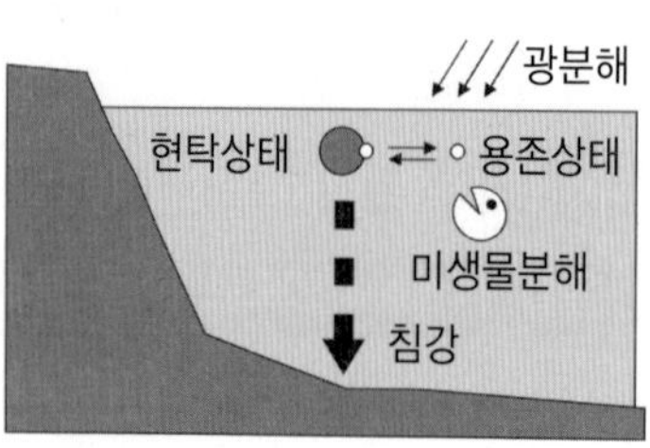

그림 1.16. 입자중의 유기화합물 거동

입자에 흡착되어 있는 화학물질보다도 용존상태로 존재하고 있는 화학물질이 미생물이 붙기 쉽고 결과적으로 분해되기 쉬울 것으로 생각된다.

이와 같이 환경에서의 잔류성·분해성에는 입자로의 흡착성 즉 소수성이 간접적으로 영향을 미치고 있는 것이다.

1.6.2. 생체내에서 대사

체내에 화학물질이 유입되면 우선 흡수(absorption)되어 혈액과 림프(lymph)에 의해서 체내를 돌아다니면서 분포(distribution)되고, 간에서 이물질異物質을 배출하는 대사(metabolism)를 거쳐 배설(elimination)된다. 대사를 받지 않고 그대로 배설되는 것도 있지만 대부분의 유기오염물질은 대사된 후 배설된다. 간에서의 대사반응은 2종류로 나눌 수 있다. 첫 번째는 이물질異物質을 화학반응으로 산화시켜 극성의 작용기를 도입하는 제1차 반응(산화반응, oxidation)이다. 하이드록시기나 메톡시기, 설폰기, 카르복시기 등 극성의 작용기가 도입되어 수용성이 증가하여 체외로 배설되기 쉬어진다. 이 반응에는 시토크롬(cytochrome) P450이라는 약물대사효소가 관여하고 있다. 두 번째는 제1차 반응에서 도입된 작용기를 바탕으로 수용성 화합물과 결합하는 제2차 반응(포합抱合반응, conjugation)이다. 대사반응은 생체이물질(xenobiotic)을 체외로 배설하기 위해 생기지만 물질에 따라서는 대사산물이 보다 높은 독성을 가지는 것도 있기 때문에 체내에서의 환경오염물질 거동 연구도 이루어지고 있다.

1.7. 화학물질의 생물영향

이 책에서 소개하는 화학물질의 독성에 대해서는 각론으로 설명하기 때문에 여기서는 화학물질의 독성에 대해 전반적으로 공통되는 개념과 용어에 대해 설명하겠다.

화학물질의 생물에 대한 독성에는 다양한 단계가 있다. 독성의 종류는 2종류가 있으며, 바로 사망하는 급성독성(acute toxicity)과 장기적인 영향으로 병에 걸리거나 병에 걸리지 않아도 행동에 영향을 미치거나 하는 만성독성(chronic toxicity)이 있다. 일반적으로 농도 의존적이며, 높은 농도의 화학물질이 환경에 존재하면 급성독성이 발현된다. 급성독성은 세포의 파괴가 구동력이 된다. 만성독성은 조금 낮은 농도에 만성적으로 노출되었을 때 발현되는 독성으로 DNA의 손상에 의해 기형이 생기거나 암이 발생하거나 한다. 더욱 낮은 농도에서는 내분비계의 교란에 의해 생식 이상, 면역력 감소, 행동 이상, 지능 저하, 갑상선의 이상이 발생한다. 이것들에 대해서는 3장 「다이옥신류」 및 9장 「내분비교란 화학물질」에서 상세하게 설명하겠다. 더욱 농도가 낮은 경우에 나타나는 현상으로는 기피 행동이 있다. 물고기 등이 오염물질의 농도가 높은 곳을 피해서 서식하는 것이 보고되어 있다[10].

독성을 정량적으로 평가하는 방법으로 급성독성의 경우에는 반수치사농도(LC_{50})가 이용되고 있다. LC는 lethal concentration의 약어이다. 시험생물의 절반이 사망할 때의 환경의 농도를 나타내고 있다. 유사한 용어로는 반수치사량(LD_{50})이 있지만 이것은 lethal dose의 약어로 노출량으로부터 급성독성을 계산할 경우에 사용되고 있다.

만성독성의 경우는 무영향농도(no observed effect concentration : NOEC)와 최소독성량(lowest observed adverse effect level : LOAEL), 예측무영향농도(predicted no-effect concentration : PNEC) 등 다양한 평가방법이 있다. 사용빈도가 많은 독성평가방법을 표 1.3에 나타내었다.

독성농도는 NOEC 보다도 LC_{50}이 항상 높은 농도가 된다. 많은 연구에서 급성독성과 만성독성의 관계를 나타내려 하고 있지만 대략적인 관계는 보이지만 정량화하는 것은 어려운 것이 현재의 상황이다.

이들 정량적인 독성평가 방법과 모델링을 합쳐서 화학물질의 리스크 평가도 이루어지고 있다. 예를 들어 일본의 산업기술총합연구소의 범용 생태리스크평가툴(AIST-MeRAM)과 국립환경연구소의 환경리스크의 총합어세스먼트프로그램(MuSEM) 등의 모델이 일본의 연구기관에서 공개되어 있다[11, 12]. 화학물질의 발생원과 그 특성, 환경으로 방출 후의

표 1.3. 독성평가방법의 종류

약칭	정식명칭	명칭	정의
LC_{50}	lethal concentration 50	반수치사농도	1회의 노출(통상 1~4시간)로 1개 그룹의 실험동물 50%를 사망시키는 것으로 예상되는 농도. 생태독성 시험에서는 노출기간 중 시험생물의 50%를 사망시키는 것으로 예상되는 농도의 것을 말함
LD_{50}	lethal dose 50	반수치사량	1회의 투여로 1개 그룹의 실험동물 50%를 사망시키는 것으로 예상되는 투여량
LOAEL	lowest observed adverse effect level	최소독성량	독성시험에서 유해한 영향이 확인되는 최저의 노출량
LOEC	lowest observed effect concentration	최소영향농도	최소작용농도라고도 한다. 대조구와 비교하여 통계적으로 의미있는(유해) 영향을 미치는 가장 낮은 농도
LOEL	lowest observed effect level	최소영향량	최소작용량이라고도 함. 독성시험에서 무엇인가 영향이 인정되는 최저의 노출량. 영향에는 유해, 무해 둘다 포함하기 때문에, 일반적으로는 LOAEL과 같던가 그것보다 낮은 값이다.
NOAEL	no observed adverse effect level	무독성량	무부작용량, 최대유해무작용 level, 최대무독성량이라고도 번역된다. 몇 단계의 투여용량 그룹을 이용한 독성시험에서 유해영향이 관찰되지 않는 가장 높은 노출량
NOEC	no observed effect concentration	무영향농도	최대무영향농도, 최대무작용농도라고도 한다. 대조그룹과 비교하여 통계적으로 의미있는(유해) 영향이 확인된 가장 높은 농도이고, LOEC 바로 아래 농도그룹이다.
NOEL	no observed effect level	무영향량	독성시험에서 영향이 확인되지 않는 가장 높은 노출량. 영향에는 유해, 무해 양쪽을 모두 포함하므로 일반적으로는 NOAEL과 같거나 그보다 낮은 값이다.
PNEC	predicted no-effect concentration	예측무영향농도	생태계에 유해한 영향을 미치지 않는 것으로 예상되는 농도

환경성, "화학물질의 환경 리스크평가 제11권 제1편 참고 2 용어집 등"(2013)을 근거로 작성

화학물질의 거동, 화학물질의 생물영향에 대한 이해가 깊어지고, 그것들이 모델에 정량적으로 반영되면 모델은 보다 실태를 잘 반영한 확실한 것으로 향상되어 갈 것이다.

이 장에서는 「발생원과 그 특성」, 「화학물질의 거동」과 「생물영향」에 대해 설명하였다. 2장 이후에서는 개별 화학물질의 발생원, 거동, 생물영향에 대해 상세하게 설명하겠다. 그곳들을 읽을 때 항상 1장을 염두에 두고 그 현상을 설명하는 법칙을 의식해주길 바란다. 또한 위의 모델에서 설명한 것처럼 리스크 평가에는 생물영향의 이해가 반드시 필요하다. 생물영향에 대해서는 와타나베渡邊・쿠노久野[13] 등에 상세하게 설명되어 있으므로 그것들을 참고하길 바란다.

참고 문헌

1) Chemical Abstracts Service http://www.cas.org/
2) M.J. Kennish, "Practical Handbook of Estuarine and Marine Pollution", CRC Press(1997).
3) R.P. Schwarzenbach, P.M. Gschwen and D.M. Imboden, "Environmental Organic Chemistry, 2nd edition", Wiley-Interscience(2003).
4) 川本克也, "環境有機化學物質論", 共立出版(2006).
5) 國立環境研究所, GIS 多媒体環境動体豫測モデル(G-CIEMS) http://www.nies.go.jp/rcer_expoass/gciems/gciems.html.
6) F. Wania and D. Mackay, *Environ. Sci. Technol.*, **30**, 390A(1996).
7) I. Takeuchi *et al., Mar. Poll. Bull.*, **58**, 663(2009).
8) K. Mizukawa *et al., Sci. Total Environ.*, **449**, 401(2013).
9) S.W. Karickhoff, D.S. Brown and T.A. Scott, *Water Res.*, **13**, 241(1979).
10) 立川 涼, 日高秀夫, 日本農藝化學會誌, 52, 263(1978).
11) 産業技術總合研究所, 汎用生態リスク評價管理ツ-ル(AIST-MeRAM) http://meram.aist-riss.jp/
12) 國立環境研究所, 環境リスクの總合アセスメントプログラム(MuSEM) http://www.nies.go.jp/rcer_expoass/musem/musem.html
13) 渡邉 泉, 久野勝治, "環境毒性學" 朝倉書店(2011).

제2부

사례 편

02

유기염소화합물

왜 높은 산의 호소에 서식하는 어류의 폴리염화비페닐(PCB)의 농도가 높을까? 이 장을 다 읽은 후에는 반드시 이 질문에 대답할 수 있게 될 것이다.

2.1. 유기염소화합물이란?

유기염소화합물은 다양한 종류가 있지만 이 책에서는 그 중 스톡홀름 협약에 등록되어 있는 화학물질에 초점을 맞추었다. 스톡홀름협약이란 잔류성유기오염물질(persistent organic pollutants : POPs)의 국제적인 근절 및 예방을 위한 국제협약이다[1]. POPs의 대부분은 1970년대부터 각국에서 독자적으로 규제가 되고 있었지만, 스톡홀름협약은 각국의 규제를 통일하고 세계 규모의 모니터링 체계를 제정하는 것을 목적으로 2000년대에 제정되었다. 2015년 시점의 등록된 화합물 수는 26종류였다. 그 중 12종류는 2001년 협약 제정시에 등록되었고, 그 후 2009년에 9종, 2011년과 2013년에 각각 1종씩, 2015년에도 3종이 추가되었으며, 2015년 가을에도 새로운 화합물의 등록이 심의되었다. 현재(2015년 7월 기준)[1] 스톡홀름협약에 등록되어 있는 화합물을 표 2.1에 나타내었다. 공통적으로 나타나는 것은 할로겐 원소를 포함하는 유기화합물이며, 난분해성 및 소수성[2]을 가진다는 점이다.

그리고 일본의 화학물질 규제는 「화학물질의 심사 및 제조 등의 규제에 관한 법률(화심법)」에서 규정하고 있고, 후생노동성·경제산업성·환경성에 의해 관리되고 있다[2]. 스톡홀름협약에 등록되어 있는 화합물을 모두 가장 엄격한 부류인 제1종 지정화학물질로 규정하고 있다. 그 외의 제1종 지정화학물질에는 배 밑바닥에 칠하는 방오제인 트리부틸주석(tributyltin)도 포함되어 있지만 스톡홀름협약에는 등록되어 있지 않다.

스톡홀름협약에 등록되어 있는 유기염소화합물은 염소계 농약과 PCB, 다이옥신 등이다. 이 장에서는 염소계 농약과 PCB에 대해서 설명하고, 다이옥신에 대해서는 다음 장에서 다루도록 하겠다.

2.2. 유기염소계 농약

2.2.1. DDTs

DDTs는 디클로로디페닐트리클로로에탄(dichlorodiphenyltrichloroethane: DDT)과 이것의 대사 또는 분해생성물을 말한다. 농약은 살충제, 제초제, 살균제, 성장조정제 등으로 다양하지만 DDT의 용도는 살충제이다. DDT는 벌레의 중추신경에 작용하여 죽이는 효과가 있고, 이 획기적인 발명을 한 스위스의 Müller는 1948년에 노벨생리학 · 의학상을 수상하였다. 그러나 그 후 생물농축성과 독성이 확인되어 DDT는 결과적으로 많은 선진 공업화 국가에서 1970년대 전반에 사용이 금지 되었다.

---

1) 역자 주 : 이 책이 2015년에 발간되었기 때문에 번역시점과의 차이를 반영하여 과거형으로 표현 또는 날짜를 표기하였다.

2) 소수성 : 물과 섞이지 않는 성질이다.

표 2.1. 스톡홀름협약 등록 화합물(2015년 7월 시점)

화합물명	구조식	스톡홀름 협약 등록년	용도·종별	화심법 제1종 등록년	log P^0	log K_{OW}
제조, 사용 원칙 금지(부속서 A)						
Aldrin	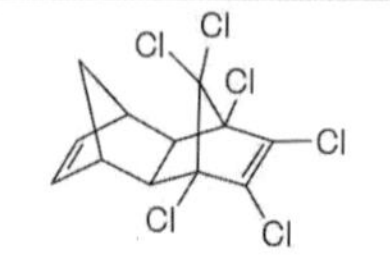	2001	살충제	1981	-3.60[a)]	5.52[d)]
Chlordane	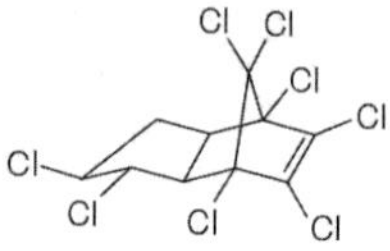	2001	제초제, 살충제, 방제제	1986	-2.57[a)]	6.00[d)]
Dieldrin	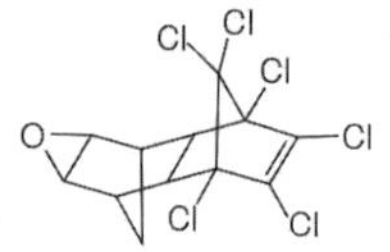	2001	살충제	1981	-3.44[a)]	5.16[d)]
Endrin	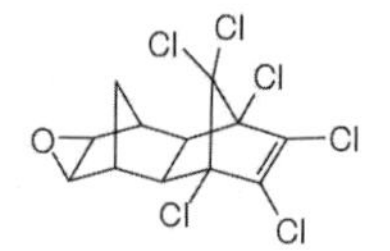	2001	살충제	1981	-3.44[a)]	5.16[d)]
Heptachlor	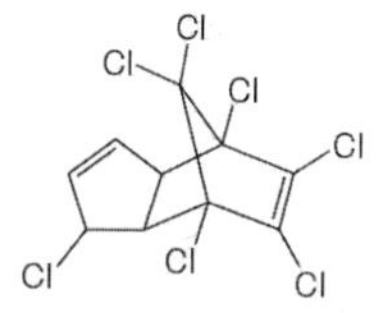	2001	제초제, 살충제, 방제제	1986	-1.50[a)]	5.44[d)]
Hexachlorobenzene (HCB)	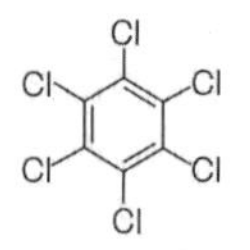	2001	살충제 등 원료	1979	-2.60[a)]	5.45[d)]
Mirex	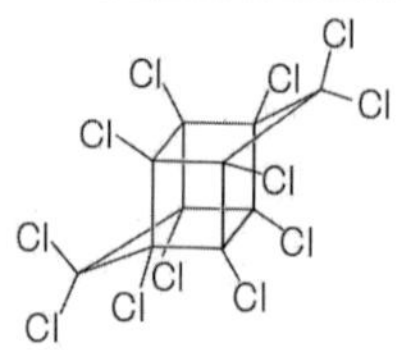	2001	난연제, 살충제, 구제제	2002	-3.41[a)]	6.89[d)]

화합물명	구조식	스톡홀름 협약 등록년	용도·성질	화심법 제1종 등록년	log P^0	log K_{OW}
Polychlorinated biphenyl (PCB)*	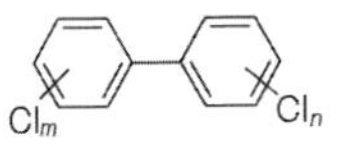 $m + n = 1 \sim 10$	2001	절연유 등	1974	-5.85 ~0.04[c] (1~10Cl)	4.70 ~8.30[c] (1~10Cl)
Toxaphene	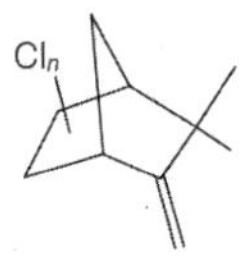	2001	살충제, 흰개미 구제제	2002	-3.72[a]	5.50[d]
Chlordecone	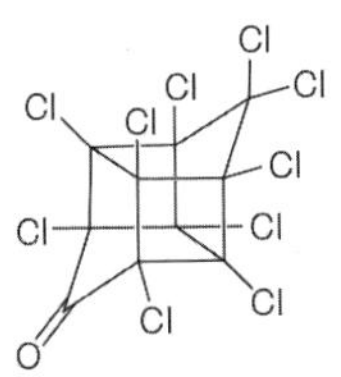	2009	살충제	2010	-5.98[a]	5.41[d]
Endsulfane 및 그 관련 이성체	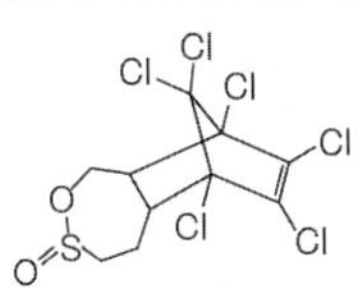	2011	살충제	추가 예정	-3.78[a]	2.23[d]
α-Hexachlorocychlo-hexane(α-HCH)	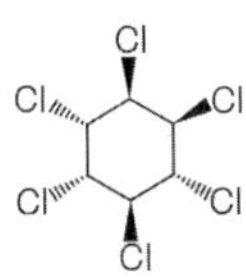	2009	린덴의 부산물	2010	-2.52[b]	3.81[b]
β-Hexachlorocychlo-hexane(β-HCH)	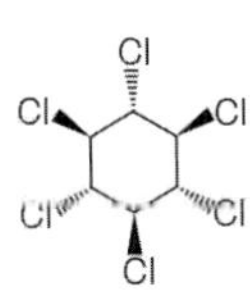	2009	린덴의 부산물	2010	-4.40[b]	3.80[b]
γ-Hexachlorocychlo-hexane(γ-HCH)	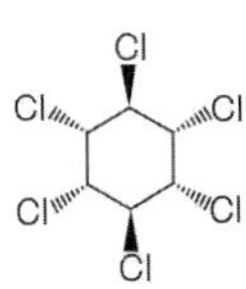	2009	린덴의 부산물	2010	-2.15[b]	3.78[b]

화합물명	구조식	스톡홀름 협약 등록년	용도·종별	화심법 제1종 등록년	log P^0	log K_{OW}
Pentachlorobenzene	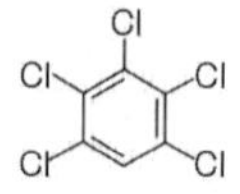	2009	공업제품, HCB의 비의도적 생성물	2010	-0.66[a]	5.18[b]
Hexabromobiphenyl	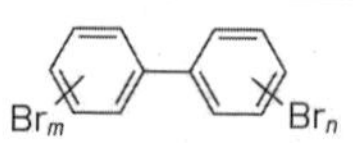 $m+n=6$	2009	난연제	2010	-6.48[a]	9.10[b]
Hexabromodiphenyl ether and hepta-bromodiphenyl ether	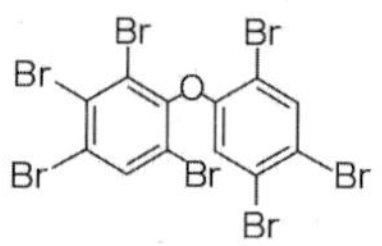 (:BDE183)	2009	난연제	2010	-6.42[a] (BDE154) -7.32[a] (BDE183)	7.89[e] (BDE154) 8.35[a] (BDE183)
Tetrabromodiphenyl ether and penta-bromodiphenyl ether	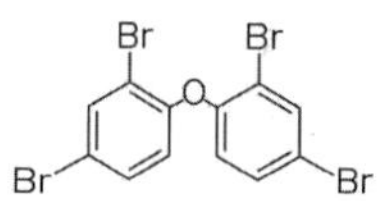 (:BDE47)	2009	난연제	2010	-4.66[e] (BDE47) -4.90[e] (BDE99)	6.76[e] (BDE47) 7.27[e] (BDE99)
Hexabromocyclo-dodecane	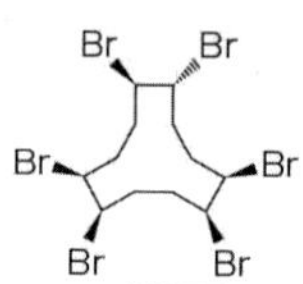 α-HBCD	2013	난연제		-5.65[a]	5.33~5.86[f]
Polychloro-naphthalene	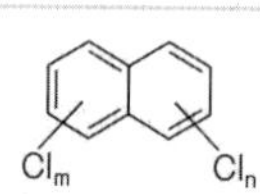 $m+n=2\sim8$	2015	엔진오일 첨가제, 방부제		-0.726 ~-4.94[a] (2~8Cl)	4.46 ~8.5[a] (2~8Cl)
헥사클로로프타디엔	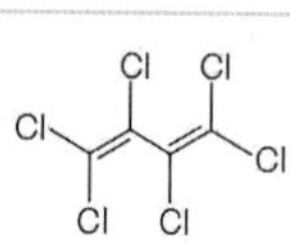	2015	용매		1.53[a]	4.78[a]
Pentachlorophenol	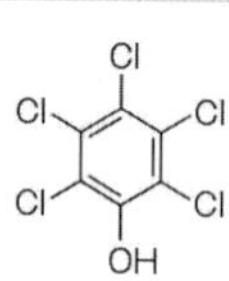	2015	농약 살균제		-2.84[a]	5.12[a]

화합물명	구조식	스톡홀름 협약 등록년	용도·용법	화심법 제1종 등록년	$\log P^o$	$\log K_{OW}$
원칙적 제한(부속서 B)						
Dichloro-Diphenyl-Trichloroethane (DDT)	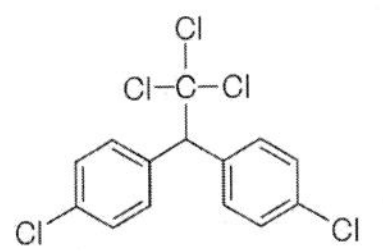	2001	살충제	1981	-4.70[b]	5.76[a]
Perfluorooctane sulfonic acid(PFOS)와 그 염 및 Perfluoro-octane-sulfonyl fluoride(PFOSF)	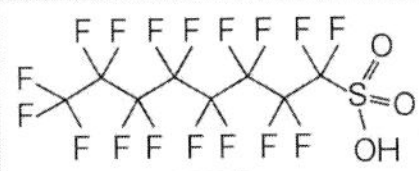 PFOS	2009	발수발유제 계면활성제	2010	-0.0691[a]	4.49[a]
비의도적 생성물질의 배출 소멸(부속서 C)						
Polychlorinated dibenzofuran(PCDF)	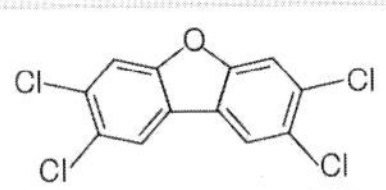 (例 : 2,3,7,8-tetraCDF)	2001	비의도적 생성물	없음	-5.70 ~-9.30[b] (4~8Cl)	6.1 ~8.0[b] (4~8Cl)
Polychlorinated dibenzodioxin(PCDD)	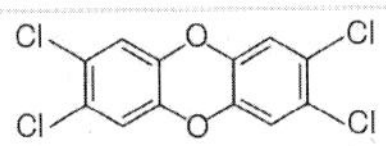 (例 : 2,3,7,8-tetraCDD)	2001	비의도적 생성물	없음	-6.70 ~-10.00[b] (4~8Cl)	6.8 ~8.2[b] (4~8Cl)

*부속서 C에도 등록

a) U.S. Environmental Protection Agency, "EPI-suitTM ver.4.11"(2012). b) R. P. Schwarzenbach *et al.*, "Environmental Organic Chemistry, 2nd edition", Wiley-Interscience(2003). c) M. D. Erickson, "Analytical Chemistry of PCBs, 2nd edition", CRC Press(1997). d) C. Travis and A. D. Ama, *Environ. Sci. Technol.*, **22**, 271(1988). e) L. Li *et al.*, Chemosphere, 72, 1602(2008). f) S. J. Hayward, Y. D. Lei and F. Wania, *Environ. Toxicol. Chem.*, **25**, 2018(2006)

일본에서도 1971년에 제1종 지정화학물질로 지정되어 사용이 금지되었다. 그러나 일부 아시아·중남미·아프리카 등의 열대지역에서는 말라리아의 매개가 되는 모기를 죽이기 위해 WHO에 의해 한정적으로 사용하는 것이 권장되었고, 현재에도 계속 사용되고 있다. 화학물질에 의한 생태계에 미치는 위험과 사람의 건강 피해의 위험을 저울질하여 내린 결단이라고 할 수 있겠다. 물론 이들 지역에서도 농업생산을 위한 살충제로서의 DDT의 사용은 금지되어 있다.

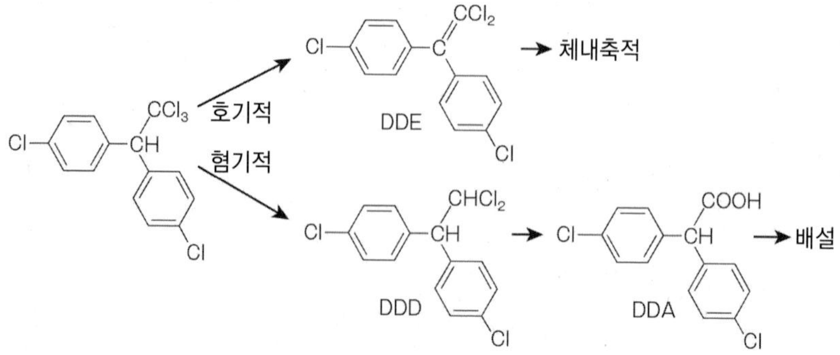

그림 2.1. DDT유의 분해경로

DDT의 구조는 디클로로디페닐트리클로로에탄이란 이름과 같이 1개의 염소로 치환되어 있는 페닐기 2개와 염소 3개를 가진 에탄이다. 벤젠고리 위에 2개의 염소가 중앙의 에탄에 대해 각각 파라자리(para position)에 치환된 *p,p'*-DDT와 오르토자리(ortho position)와 파라자리에 염소가 치환된 *o,p'*-DDT가 존재한다. 제품과 제조사에 따라 *p,p'*-DDT는 65~80%, *o,p'*- DDT는 20~35%의 범위로 함유 비율이 서로 다르기 때문에 어느 국가에서 언제쯤 만들어진 DDT인지를 추정하는 것도 시험하고 있다.

DDT의 물리·화학적 성질은 어떠한 것일까? DDT의 옥타놀-물 분배계수는 log K_{OW}=6.36으로 K_{OW}가 매우 높은 화합물이다. 이미 DDT의 생물농축에서 언급했듯이 소수성이 높을 것으로 예상될 것이다. 한편 증기압은 log P^0(Pa)=-4.70으로 휘발성은 매우 낮은 분류에 들어간다. Global distillation에 의해 고위도 해역에서 높은 농도가 나타나는 HCH (hexachlorocyclohexane)와 비교하면 휘발성은 낮고, 열대지역에서 사용된 DDT는 휘발된 후 중위도 지역에 침착 · 잔류하기 쉽다.

DDT는 인간과 그 외의 생물체 내에서 대사 또는 미생물과 박테리아 등에 의해 분해되어 디클로로디페닐디클로로에틸렌(dichlorodiphenyldichloroethylene: DDE), 디클로로디페닐디클로로에탄(dichlorodiphenyldichloroethane: DDD), 디클로로디페닐아세트산(dichlorodiphenylacetic acid : DDA)이라는 분해생성물이 된다(그림 2.1). 이 분해생성물까지 포함하여 총칭할 경우에는 복수형의 「s」를 붙여 DDTs로 표기하며, 「DDT류」로 쓰는 경우도 있다. DDT는 혐기적 조건에서 염소가 떨어져 나와 수소가 들어가는 환원반응이 일어나 DDD가 된다. DDD가 되면 그 후의 추가적인 반응도 쉽게 진행되어 사람과 야생생물의 체내에서는 카르복실기가 생성되어 DDA가 된다. DDA는 카르복실기에 의해 수용성이 증가하기 때문에 소변과 대변을 통해 체외로 배설된다. 한편 호기적 조건에서는 DDT로부터 HCl이 이탈되는 반응이 일어나 그 결과 에틸렌의 구조가 생성되어 DDE가 된다. DDE의 E는 에틸렌 구조의 존재를 강조하기 위해 Ethylene의 E를 사용한 것이다. DDE는 더 이상의 대사경로가 존재하지 않고 매우 안정적이기 때문에 생체내에 축적되기 쉽다. 따라서 생물체내의 지방과 혈액에서는 DDE가 많이 검출된다.

그러면 DDTs에 의해 지금까지 어떠한 환경문제가 발생하였을까? 1962년 레이첼 카슨(Rachel Louise Carson)에 의해 출판된 한권의 책은 매년 봄이 되면 들려야 할 새들의 지저귐 소리가 어느 날부터 들리지 않게 된 것에서 "Silent Spring(침묵의 봄)"으로 책 제목이 정해졌다. 그 원인물질로 DDT가 거론되었고, 그 후 DDT 사용금지의 계기가 된 책이다[3]. 이 책에서 거론된 화학물질은 몇 개가 있지만 그 중에서도 DDTs가 차지하는 비율은 매우 크다. 이 분야에 관심이 있는 사람은 한번쯤은 읽어둬야 할 이 『침묵의 봄』의 무대가 된 미국의 오대호 주변은 환경오염이 일어나고 있는 지역의 하나이며, 그 후에도 실제로 다양한 영향 사례가 연구되어 보고되었다. 예를 들어 갈매기와 독수리의 개체수 감소와 그들의 알 껍질이 얇아진 것 등도 DDT의 생물농축과 DDT에 의한 칼슘 운반 단백질의 장해가 원인으로 의심되어 후에 DDT의 규제로 이어졌다.

현재의 DDTs 오염현황을 그림 2.2에 나타내었다. 이 결과는 레진펠릿

(resin pellet)이라는 플라스틱 원료의 알갱이를 이용한 전 세계 DDTs 오염을 모니터링 한 결과이다. 2006년부터 2014년까지의 결과를 나타내고 있다. 레진펠릿을 이용한 모니터링은 12장에서 상세하게 설명을 할 것이기 때문에 여기에서는 전 세계 연안역의 오염을 나타내는 지도로써 봐주길 바란다. 북반구에서 DDTs는 비교적 낮은 농도로 검출되지만 과거에 DDT 제조공장이 있었던 로스엔젤레스의 일부에서는 당시 연안 수역으로 방출된 DDTs가 해저에 축적되어 거기서부터 재부유・용출에 의해 아직도 DDTs에 의한 오염 수준은 높다. 한편 브라질・홍콩・베트남 등의 열대지역 국가와 모잠비크・오스트레일리아 등의 남반구 국가의 일부에서도 높은 농도로 검출되어 최근에도 DDTs가 사용・방출되고 있는 것이 우려된다. 현재도 사용되고 있는지 여부를 조사하기 위해서는 DDT와 그 분해생성물의 비율을 단서로 하는 방법이 있다. 앞서 설명한 것과 같이 제품으로 사용된 DDT는 환경에서 DDD, DDE로 분해된다. 즉 환경으로 방출된 직후의 상태이면 DDT의 비율이 높지만, 방출 후 시간이 경과하면 분해생성물인 DDD와 DDE의 비율이 커진다. DDT에 대한 DDE와 DDD의 비율을 비교하여 최근에 사용된 DDT인지 토양이나 퇴적물에 잔류하던 것이 그 기원인지를 추정할 수 있게 된다. 이러한 것들을 바탕으로 다시 오염지도를 조성비에 주목하여 살펴보면, 농도가 높은 열대지역인 브라질・홍콩・베트남과 남반구의 모잠비크・오스트레일리아는 DDT의 비율이 높기 때문에 최근의 DDT 사용을 반영하고 있다고 할 수 있다. 한편 북반구에서 농도가 높았던 로스엔젤레스 1개 지점에서는 DDT보다도 DDE의 비율이 높기 때문에 과거에 방출되어 퇴적물에 잔존하고 있던 DDTs로부터 유래된 것으로 판단할 수 있다.

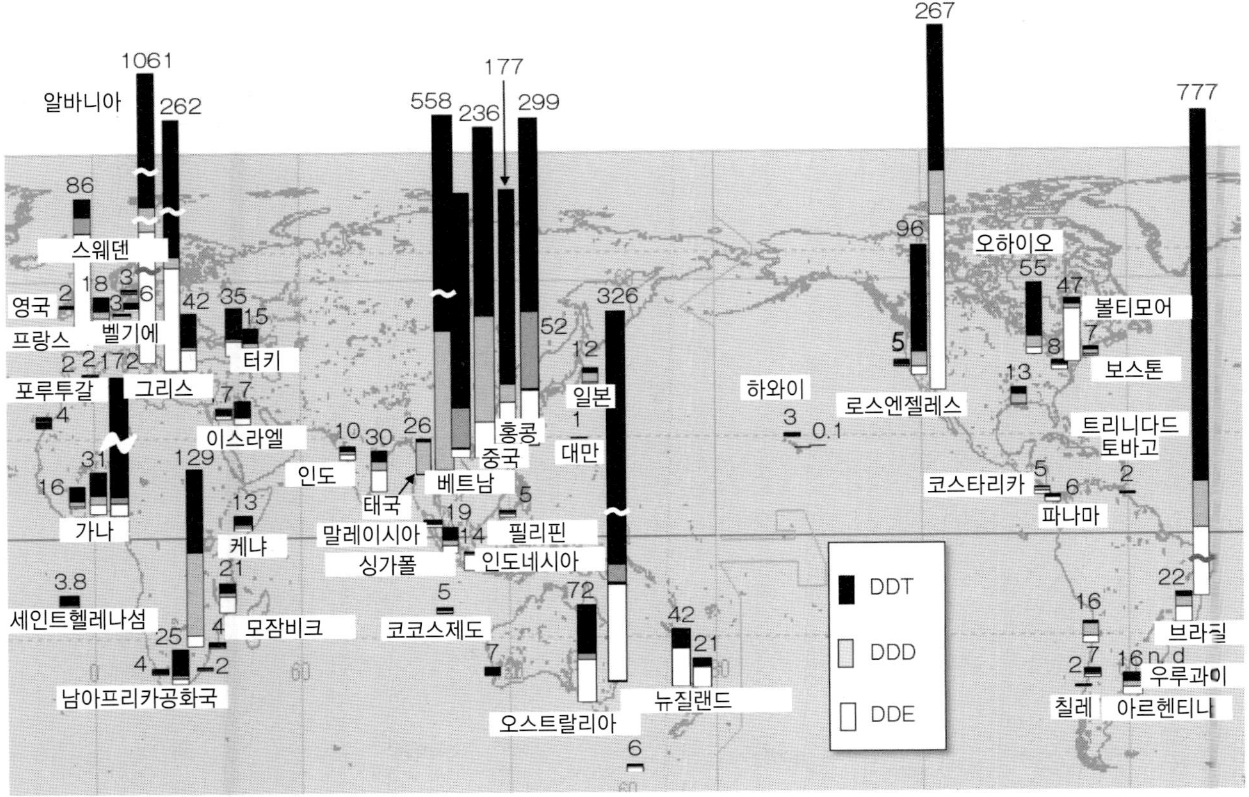

그림 2.2. 전 세계 해안 표착 플라스틱 작은입자(resin pellet) 중 DDTs 농도(ng/g-pellet)

해수의 소수성 화학물질은 플라스틱에 흡착되기 때문에 플라스틱 속의 화학물질 농도를 측정하면 그 지점의 오염 정도를 파악할 수 있다.

2.2.2 HCH

1장에서 거론했던 헥사클로로시클로헥산(hexachlorocyclohexane: HCH)도 유기염소계 농약의 일종이다. 고리형태(사이클로) 헥산의 6개 수소가 염소로 치환되어 있다. HCH에는 그 구조로부터 8종류의 입체이성체가 존재한다. 그 중에서 중요한 것이 4종류이고, 각각 α-HCH, β-HCI, γ-HCH, δ-HCH로 불린다. 합성된 제품에는 4종류가 모두 포함되어 있는 것과 살충력이 강한 γ-HCH를 정제한 린덴(lindene)으로 불리는 것이 있다. 린덴은 2009년 스톡홀름협약에 의해 규제되기까지 널리 사용되었다. HCH의 K_{OW}는 DDT와 비교하면 2자리수 정도 낮고, DDT 보다 물에 녹기 쉬운 물질이다. 증기압은 $\log P^0 = -2.15$로 DDT 보다도 높기 때문에 기체가 되기 쉬운 물질이다. 다만 항상 기체로 존재하는 것이 아니며 온도에 의해 액체상태와 기체상태의 사이에 분배가 변화하기 때문에 1장에서도 설명한 것과 같이 global distillation이 발생한다.

HCH는 높은 휘발성 때문에 어떤 장소에 일정하게 지속적으로 머물러 있다는 의미의 환경잔류성은 낮다. 또한 광분해도 되는 물질이다. 따라서 사용을 멈추면 오염의 정도는 서서히 낮아질 것으로 예상된다.

HCH는 2001년 스톡홀름협약 제정 당시에는 등록되지 않았고, 2009년에 대상물질로 추가되었다. 따라서 2009년 이전에는 HCH를 사용한 국가도 많았다. 그림 2.3은 2.2와 마찬가지로 레진펠릿을 이용한 전 세계 연안역의 HCH 모니터링 결과이다. 전 세계적으로 낮은 농도이며 환경잔류성도 낮은 것으로 보이지만 오스트레일리아와 아프리카 등에서는 높은 농도로 검출되었고, 최근까지 남반구에서는 사용되어 온 것으로 추측할 수 있는 결과를 나타내고 있다.

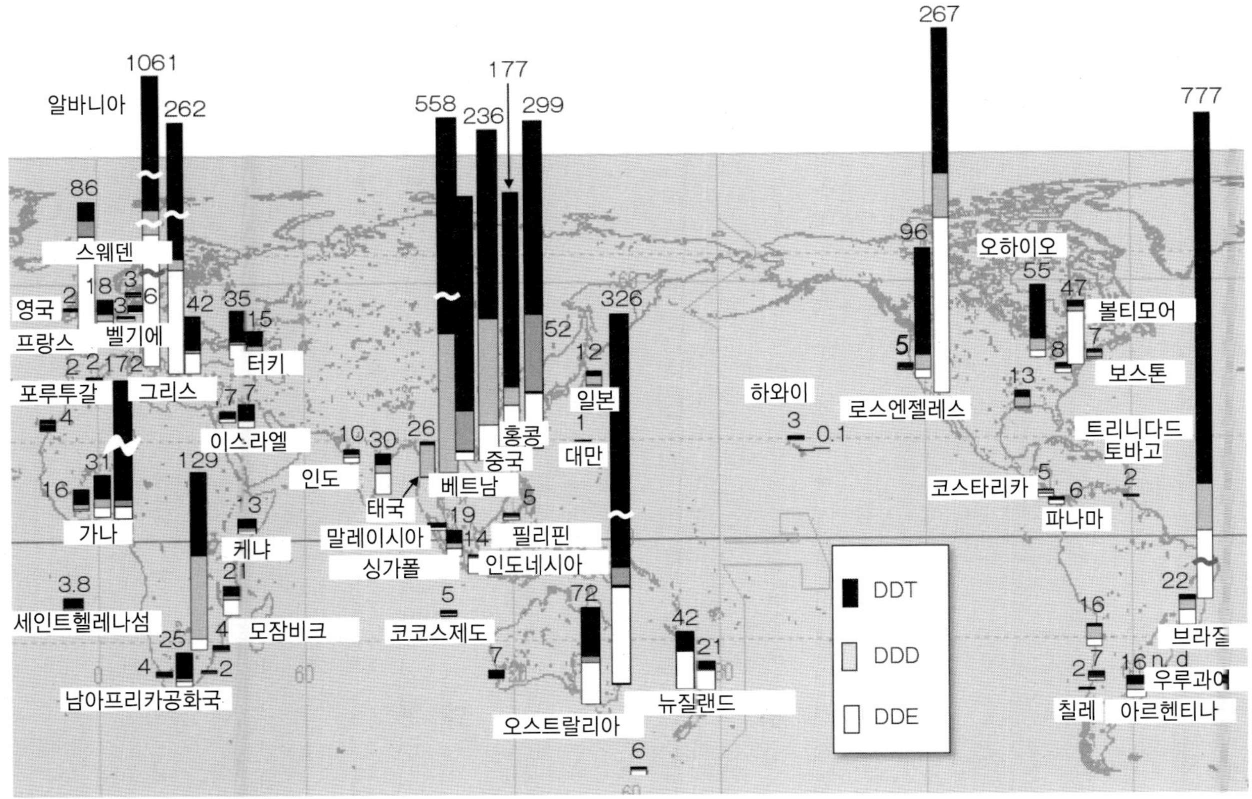

그림 2.3. 전 세계 해양 표착 플라스틱 작은입자(resin pellet) 중의 HCH 농도(ng/g-pellet)

농도는 α,β γ, δ-HCH의 합계

2.2.3. 그 외의 유기염소계 농약

스톡홀름협약에서는 DDT와 HCH 이외에도 몇몇 유기염소계 농약의 사용이 금지되어 있다. 표 2.1에 나타낸 화합물 중 유기염소계의 농약에 대해 간단히 소개하겠다. 살충제 알드린(aldrin), 디엘드린(dieldrin), 엔드린(endrin)은 독립된 제품이면서도 알드린이 에폭시화되면 입체이성체인 디엘드린과 엔드린이 된다. 약간의 구조 차이에 의해 독성과 축적성이 달라진다. 일본에서 농약으로써 디엘드린의 사용은 1973년에 금지되었지만 그 후에도 흰개미의 방제제로써 사용되었다. 1981년에 「화학물질의 심사 및 제조 등의 규제에 관한 법률」에서 제1종 지정화학물질로 지정되어 모든 용도에서의 사용이 금지되었다. 클로르덴(chlordene)과 헵타클로르(heptachlor)도 디엘드린 등과 유사한 골격을 가진 화합물로 소수성이 크지만 휘발성도 크다. 용도는 마찬가지로 합판과 목재의 흰개미 방제제이다. 이러한 것들도 1986년에 「화학물질의 심사 및 제조 등의 규제에 관한 법률」의 제1종 지정화학물질로 지정될 때까지 사용되었다. 흰개미 방제제로 사용되었던 화합물은 농지에 한정되지 않고, 도시에서도 오염이 나타나는 것이 특징이다. 살충제인 마이렉스(mirex)와 클로르데콘(chlordecone)은 일본에서는 농약으로 등록된 적이 없다. 즉 사용된 이력이 없다. 클로르데콘은 제품이면서 동시에 마이렉스의 분해생성물이기도하다. 마이렉스는 난연제(방연제)로서도 사용되었다. 톡사펜(toxaphene)은 벤젠고리 2개의 모노테르펜(monoterpene)인 캄펜(camphene)에 염소를 치환시켜 합성한 살충제이며, 염소의 치환 갯수와 치환위치가 다른 250개 이상의 혼합물로 되어 있다. 미국에서는 목화용 농약으로서 남부에서 대량으로 사용되었다. 이것들도 일본에서는 농약으로 등록되지 않았고, 사용되지도 않았다. 헥사클로로벤젠(hexachlorobenzene)은 곡물의 방부제 · 항공팡이제로써 사용되어 왔다. 염소수가 5개인 펜타클로로벤젠(pentachlorobenzene)도 2009년에 스톡홀름협약에 추가되었다. 이것들은 휘발성이 높은 것이 특징으로 극지역에서도 검출되고 있다. 엔드슬판(endsulfane)은 일부 구조가 알드린 등과 유사한 농약이지만 스톡홀름협약에 추가된 것은 2011년으로 유기염소계 농약 중에서는 가장 최근에 만들어진 것이다. 2014년부터 「화학물질의 심사 및 제조 등의 규제에 관한 법률(화심법)」에도 추가되어 일본 내에서 제조・사용・수입이 금지되었다.

2.3. PCB

2.3.1. 개요

시금까지 설명한 유기염소계화합물은 농약이었지만 폴리염화비페닐(PCB)은 공업적인 용도로 생산된 화학물질이다.

PCB는 2개의 벤젠고리가 단결합으로 연결되어 거기에 염소가 1~10개 치환된 화합물이다. 이 경우 「폴리(poly)」는 염소의 개수가 복수인 것을 의미하며, 염소수에 의해 모노클로로비페닐(1개)~데카클로로비페닐(10개)로 바뀐다. 염소의 치환 갯수가 서로 다른 것을 동족체(homolog)라고 하며, 염소의 수는 같지만 치환위치가 서로 다른 것을 이성체(isomer)라고 한다. 이것들을 총칭하여 동족이성체(congener)라 하고, PCB의 경우는 염소갯수・치환위치가 다른 동족이성체가 이론상으로 209종류가 존재한다.

PCB의 표기에는 예를 들어 2,2',4,4',5,5'-헥사클로로비페닐과 같이 염소갯수와 치환위치가 표시된다. 이러한 표기는 정확하지만 복잡하기 때문에 IUPAC(International Union of Pure and Applied Chemistry)에서 규정하는 209종의 일련번호로 표시되는 경우가 많다. 이 일련번호는 염소갯수가 1, 치환위치가 2의 2-모노클로로비페닐을 CB1로 하여, 염소갯수가 작은 순서 · 치환위치의 수가 작은 순서로 CB209(2,2',3,3',4,4',5,5',6,6'-데카클로로비페닐)까지 표기된다. 그림 2.4에 209 종류의 PCB 패턴 일람표를 나타내었다.

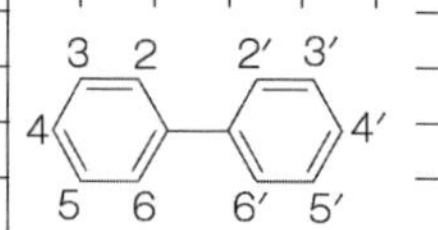

	2′	3′	4′	2′,3′	2′,4′	2′,5′	2′,6′	3′,4′	3′,5′	2′,3′,4′	2′,3′,5′	2′,3′,6′	2′,4′,5′	2′,4′,6′	3′,4′,5′	2′,3′,4′,5′	2′,3′,4′,6′	2′,3′,5′,6′	2′,3′,4′,5′,6′
2,3,4,5,6																			209
2,3,5,6																		202	208
2,3,4,6																	197	201	207
2,3,4,5																194	196	199	206
3,4,5															169	189	191	193	205
2,4,6														155	168	182	184	188	204
2,4,5													153	154	167	180	183	187	203
2,3,6												136	149	150	164	174	176	179	200
2,3,5											133	135	146	148	162	172	175	178	198
2,3,4										128	130	132	138	140	157	170	171	177	195
3,5									80	107	111	113	120	121	127	159	161	165	192
3,4								77	79	105	109	110	118	119	126	156	158	163	190
2,6							54	71	73	89	94	96	102	104	125	143	145	152	186
2,5						52	53	70	72	87	92	95	101	103	124	141	144	151	185
2,4					47	49	51	66	68	85	90	91	99	100	123	137	139	147	181
2,3				40	42	44	46	56	58	82	83	84	97	98	122	129	131	134	173
4			15	22	28	31	32	37	39	60	63	64	74	75	81	114	115	117	166
3		11	13	20	25	26	27	35	36	55	57	59	67	69	78	106	108	112	160
2	4	6	8	16	17	18	19	33	34	41	43	45	48	50	76	86	88	93	142
non	1	2	3	5	7	9	10	12	14	21	23	24	29	30	38	61	62	65	116

그림 2.4. PCB의 IUPAC No.와 염소의 치환위치

한쪽 벤젠고리에서 염소의 치환위치가 2,4,5이고, 나머지 한쪽 벤젠고리에서 염소의 치환위치가 2′,4′,5′인 경우 CB153이 된다.

PCB는 그 성질에 따라 다양한 용도로 이용되고 있다(표 2.2). 전기를 전달하기 어려운 성질을 가지기 때문에 절연유로, 열분해되기 어렵기 때문에 열매체(heating medium)로, 그 외에도 윤활유, 가소제可塑劑, 잉크 용제 등의 용도로 사용된다. PCB의 특징은 염소의 수를 변화시켜 성질을 조절할 수 있다는 것이다. 염소수가 작은 PCB를 사용하면 점성이 작

표 2.2. PCB의 용도 사례

용도		제품 예·사용장소	명칭
절연유**	변압기용	빌딩, 병원, 차량(지하철·신칸센외), 선박 등의 변압기	KC-1000, AC-T100
	콘덴서용	형광등, 수은등의 안정기용, 냉온방기, 세탁기, 건조기, 전자레인지 등의 가전용, 모터용 등의 고정 페이퍼 콘덴서, 직류용 콘덴서, 축전용 콘덴서	KC-300, AC-1242, KC-400, AC-1248 KC-500, AC-1254
열매체(가열과 냉각)**		각종화학공업, 식품공업, 합성수지공업 등의 여러 공정에서 가열과 냉각, 선박의 연료유 예열, 집중 난방, panel heater	KC-300 KC-400 サントサーム
윤활유**		고온용 윤활유, 작동유, 진공펌프유, 절삭유, 극압첨가제	KC-300외
가소제	절연용	전선의 피복, 절연테이프	
	난연용	폴리에스텔수지, 폴리에틸렌수지, 고무 등에 혼합	
	기타	접착제, 니스, 왁스, 아스팔트에 혼합	KC-500, 600, KC C
도료, 인쇄잉크		난연성도료, 내열성도료, 내약품성도료, 내수도료, 인쇄잉크	
복사지		감압복사지(noncarbon지)(용매**)	KC-300
기타		종이 등의 코팅, 자동차의 실런트(sealant), 도기 유리용기 채색, 컬러텔레비전 부품, 농약의 효력 연장제	

* KC : 카네크롤, AC : 아로크로르, 주로 양쪽의 카탈로그에 의함
** PCB 그 자체가 사용됨. 타치카와 료(立川 涼), PPM, 8, 2(1972)를 바탕으로 작성

고, 염소수가 많은 것을 사용하면 점성이 커지기 때문에 제품으로서의 PCB는 염소수가 다른 것이 판매되어왔다. 일본에서 사용된 PCB의 주요제품으로는 카네크롤(kanechlor), 아로크로르(arochlor)가 있다. 카네크롤은 200, 300, 400, 500, 600이 있고, 각각 2, 3, 4, 5, 6개 염소의 동족이성체를 많이 함유하는 제품을 의미한다. 그러나 단일의 염소 개수가 포함되어 있는 것은 아니며, 카네크롤 200에는 염소수가 1, 3인 것도 들어있다. 평균하면 염소수가 2개 정도라는 것을 의미한다. 한편 아로클로르(Arochlor)에서는 Arochlor12XX로 표시된다. XX의 부분에는 염소의 전

체 중량을 차지하는 함유율(%)을 나타내는 42, 48 등의 숫자가 들어간다. 즉 염소의 비율이 큰 것≒염소수가 많은 것으로 판단해도 된다. 이와 같이 용도에 따라 사용하는 상표도 바뀐다.

PCB는 1950년대 중반부터 사용되기 시작하여 그 사용량은 고도경제 성장에 동분하여 증가해왔다. 과거 전 세계에서 생산된 PCB의 비율은 미국 48%, 유럽 33%, 러시아 13%, 일본 5%, 중국 1%로 대부분이 선진 공업국에서 생산되었다[4]. 현재는 개방된 곳에서의 사용과 폐기가 금지되어 있기 때문에 과거에 사용된 PCB를 함유하는 기기는 노출되지 않도록 보관 및 2027년까지 처분하도록 의무가 지워졌다. PCB는 DDT와 HCH가 같이 사용을 금지하면 발생하지 않는 것이 아니라 과거에 사용된 제품을 제대로 폐기하지 않으면 현재에도 환경으로 방출될 가능성이 있는 물질이다.

2.3.2. 독성

PCB는 사람과 야생생물에게 다양한 독성을 일으킨다. 만성적인 영향으로는 기형을 유발하고, 생식장해를 일으킨다[5]. 발암성도 의심되고 있다[5]. 또한 뇌신경계로의 영향도 우려된다[6]. 급성독성으로서는 구토, 체중감소, 황달, 부종, 복통, 간에 장해를 일으키는 등의 증상이 나타나고[5], 노출량이 많으면 죽음에까지 이른다. 1968년 키타규슈北九州에서 발생한 카네미유증(カネミ油症)[3]의 경우 병의 증상이 인정된 환자가 1,600명 이상, 사망이 50명 이상의 규모에 이르렀다. 많은 사람들이 피부에 이상 증상이 발생하고, 권태감, 어지러움, 구토 등의 증상을 호소했다. 이 원인물질이 바로 PCB인 것이다. PCB는 카네미 라이스오일(カネミラ

3) 카네미유증 : PCB 섭취에 대한 중독증세로 1968년에 일본에 일제히 발생한 얼굴과 경부(頸部) 등의 흑색색소 침착, 여드름 모양 피부병 증세 및 사지탈력감 등을 주 병세로 하는 것으로 유증(油症)이라고도 한다. 카네미유증의 주원인은 PCB자체보다도 PCB에 함유되어 있는 불순물에 있는 PCDF(폴리염화디벤조퓨란)과 코프라나 PCB 등의 영향이 크다고 보고되고 있다(출처 : 물백과사전).

イスオイル)[4]의 제조과정 중 가열탈취공정에서 열매체로 사용되었다. 그러나 파이프의 부식에 의해 생긴 구멍으로 PCB가 누출되어 라이스오일에 혼입되었고, 그 식용유를 섭취한 사람들의 건강에 피해가 발생한 것이다.

2.3.3. 오염현황

현재의 PCB 오염현황에 대해 DDTs 및 HCH와 같이 레진펠릿을 이용한 모니터링 결과를 그림 2.5에 나타내었다. PCB 오염은 토쿄만東京湾, 오사카만大阪湾, 미국 서해안의 로스엔젤레스 주변과 동해안의 보스턴항, 오대호의 오하이오주, 서유럽에서는 네델란드, 벨기에, 이탈리아, 프랑스 등 소위 선진 공업화 국가의 연안역에서 높은 농도로 검출되었다. 그러나 그 외에 경제적 개발도상국가와 하와이, 세인트헬레나 섬, 카나리아 제도, 코코스 섬 등 대양의 고립섬, 인간활동이 적은 지역, 대륙으로부터 떨어진 지역 등에서는 낮은 농도를 나타내지만, 전 지구적으로 PCB 오염이 확산되어 있는 것도 주목해야 할 점이다. PCB의 오염현황에 대해서는 다음에 환경거동의 절에서 상세하게 설명하겠다.

2.3.4. 물리·화학적 성질

앞의 점성부분에서도 설명한 것과 같이 PCB의 물리·화학적 성질은 염소의 개수에 크게 의존한다. 염소수가 적은 것은 녹는점이 낮고, 물에 대한 용해도는 높다. 염소수가 많아질수록 녹는점은 높아지고, 물에 대한 용해도는 낮아진다. 염소수가 많은 동족이성체의 물에 대한 용해도는 염소수가 적은 것에 비해 5~6 자리수나 작다. 이와 반대로 소수성 K_{OW}는 염소수가 많아지면 커진다. 따라서 염소수가 많을수록 생물농축이 되기 쉬운 경향을 나타낸다. 증기압은 염소수가 증가하여 분자량이 커질수록 낮아진다.

---

4) 카네미 라이스오일 : 일본의 카네미소코 주식회사에서 만든 식용유 제품이다.

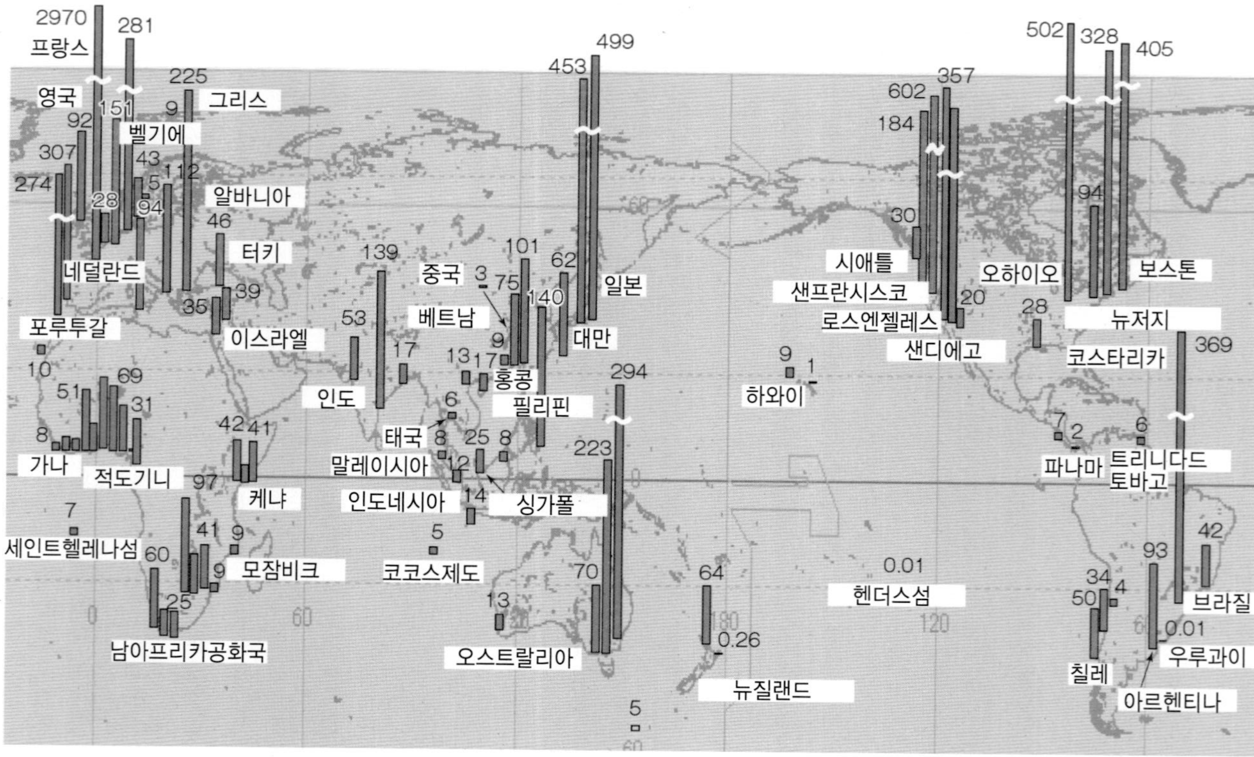

그림 2.5. 전 세계 해양표착 플라스틱 작은입자(resin pellet) 중의 PCB 농도(ng/g-pellet)

농도는 CB#66, 101, 110, 149, 118, 105, 153, 138, 128, 187, 170, 206의 합계

2.4. 유기염소화합물의 환경 거동

지금까지 유기염소계 농약과 PCB의 개요에 대해 설명하였고, 여기서부터는 이들 오염물질의 유입원과 물리·화학적 성질, 그리고 물질의 거동과의 관계에 대해서 설명하겠다.

유기염소계 농약과 PCB는 선진 공업화 국가에서의 사용이 1970년대 초기에 금지되었고, 일부 경제적 개발도상국가와 열대지역에서 사용되고 있는 것이 공급원으로서 공통점이 있다. 한편 물리·화학적 성질에서는 공통적으로 소수성이 높고, 난분해성이다. 휘발성은 물질에 따라 차이가 크며, 정도의 차이는 있지만 대기 경유의 운송 경로가 존재하는 점에서는 공통적이다.

환경으로 방출된 유기염소계 농약과 PCB는 물 속에서 주로 입자에 흡착되어 운반된다. 이것은 높은 K_{OW}, 즉 소수성이 높은 물질이라는 특성에 의해 생기는 거동 특성이다. PCB와 유기염소계 농약과 같이 소수성이 높고, log K_{OW}가 6 이상이 되면 대부분이 입자로서 존재하게 된다. 입자가 최종적으로 바다에 도달하면 PCB를 흡착한 채로 퇴적물로 침강되어 하구 연안 퇴적물에 PCB와 유기염소계 농약이 축적된다.

2.4.1. 환경에서의 유기염소화합물

그림 2.6은 2000년 무렵 토쿄만東京湾의 만 안쪽에서 요코하마横浜까지 퇴적물을 채취하여 PCB 농도를 측정한 결과이다. 사용이 규제된 후부터 30년 정도 시간이 경과하였지만 연안역의 퇴적물에서 PCB가 수십~수백 ng/g-dry 정도의 농도범위로 검출되고 있다[7]. 가장 농도가 높은 지점에서는 1,000ng/g-dry, 즉 1ppm을 초과하였다. 많은 지점에서 토쿄만東京湾 앞바다 표층퇴적물의 PCB 농도(50ng/g-dry)를 초과하고 있다. 이렇게 높은 농도의 PCB를 흡착한 퇴적물은 다시 이동되어 근해 퇴적물에

PCB의 이차적인 오염원이 된다. 운하의 안쪽 지점에서 비교적 농도가 높은 것이 많은 것은 물이 교환되는 속도가 관계하고 있는 것으로 생각된다. 운하의 안쪽 지점은 물의 움직임이 느리기 때문에 입자가 퇴적되기 쉽고, 과거 PCB를 사용했을 무렵에 퇴적된 입자가 다시 이동되기 어려운 환경이다. 따라서 PCB가 높은 농도로 머물게 된다. 물론 연안에 퇴적되지 않거나 퇴적한 후에 재이동되어 PCB를 흡착한 입자가 근해로 운반될 수도 있다. 그러나 그 농도는 연안에 비해 낮아진다.

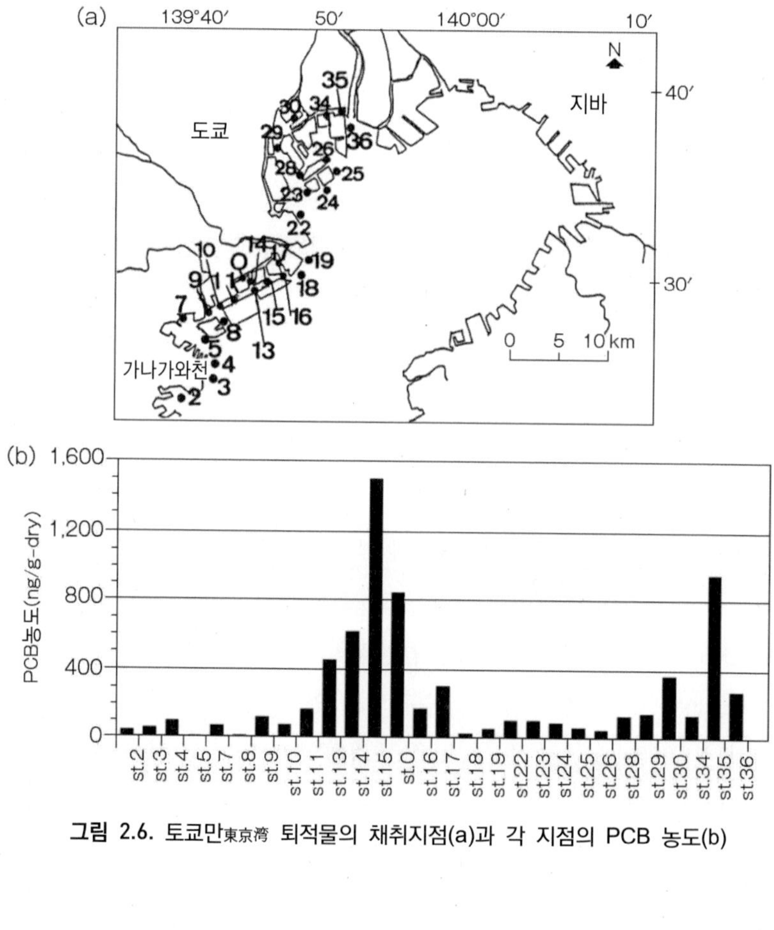

그림 2.6. 토쿄만東京湾 퇴적물의 채취지점(a)과 각 지점의 PCB 농도(b)

퇴적물 입자와 입자에 흡착된 오염물질이 역사적으로(시간에 따라) 어떻게 퇴적되었는지를 조사하기 위하여 주상퇴적물(코어)를 채취하여 조사하는 방법이 있다. 하천으로부터 운반된 입자가 층상으로 퇴적되어 연안역의 퇴적물을 구성하기 때문에 그것을 아크릴관과 같은 파이프를 이용하여 뽑아내면 퇴적물을 수직적으로 얻을 수가 있다. 이것을 주상퇴적물이라고 부른다. 표층에 있는 퇴적물이 최근에 퇴적된 것이고, 깊은 층에 있는 퇴적물이 오래전에 퇴적된 것이다. 이와 같은 방법은 오염물질을 조사하는 이외에도 흔히 이용되는 지구화학적인 수법이다. 퇴적된 연대는 방사성동위원소인 납-210과 세슘-137을 측정하면 어느 깊이가 몇 년 정도에 퇴적된 것인지를 추정할 수 있다.

그림 2.7에 토쿄만東京湾 연안 주상퇴적물의 PCB 농도의 수직분포를 나타내었다[8]. PCB는 1950년대 중반부터 검출되기 시작하여 1960년대

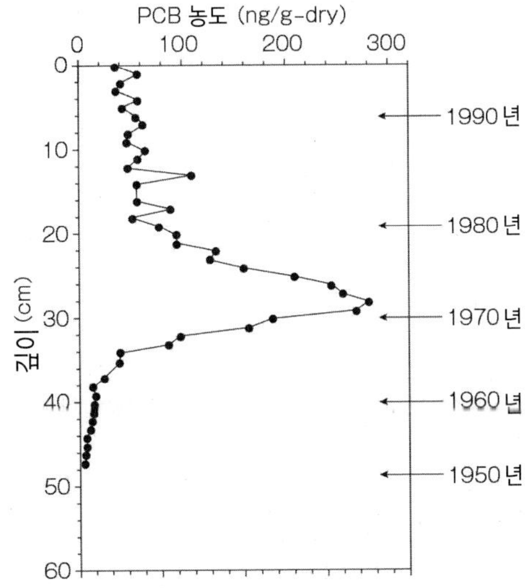

그림 2.7. 토쿄만東京湾 주상퇴적물의 PCB 수직분포

사나다 유키히사(真田幸尚) 등, 地球化學, 33, 123(1999)

에 농도가 급증하고 있다. 실제로 PCB의 사용 경향과 아주 관련이 깊게 분포하고 있다. 그리고 1970년대의 사용 금지에 맞추어 최대치를 나타내고, 그 후 최대치로부터 급격하게 감소하고 있으나 1980년대 이후의 감소경향은 완만해지면서 유사한 농도로 퇴적되고 있다. 다음 절에서 상세하게 설명하겠지만 일단 환경으로 방출되면 사용을 금지하더라도 퇴적물의 수직혼합과 수평방향으로의 재이동 등에 의해 그 화학물질을 사용하기 이전 상태의 오염 수준으로 되돌아가지는 않고, 장기간에 걸친 지속적인 오염을 나타내고 있다.

2.4.2. 레거시 오염(legacy pollution)과 새로운 유출(current input)

환경으로 방출된 PCB는 대부분이 최종적으로 연안역과 호소의 퇴적물에 축적된다. 미국 오대호의 연구에서는 집수역으로 방출된 PCB의 99% 이상은 최종적으로 퇴적물에 축적된다는 연구보고가 있다. 문제는 퇴적물로 들어간 것이 안정하게 지속적으로 그곳에 존재하는지의 여부이다. 1.3절에서 설명한 것과 같이 퇴적물의 일정 깊이 이하는 퇴적물이 완전히 매몰되어 그 매몰층의 퇴적물과 퇴적물에 흡착된 오염물질은 수층으로 되돌아 올 수 없다. 그러나 매몰된 층 상부의 표층 수십 cm의 퇴적물은 바람, 파도, 저서생물 등에 의해 수직방향으로 교란되고, 재현탁되어 오염물질이 수층으로 되돌아 올 수 있다. 공극수로의 오염물질 용출과 공극수의 수직 이동도 오염물질을 해수로 되돌리는 것을 촉진시킨다. 또한 공사, 준설, 선박의 운행 등 인간활동에 의해서도 수직교란이 촉진된다. 그리고 연안역으로는 하천이 유입되는 경우가 많고, 홍수 등에 의해 연안역의 표층퇴적물이 수평방향으로 재이동된다. 이와 같이 수직방향과 수평방향의 퇴적물의 교란·재이동의 결과 표층퇴적물이 오염물질의 2차적인 오염원이 된다. 따라서 육상에서 수십년 전에 사용이 금지된 소수성의 화학물질이 아직도 물속이나 물속에 서식하는 생물에서 검출되는 것이다. 퇴적물이 사용이 금지된 화학물질의 2차적인 오염원이 되어 현재에도 오염이 진행되고 있는 상태를 레거시 오염(legacy pollution)이라고 한다(그림 2.8).

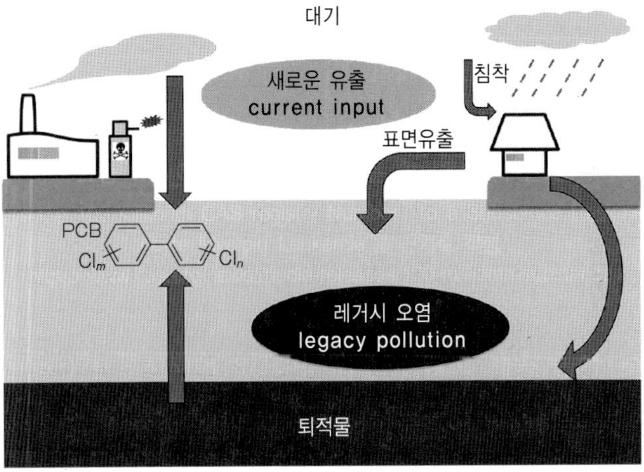

그림 2.8. Legacy 오염의 개념도

과거에 사용되었던 것이 퇴적물에 축적되어 그것이 공급원이 되는 것이다. 교란을 받는 퇴적층의 두께(깊이)는 교란의 크기에 따라 다르지만 일반적으로 도시연안에서는 30cm 정도가 교란의 영향을 받는다. 즉 표층 30cm 정도의 퇴적물이 2차적인 오염원이 된다. 그림 2.5에서 선진 공업화 국가의 연안역에서 높은 농도의 PCB가 관측되는 것은 레거시 오염의 단적인 사례이다. 일본 정부에서 정리한 토쿄만東京湾에 서식하는 농어 체내의 농도는 1980년대부터 2000년에 걸쳐 눈에 띄게 감소하지는 않는다(그림 2.9). 이것도 레거시 오염에 의한 것으로 생각된다. 또한 토쿄만東京湾에 서식하는 이매패(홍합)를 이용한 모니터링 결과도 PCB 농도는 전반적으로 낮아지고 있지만 2000년대부터 현재까지는 감소가 보이

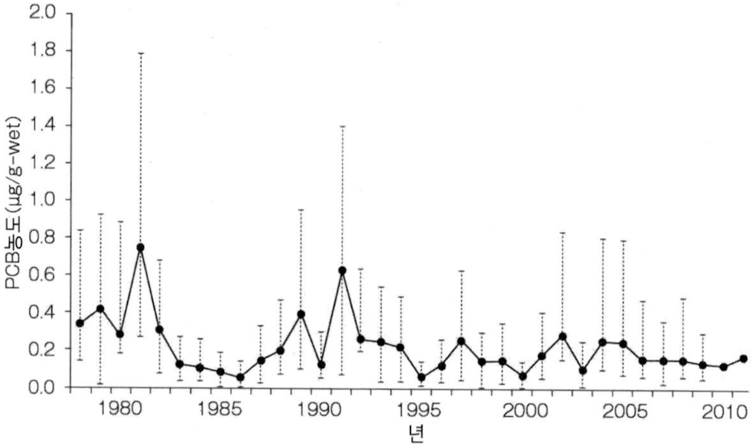

그림 2.9. 토쿄만東京湾 농어의 PCB 농도 연간변화(μg/g-wet)

환경성 "화학물질과 환경" 1996년판~2013년판을 바탕으로 작성

지 않고, 오염수준이 어느 일정부분부터 좀처럼 낮아지지 않고 있다(그림 12.3). 여기서는 PCB를 사례로 레거시 오염을 소개하였지만 레거시 오염은 과거에 수역으로 공급되어 그 후 사용이 금지된 대부분의 소수성 오염물질에서 일어나는 현상이다.

PCB는 레거시 오염에 의해 아직도 선진 공업화 국가의 연안역을 중심으로 높은 농도로 검출되고 있다. 그러면 PCB의 발생원을 모두 레거시 오염으로 설명할 수 있을까? 그림 2.5를 다시 살펴보면 레거시 오염만으로 설명할 수 없는 지점이 있는 것을 알 수 있다. 예를 들어 가나는 농업국으로 최근 공업 활동이 활발해진 국가이지만 인간활동이 적은 지역(태평양과 인도양의 외딴섬)과 비교하여 높은 PCB 농도가 검출되었다[9]. 가나 자체는 PCB를 자국에서 사용한 이력이 없는 국가이다. 마찬가지로 인도는 현재는 공업이 활발하지만 PCB가 합법적으로 생산되었던 1960년대는 공업이 활발하지 않았고, 여기서도 PCB 생산·사용의 이력은 없는 국가이다. 필리핀도 높은 PCB농도이지만[10] 역시 PCB의 사용 이력은 없다. 이들 개발도상국의 PCB 오염원은 역시 선진 공업화 국가이다. 그러나 그것은 대기와 바다를 경유한 것이 아닌 선진 공업화국가로부터 수입한 기자재를 통한 유입의 가능성이 높다. 현재 e-waste(전자폐기물, electronic waste)라고 하는 전기 · 전자기기의 폐기물에 의한 문제가 발생하고 있다. 개발도상국에서는 선진 공업화 국가에서 폐기물이 된 전자 · 전기기기가 수입되어 거기서 가치가 있는 물질을 추출하는 작업이 이루어지고 있다. 추출할 수 없는 제품은 소각이나 매립되고 있다. 이러한 과정에서 PCB와 중금속이 환경으로 방출되어 확산된다. 이러한 작업에 종사하고 있는 작업자와 주변 주민들에게 미치는 건강피해와 함께 당연히 그 주변 환경이 오염되는 것이 문제가 되고 있는 것이다.

2.4.3. PCB의 생물증폭

소수성이 높은 오염물질의 환경 거동으로서 퇴적물로의 축적과 그것이 2차적인 오염원이 되는 점에 대해 앞 절에서 설명하였다. 소수성 오염물질에 공통되는 또 하나의 현상은 생물농축이다. 여기서는 PCB의 생물증폭에 대해 상세하게 살펴보겠다. 그림 2.10에서는 가로축에 질소의 안정동위원소비($\delta^{15}N$), 세로축에는 각 생물의 PCB 농도를 그래프로 나타내었다[11].

먹이사슬의 영양단계를 결정하는 지표로서 $\delta^{15}N$을 이용하여 영양단계를 조사하는 방법은 생태학 분야에서는 흔히 사용되고 있다. 무거운 질소동위원소(^{15}N)는 먹이사슬의 상위단계 생물일수록 농축되어 그 비율이 높아지기 때문에 그 생물의 ^{15}N의 비율($\delta^{15}N$)이 크면 먹이사슬의 높은 단계에 있다는 것을 의미한다. 실제로 이 연구에서 이용된 이매패, 게, 어류 등 다양한 연안생물에서 플랑크톤과 유기물을 여과하여 걸러서 섭취하는 이매패보다도 육식성인 게와 어류 등의 생물에서 $\delta^{15}N$의 값이 높았다. 망둑어와 게의 PCB 농도는 질소의 안정동위원소비가 커질수록 높

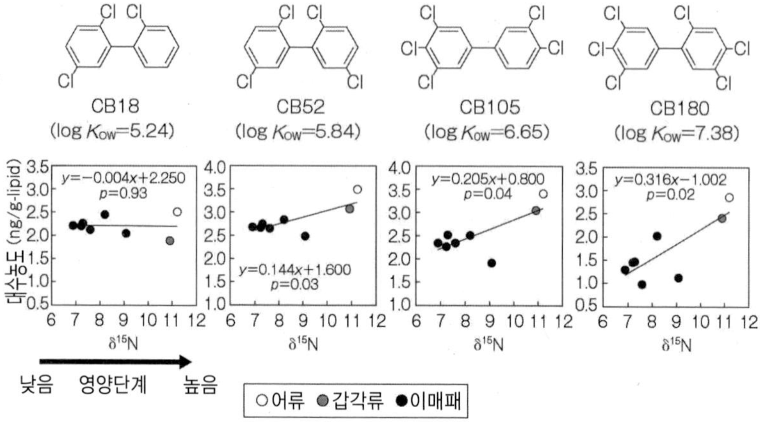

그림 2.10. PCB 동족이성체와 생물농축과의 관계

가로축은 안정동위원소비, 세로축은 PCB 농도
I. Takeuchi *et al., Mar. Pollut. Bull.*, **58**, 663(2009)를 바탕으로 작성

아지는 것으로부터 명확하게 먹이사슬에서 PCB 농도의 증폭이 일어나고 있는 것을 알 수 있다. 또한 같은 PCB 중에서도 동족이성체별로 비교하면 염소수가 증가할수록, 즉 K_{OW}가 클수록 기울기가 급해지고 생물증폭이 일어나기 쉬워지는 것을 알 수 있다. 1장에서는 K_{OW}가 증가하면 지질에서 배출되기 어렵다는 설명을 소개했지만 그것과는 별개로 분자의 크기에 주목한 해석도 있다. PCB의 염소수가 증가하면 소수성이 증가할 뿐만 아니라 분자의 크기도 증가한다. 거기에 따라 매체 속에서 이동성이 낮아진다는 의견도 있다. K_{OW}로 생각할지, 분자크기로 생각할지는 논의의 여지가 있지만 모든 동족이성체에서 질소안정동위원소비와 정(+)의 상관관계를 나타내기 때문에 PCB가 먹이사슬을 통해 생물농축이 되는 것을 시사하고 있으며, 염소수가 많아질수록 생물증폭이 되기 쉬운 것은 사실로 확인되었다.

2.4.4. 대기 경유의 운송

여기서는 대기 경유의 운송에 대해 설명하겠다. 그림 2.11은 미국의 어느 도시에서 관측된 기체 상태로 존재하는 PCB와 입자 상태로 존재하는 PCB의 비율을 나타낸 것이다[12]. 가로축은 PCB의 IUPAC No.이며, 작은 번호는 염소수가 작고 큰 번호는 염소수가 많다. 이 그림에서는 염소수 3~7개까지 나타나있다. 염소수가 많아지면 분자량도 커지기 때문에 그 만큼 증기압이 작아져 휘발되기 어려워진다. 따라서 입자에 흡착된 상태로 존재하는 비율이 상대적으로 커진다. 한편 염소수가 적은 PCB는 대부분 휘발되어 기체상태로 존재하고 있다. 이와 같이 염소수에 의한 증기압의 차이가 PCB의 대기 운송에서는 중요하다. 이와 유사한 관계는 많은 물질에서도 나타나며, 증기압이 작은 화합물은 대기에서 입자에 흡착되어 존재하고, 증기압이 큰 화합물은 대기에서 휘발되어 기체 상태로 존재한다. 그림 1.6에서 클로로포름과 같이 증기압이 25,000Pa 정도로 대기압에 가까운 물질이 기체로 존재하는 것은 상상이 쉽게 되지만 그림 2.11에는 증기압이 10^{-3} 정도의 염소수가 작은 PCB도 쉽게 휘발되어 기체로 존재하는 비율이 높게 나타나 있다.

대기에서 PCB의 분배평형은 맑을 때에는 대기와 입자의 사이에서만 일어나는 분배이지만 비가 오면 보다 복잡하게 된다. 우선 에어로졸은 맑은 날에 대기 속을 떠다니는 동안 점차로 침강(건식 침착)하는 성질을 가지고 있지만 비가 오면 에어로졸은 비와 함께 비로 침강(습식 침착)하여 지표와 수면으로의 운송이 촉진된다(wash out). 또한 비에서도 기체 상태와 입자 상태 사이의 분배는 일어나지만 추가로 빗방울과 기체상태의 사이에서도 분배가 일어난다. 이 분배는 헨리상수에 지배되는 분배이다.

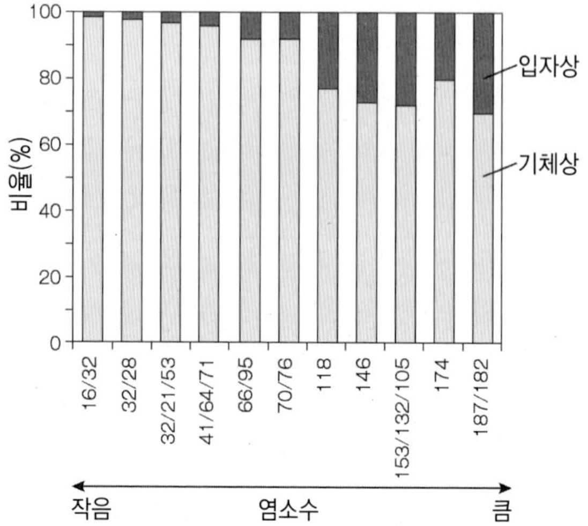

그림 2.11. PCB 동족이성체의 종류와 기체상태-입자상태 사이의 분배
D. L. Poster and J. E. Baker, *Environ. Sci. Technol.*, **30**, 341(1996)을 바탕으로 작성

여기에 온도의 변화가 추가되면 어떻게 될까? 그것을 고려하기 위해서는 우선 분배가 온도에 어떻게 의존되는지를 이해할 필요가 있다. 기온이 높으면 PCB는 휘발되기 쉬워진다. 즉 기체상태로 많이 분배된다. 한편 온도가 낮을 때는 입자상태로의 분배가 많아지고, 기체상태로의 분배는 적어진다. 물과 기체상태의 분배에도 같은 온도 의존성이 있고, 헨리상수는 온도가 높은 쪽이 커진다. 기온이 높으면 물에 녹아 있는 것보다 기체상태로 분배되기 쉬워진다. 한편 기온이 낮을 때는 물과 기체상태 사이의 분배는 물쪽으로 치우친다. 지구상에서 「온도가 높은 장소」는 위도가 낮은 열대지역, 여름의 온대지역이다. 그리고 같은 위도에서도 고도가 낮으면 온도는 높아진다. 반대로 「온도가 낮은」 장소는 고위도 지역, 겨울의 온대지역, 고도가 높은 지역 등이 있다. 이러한 기온의 차이에 의해서도 분배가 달라진다. 개론에서 설명한 global distillation이 생기는 것은 이와 같은 이유 때문이다. 휘발성이 큰 HCH는 기온이 높은

곳에서는 분배가 기체 쪽으로 치우치기 때문에 대기층으로 많은 물질이 분배된다. 지구 전체 대기의 흐름에서 물질이 극지역으로 운반되면 기온이 내려가서 분배가 수층으로 기울기 때문에 결과적으로 극지역과 같은 고위도 지역의 해수에서 HCH의 농도가 높아지게 된다. 그러나 같은 현상이 모든 물질에서 일어나는 것은 아니다. Global distillation이 일어나는 것은 HCH와 같은 일부 물질이며, 다른 물질에서는 증기압에 지배되어 또 다른 거동을 보인다. HCH 보다도 증기압이 큰 물질은 기온이 내려가도 분배가 입자와 수층으로 기울지 않고 항상 기체 상태로 분배하기 때문에 대기를 통해 운반되어 지구상의 넓은 지역에 존재하게 된다. 한편 HCH 보다도 증기압이 조금 작은 물질은 어느 정도는 이동하지만 그 지역까지는 이동하지 못하고 중위도 지역에서 침강하여 물속의 농도가 높아진다. 증기압이 더 낮은 물질, 예를 들어 염소수가 많은 PCB와 다이옥신류는 분배가 입자 쪽으로 치우친다. 따라서 빠르게 확산되지 않고, 발생원 근처에 침착되기 쉽다. 이와 같이 증기압에 의존하여 어디서 높은 농도가 되는지, 발생원으로부터 어느 정도 멀리까지 운반되는지도 서로 달라진다(표 1.2).

그러면 이 장의 서두에 등장한 「높은 산의 호소에 서식하는 어류의 PCB」의 질문에 대한 해답이 서서히 보일 것이다. 먼저 높은 산의 물과 그 물의 근원이 되는 눈에서의 농도를 살펴보자. 높은 산으로 PCB가 운반되는 기작은 지금까지 한 설명으로 충분할 것이다. PCB의 많은 부분도 기체상태 쪽으로 분배되기 때문에(그림 2.11), 대기와 함께 빠르게 운반된다. 이러한 장거리 운송 결과 PCB가 사용된 지역과 멀리 떨어진 하와이와 코코스제도에서도 PCB가 검출된다(그림 2.5). 그리고 운반된 곳에서 기온이 내려가면 물에 녹거나 입자에 흡착되어 침강한다. 최근의 논문에서는 유럽의 알프스에서 표고가 서로 다른 장소에서 채집된 눈속의 PCB를 조사한 결과 표고가 높을수록 연간 PCB의 침착량이 많다는 결과도 발표되었다[13]. 표고가 높을수록 기온이 낮아져 기체-액체 사이의 분배는 수층으로 치우치고, 그 결과 눈 속의 PCB 농도는 표고가 높을수록 높아지고, 연간 PCB 침착량도 표고가 높을수록 많아진 것이다. 눈에 녹거나 입자에 흡착된 PCB는 결국 호수로 유입된다. 호수에 유입되어 물에서의 농도가 높으면 거기에 서식하는 어류와의 분배는 어떻게 될까? 그림 2-12는 유럽의 산악호소에 서식하는 어류의 PCB153의 농도와 표고와의 관계를 나타낸 그림이다[14]. 가로축이 표고, 세로축이 PCB의 농도를 log scale로 나타낸 것이다. 어류를 채집한 호소의 고도가 높을수록 PCB의 농도가 높아지는 것을 알 수 있을 것이다. 이러한 과정에 의해 산악호소에 서식하는 어류의 PCB 농도도 고도가 높을수록 높아지는 것이다.

왜 높은 산의 호소에 서식하는 어류의 PCB 농도가 높을까? 드디어 그 질문의 해답에 도달할 수 있었다. 기온에 의존하는 액체상태와 기체상태 사이에서 분배가 일어나면 최종적으로 기온이 낮은 곳에서는 액체 쪽으로 PCB의 분배가 치우친다. 그리고 물과 생물의 사이에서도 PCB가 분배된다. 즉 생물 농축이 일어나기 때문에 결과적으로 높은 산에 서식하는 어류일수록 PCB 농도가 높아지는 현상이 관측되는 것이다. 물론 이

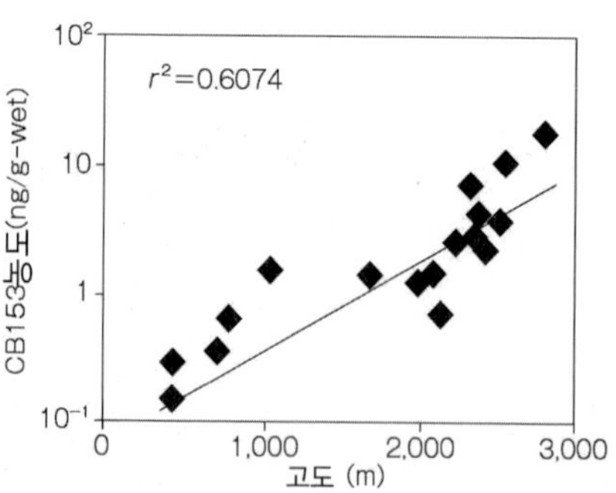

그림 2.12. 어류 조직의 CB153 농도와 고도의 관계

J. O. Grimalt *et al., Environ. Sci. Technol.*, **35**, 2693(2001)

경우에도 물질에 따라 농축되는 정도가 서로 다르지만 대표적인 물질에 대해 살펴보면 아주 좋은 관계가 얻어질 것이다.

참고문헌

1) UNEP, Stockholm Convention http://chm.pps.int/default.aspx
2) 化學物質の審査及び製造等の規制に關する法律
http://www.env.go.jp/chemi/kagaku/ kashinkaisei.html
3) R. Carson, "Silent Spring", Houghton Mifflin(1962) ; 邦訳: 青樹簗一 訳, "沈默の春", 新潮社(1974).
4) K. Breivik *et al., Environ. Sci. Technol.*, 45, 9154(2011).
5) 東京都立衛生研究所, "內分泌かく亂作用が疑われる化學物質の性体影響データ集"(1999).
http://www.tokyo-eiken.go.jp/assets/edcs/Edcs_data.pdf
6) 黑田洋一郎, 科學, 11, 1234(2003).
7) 山口友加ほか, 地球化學, 34, 41(2000).
8) 真田辛尙ほか, 地球化學, 33, 123(1999).
9) J. Hosoda *et al., Mar. Pollt. Bull.*, 1-2, 575(2014).
10) C.S. Kwan *et al., Mar. Pollut. Bull.*, 470-471, 427(2014).
11) I. Takeuchi *et al., Mar. Pollut. Bull.*, 58, 663(2009).
12) D.L. Poster and J.E. Baker, *Environ. Sci. Technol.*, 30, 341(1996).
13) L. Arellano *et al., Environ. Sci. Technol.*, 45, 9268(2011).
14) J.O. Grimalt *et al., Environ. Sci. Technol.*, 35, 2690(2001).

03

다이옥신류

다이옥신이라는 단어를 일상에서도 들어본 적이 있는 사람이 많을 것이다. 분류를 하자면 지금까지 설명한 PCB나 유기염소계 농약과 마찬가지로 유기염소계 화합물에 포함된다. 그러나 다이옥신의 독성과 발생원은 PCB나 유기염소계 농약과는 다른 부분이 있다. 이 장에서는 유기염소 화합물의 일부인 다이옥신에 대해 구조, 독성, 발생원, 물리·화학적 성질과, 환경 거동 외에 다이옥신 오염에 대한 일본 정부의 대응으로서 부하량 소멸에 대한 대책과 어떠한 성과가 있었는지? 그리고 남아 있는 문제에 대해서 살펴보겠다.

3.1. 구조

다이옥신은 정확하게 다이옥신류「dioxins」로 부르며, 크게 나누면 3개의 화합물 군으로 구성되어 있다. 각각 폴리염화디벤조p다이옥신(polychlorinated dibenzo-p-dioxin : PCDD), 폴리염화디벤조푸란(polychlorinated dibenzofuran : PCDF), 그리고 Co-PCB(coplanar PCB : Co-PCB)이

다. PCDD는 좁은 의미에서의 다이옥신이지만 PCDF도 함께 다이옥신으로 부르는 경우가 많다. 그리고 보다 넓은 의미에서는 Co-PCB도 다이옥신에 포함된다. 이 장에서는 PCDD와 PCDF의 총칭을 다이옥신, 그리고 Co-PCB도 포함한 것을 다이옥신류로 정의하겠다.

PCDD의 중심에는 6원자고리 1,4-시클로헥사디엔의 대각에 있는 2개의 탄소가 산소로 치환된 1,4-디옥신이 있다. 그 디옥신의 양측에 벤젠고리가 2개, 그리고 그 벤젠고리 주변에 1~8개의 염소가 붙어있다(그림 3.1(a)). PCB와 마찬가지로 염소의 수와 치환 위치에 의해 75종류의 동족 이성체가 존재한다. 일반적으로 독성이 강하다고 알려진 다이옥신류는 염소수가 많은 것들이지만, 다이옥신의 정의에 의하면 염소수 1개도 다이옥신류이다. 그림 3.1(b)은 다이옥신류 중에서도 가장 독성이 강한 2,3,7,8-TCDD이다. 뒤에서 상세하게 설명하겠지만 다이옥신류의 독성을 평가할 때 이 2,3,7,8-TCDD의 독성이 기준이 된다.

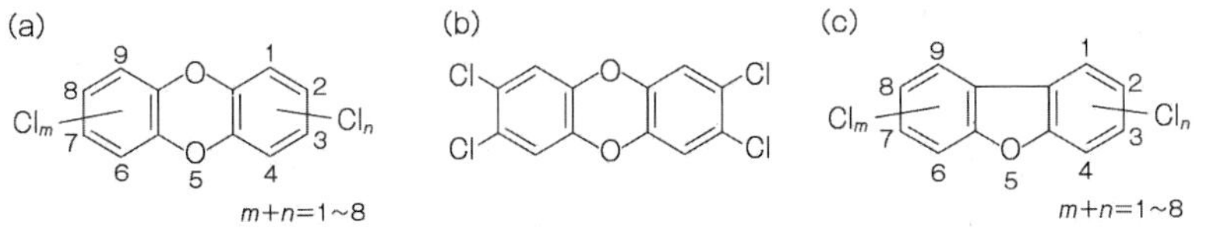

그림 3.1. 다이옥신의 구조

(a) 폴리염화디벤조-p-다이옥신, (b) 2,3,7,8-테트라클로로디벤조-p-다이옥신, © 폴리염화디벤조푸란

PCDF는 PCDD의 중심부가 디옥신이 아닌 푸란으로 불리는 5원자고리 구조로 된 화합물이다(그림 3.1(c)). 푸란은 시클로펜타디엔의 탄소 1개가 산소로 치환된 것이다. PCDF도 염소의 수·위치가 서로 다른 동족 이성체가 존재하지만 PCDD와는 달리 상하가 대칭을 이루고 있기 때문에 그 수는 135종으로 PCDD보다 많다.

Co-PCB는 앞 장에서 설명한 PCB의 동족이성체의 일종이다. 그림 3.2(a)~(c)에 Co-PCB의 예로써 CB77(3,3',4,4'-테트라클로로비페닐), CB126(3,3', 4,4',5-펜타클로로비페닐), CB169 (3,3',4,4',5,5'-헥사클로로비페닐)를 나타내었다. 그림 2.4의 PCB 구조식에서 벤젠고리의 접합부를 1자리로 했을 때, 그 양옆에 있는 2자리 및 6자리를 오르토자리, 그리고 3자리 및 5자리를 메타자리, 반대쪽에 있는 치환위치인 4자리를 파라자리라고 부른다. Co-PCB는 그림 3.2(a)~(c)와 같이 오르토자리의 염소수가 0개 또는 1개인 동족이성체로 PCDD와 PCDF와 같이 평면구조를 가지는 것이 해당된다. 그림 3.2(d)에 Co-PCB가 아닌 동족이성체의 예로써 환경시료에 많이 들어 있는 CB153(2,2',4,4',5,5'-헥사클로로비페닐)을 나타내었다. 단순히 구조식만 보면 CB169나 CB153은 평면으로 보인다. 그러나 CB153은 오르토자리에 염소 2개를 가지고 있기 때문에 2개의 벤젠고리가 동일 평면상에 배열되는 경우에는 인접하는 전자구름 사이에서 반발이 일어나게 된다. 이러한 상태는 불안정하기 때문에 CB153의 좌우의 벤젠고리를 연결하는 단결합이 회전함으로써 전자구름 사이를 멀리 떨어지게 하여 안정한 상태가 되게 한다. 이 결과 1개의 벤젠고리에 또 하나의 벤젠

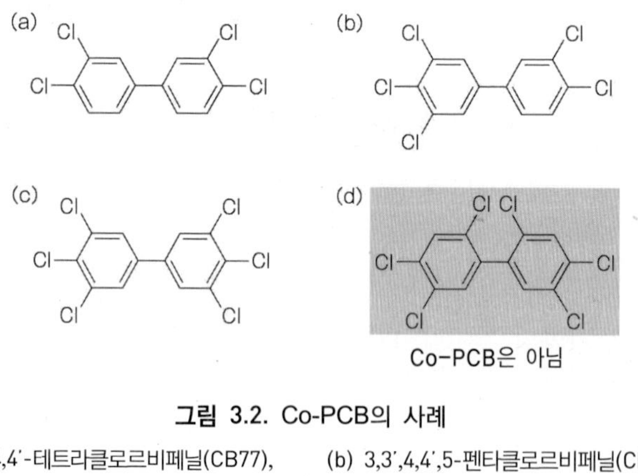

그림 3.2. Co-PCB의 사례

(a) 3,3',4,4'-테트라클로로비페닐(CB77), (b) 3,3',4,4',5-펜타클로로비페닐(CB126), (c) 3,3',4,4',5,5'-헥사클로로비페닐(CB169), (d) 2,2',4,4',5,5'-헥사클로로비페닐(CB153)

고리가 직각으로 교차되는 구조가 된다. 한편 Co-PCB인 CB169는 이와 같은 전자구름 사이의 반발이 일어나지 않기 때문에 평면구조가 에너지 측면에서 가장 안정한 상태가 되는 것이다.

그러면 왜 다이옥신류에 있어서 평면구조가 중요할까? 그것은 평면구조가 생체내의 독성발현에 열쇠가 되기 때문이다. PCDD와 PCDF는 디옥신과 푸란의 구조 자체가 평면이기 때문에 PCB와 같은 회전은 생기지 않고, 모든 동족이성체가 평면구조를 가진다. 이러한 PCDD와 PCDF와 같이 평면구조를 가진 Co-PCB에서는 독성이 발현하기 때문에 Co-PCB도 다이옥신류에 포함되는 것이다. PCB의 209개 동족이성체 중에서 오르토 자리의 염소수가 0~2개이면서 평면구조를 가지고, 2,3,7,8-TCDD와 같은 기작으로 독성을 발현하는 것으로 알려진 12종이 Co-PCB로 분류된다.

3.2. 독성

앞 절에서 평면구조가 다이옥신류 독성의 열쇠가 되는 것으로 설명하였지만 여기서 독성발현 기작을 보다 상세하게 살펴보겠다(그림 3.3). 다이옥신류가 혈액을 통해 세포 속으로 들어가면 방향족탄화수소 수용체(aryl hydrocarbon receptor : AhR)라는 단백질에 결합된다. 다이옥신류와 결합한 AhR은 세포의 핵 속으로 들어갈 수가 있다. 핵 안으로 들어간 AhR은 ARNT(AhR nuclear transporter)와 헤테로다이머(heterodimer)를 형성하고, DNA의 XRE (xenobiotic responsive element)에 결합하여 전사 활성화를 촉진한다. 그 결과 대사효소의 유도, 세포분열의 변화, 세포의 분화 등과 같은 변화를 일으켜 다양한 영향이 나타난다. AhR은 평면구조를 가지고 있는 화합물질과 결합능력이 크기 때문에 다이옥신류와 결합하기 쉽다. 즉 평면구조를 가지고 있는 화합물이 독성을 발현시키는 것이다.

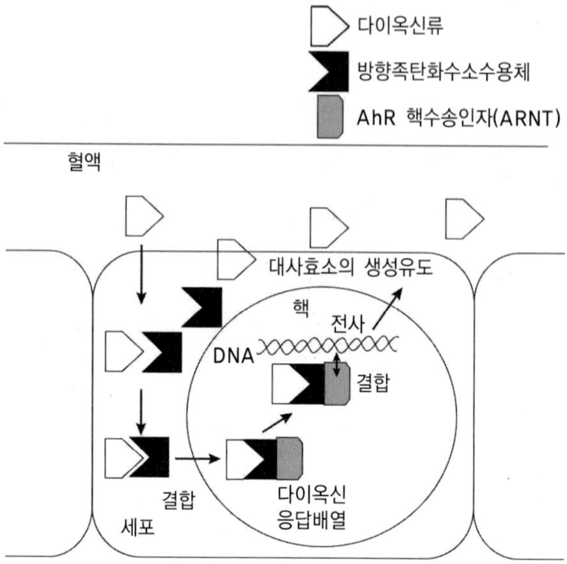

그림 3.3. 다이옥신류의 독성발현 기작

(a) A. E. M. Vickers, T. C. Sloop and G. W. Lucier, *Environ. Health Perspect.*, **59**, 125(1985)를 바탕으로 작성

그러면 실제 어떠한 독성이 있을까? 다이옥신류의 독성은 시안화칼륨(통칭 청산가리) 보다 강한 것으로 알려져 있지만, 그것은 어디까지나 급성독성을 고려할 경우이다. 현실적으로는 다이옥신류가 급성독성을 일으킬 정도의 농도로 환경에 존재하는 일은 거의 없다. 실제로 발생할 수 있는 것은 만성독성과 그 외의 영향과 합쳐져서 발생하는 독성, 즉 장기적인 관점에서 발생하는 독성이다. 장기적인 독성은 역학조사와 동물실험으로 조사하고 있다. 사람의 역학조사에서는 발암성, 염소좌창[1])에서 노출량과의 관련이 확인되었다[1]. 동물실험에서는 생식발생독성(생쥐 실험에서 정자수의 감소・암컷의 생식기 형태 이상・갑상선 호르몬 농도 변화, 붉은털원숭이에서 신경발생독성), 발암성(생쥐 실험에서 폐암,

1) 염소좌창 : 염소를 함유한 유기물질에 의해 생기는 좌창(여드름)이다.

설암, 간암과 선종), 면역력의 감소(생쥐 실험에서 비장(지라)과 흉선의 상대중량 변화)가 나타났다[1].

면역에 관해서는 갑상선호르몬과 비타민A에 대한 내분비교란 작용도 관련이 있는 것으로 생각된다[2]. 면역력 감소는 그것만으로 생물에 문

표 3.1. 다이옥신 독성등가계수(TEF)

		WHO-1998TEF	WHO-2006TEF
PCDD	2,3,7,8-TCDD	1	1
	1,2,3,7,8-PcCDD	1	1
	1,2,3,4,7,8-HxCDD	0.1	0.1
	1,2,3,6,7,8-HxCDD	0.1	0.1
	1,2,3,7,8,9-HxCDD	0.1	0.1
	1,2,3,4,6,7,8-HpCDD	0.01	0.01
	1,2,3,4,6,7,8,9-OCDD	0.0003	**0.0003**
PCDF	2,3,7,8-TCDF	0.1	0.1
	1,2,3,7,8-PeCDF	0.05	**0.03**
	2,3,4,7,8-PeCDF	0.5	**0.3**
	1,2,3,4,7,8-HxCDF	0.1	0.1
	1,2,3,6,7,8-HxCDF	0.1	0.1
	1,2,3,7,8,9-HxCDF	0.1	0.1
	2,3,4,6,7,8-HxCDF	0.1	0.1
	1,2,3,4,6,7,8-HpCDF	0.01	0.01
	1,2,3,4,7,8,9-HpCDF	0.01	0.01
	1,2,3,4,6,7,8,9-OCDF	0.0001	**0.0003**
Co-PCB (non-ortho)	3,4,4',5-TCB	0.0001	**0.000 03**
	3,3',4,4'-TCB	0.0001	0.0001
	3,3',4,4',5-PeCB	0.1	0.1
	3,3',4,4',5,5'-HxCB	0.01	0.03
mono-ortho PCB (mono-ortho)	2',3,4,4',5-PeCB	0.0001	**0.000 03**
	2,3',4,4',5-PeCB	0.0001	**0.000 03**
	2,3,3',4,4'-PeCB	0.0001	**0.000 03**
	2,3,4,4',5-PeCB	0.0005	**0.000 03**
	2,3',4,4',5,5'-HxCB	0.000 01	**0.000 03**
	2,3,3',4,4',5-HxCB	0.0005	**0.000 03**
	2,3,3',4,4',5'-HxCB	0.0005	**0.000 03**
	2,3,3',4,4',5,5'-HpCB	0.0001	**0.000 03**

굵은 글씨는 변경된 TEF

M. Van den Berg *et al.*, *Environ. Health Perspect.*, **106**, 775(1998); M. Van den Berg *et al.*, *Toxicol. Sci.*, **93**, 223(2006)를 바탕으로 작성

제가 발생하는 것은 아니지만 면역력이 감소함에 따라 평소의 면역력으로는 감염되지 않은 세균과 바이러스에도 쉽게 감염된다. 예를 들어 1988년 북해 연안에서 바다표범이 대량으로 사망한 것을 들 수 있다. 북해는 독일 · 프랑스 · 영국 등 유럽 선진 공업화 국가와 접하는 바다이고, 화학물질에 의한 오염 사례가 많은 지역이다. 결론부터 말하면 이 바다사자의 대량 사망의 원인은 바다사자 디스템퍼(distemper) 바이러스에 의한 감염이었다. 그리고 그 원인으로 다이옥신류에 의한 면역력 감소가 거론되었다. 사망한 바다사자의 다이옥신류 농도가 생존 개체와 비교하여 통계적으로 의미 있게 높았기 때문이다[3]. 바다사자에 오염된 해역에서 채취된 물고기를 섭취하게 하였을 때, 면역을 유지하는 혈중 비타민A 농도가 낮아지는 경향도 보고되어 있다[4]. 바다사자뿐만 아니라 사람도 유사한 면역계를 가지고 있기 때문에 다이옥신류는 사람의 면력 감소에도 관여하고 있을 가능성도 있다.

다이옥신류와 같이 다수의 화합물이 같은 작용기작을 가진 경우 각각의 화합물별 독성을 상대적으로 비교하여 정량적으로 나타낼 필요가 있다. 이 때문에 독성등가계수(toxicity equivalency factor : TEF)를 이용하여 각 화합물의 독성을 평가하고 있다. 다이옥신류의 경우는 가장 독성이 강한 2,3,7,8-TCDD를 1.0으로 하였을 때 다른 다이옥신류의 독성이 얼마가 되는지를 수치화 한 것을 세계보건기구(WHO)에서 정하고 있다(표 3.1). TEF는 독성시험 결과에 따라 갱신된다. 예를 들어 1998년에 WHO가 결정·공표한 1,2,3,7,8-PeCDF의 TEF는 0.05지만, 2007년에 개정되었을 때는 0.03으로 갱신되었다. 이와 반대로 1,2,3,4,6,7,8,9-OCDD와 1,2,3,4,6,7,8,9-OCDF와 같이 TEF가 큰 쪽으로 개정된 사례도 있다. 표 3.1에 나타낸 TEF는 사람에 대한 독성으로 생쥐, 새, 물고기 등 생물종에 따라 서로 다르다. 물론 PCDD, PCDF 뿐만 아니라 Co-PCB에 대해서도 TEF가 정해져 있다.

독성시험은 단일 화합물에 대해 이루어지지만, 실제로는 환경에 존재하는 다수의 화합물을 함께 평가할 필요가 있다. 이 때 이용되는 것이 독성등가치(toxicity equivalency : TEQ)이다. 예를 들어 물고기 1g 중에 2,3,7,8-TCDD가 0.1pg, 1,2,3,4,7,8-HxCDD가 15pg, 2,3,4,7,8-PeCDF가 10pg 들어있다고 하면, 이 물고기는 어느 정도 독성이 있는 것일까? 이것을 계산하기 위해서는 우선 각 화합물의 독성을 TEF를 이용하여 2,3,7,8- TCDD의 독성으로 환산할 필요가 있다. 2,3,7,8-TCDD의 독성으로 환산한 화합물의 독성이 TEQ이다. 따라서 여기서 예를 들은 3개 화합물의 독성등가치는 다음과 같이 계산된다.

2,3,7,8-TCDD	0.1pg × 1.0 = 0.1pg-TEQ/g
1,2,3,4,7,8-HxCDD	15pg × 0.1 = 1.5pg-TEQ/g
2,3,4,7,8-PeCDF	10pg × 0.3 = 3.0pg-TEQ/g

이것들을 합하면 4.6pg-TEQ/g이 되고, 이것이 물고기 1g에 들어 있는 다이옥신류의 독성이다. 여기에는 「화합물의 독성은 가산적(덧셈)으로 일어난다.」라는 가정이 들어가 있다. 즉 1+1=2가 되고, 1+1이 2 이상 또는 1+1이 2 미만으로는 되지 않는 다는 것을 가정하고 있다. 이와 같이 TEF와 TEQ를 이용하여 매체가 가진 독성의 총량을 평가할 수 있다. TEF는 다이옥신류뿐만 아니라 다른 화합물의 독성평가에도 이용되고 있다. 앞으로도 이 책 속에서 다이옥신류의 독성이 나올 경우는 특별히 언급하지 않는 한 독성등가치로 환산한 것이다.

3.3. 발생원

PCB에 대해서는 1장에서 이미 설명하였기 때문에 여기서는 우선 좁은 의미의 다이옥신(PCDD, PCDF)에 대해 설명하겠다.

다이옥신의 주된 발생원으로는 다음의 3개를 들 수 있다.

(1) 공업적인 제품에 들어 있는 불순물

(2) 공업적인 과정에서 발생한 것

(3) 연소에 의해 생성된 것

이 3개의 분류를 상세하게 살펴보겠다.

(1)의 공업적인 제품에 들어 있는 불순물로서 대표적인 것은 고엽제가 있다. Agent Orange로 불리는 오렌지색의 액체인 고엽제의 주성분은 2,4-디클로로르페녹시아세트산(2,4-dichlorophen-oxyacetic acid : 2,4-D, 그림 3.4(a))과 2,4,5-트리클로로르페녹시아세트산(2,4,5-trichlorophen-oxyacetic acid : 2,4,5-T, 그림 3.4(b))이다. 아세트산에 페녹시기가 결합되어 있고, 그 페녹시기의 벤젠고리에 염소가 2개 또는 3개 치환되어 있는 것이다. 2,4-D와 2,4,5-T는 산소, 염소, 벤젠고리를 그 구조에 포함하고 있기 때문에 이들 성분이 합성 과정에서 가열되어 다이옥신이 부수적으로 생긴 것이다. 고엽제는 상업적으로도 사용되었지만 오히려 베트남 전쟁 때 미군이 게릴라가 숨어 있는 풀숲을 말려버리기 위해 살포한 것으로 유명하다.

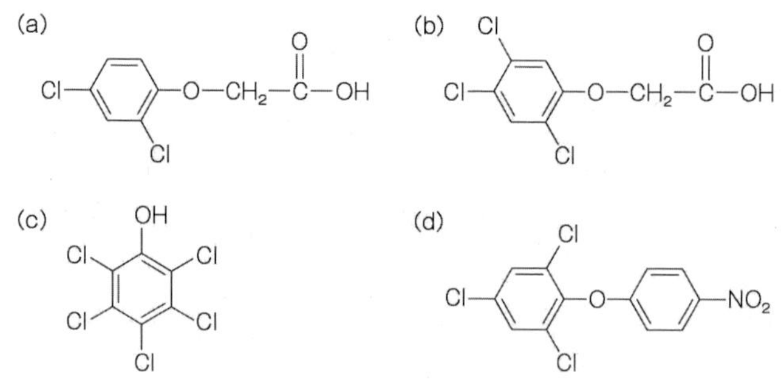

그림 3.4. 다이옥신류의 전구물질

(a) 2,4-디클로로르페녹시아세트산 (b) 2,4,5-트리클로로르페녹시아세트산
(c) 2,3,4,5,6-펜타클로로르페놀 (d) 클로로르니트로펜

이 고엽제에 불순물로써 들어 있던 다이옥신에 의한 영향으로 고엽제가 살포된 지역에서는 살포 전보다도 살포 후에 신생아의 유산과 기형아의 발생률이 높아졌다[5].

2,4-D와 2,4,5-T 이외에도 산소, 염소, 벤젠고리를 그 구조에 포함하고 있는 화학물질이 존재한다. 예를 들어 1985년까지 일본에서도 사용되었던 2,3,4,5,6-펜타클로르페놀(pentachlorophenol : PCP, 그림 3.4(c))과 1996년까지 사용되었던 클로르니트로펜(4-nitrophenyl 2,4,6- trichlorophenylether : CNP, 그림 3.4(d)) 등이다. 이들은 논에 뿌리는 제초제이지만 그 속에는 다이옥신이 들어있고, 사용은 금지되었지만 보관하고 있는 것이 아직도 존재하고 있을 가능성이 있다. 토쿄만東京湾 퇴적물에서 측정된 다이옥신에도 이들 농약에서 유래한 것이 함유되어 있는 것이 밝혀져 있다.

(2)의 공업적인 과정에서 발생하는 다이옥신류의 사례로서 종이 펄프 공장의 표백과정에서 발생하는 것이 있다. 종이펄프 공장에서는 목재 칩(chip)을 녹여 세척한 것을 미표백펄프, 미표백펄프에 탈리그닌 처리와 표백한 것을 표백펄프라고 부른다. 미표백펄프에 들어 있는 리그닌(벤젠고리가 산소를 함유하는 관능기로 가교되어 있는 천연고분자)이 염소에 의해 표백될 때 반응조건을 적절하게 설정하지 않으면 다이옥신이 발생한다. 다만 최근에는 염소 등과 같은 할로겐을 사용하지 않거나 반응조건을 적절하게 하는 등의 대응에 의해 일본에서의 발생량은 줄어들고 있다.

세 번째 연소에 의해 발생하는 주요한 다이옥신의 생성 기작으로는 데노보(de novo) 생성 기작이 있다. 이것은 탄소와 무기염소를 촉매가 있는 상태에서 가열하면 PCDD와 PCDF, PCB가 생성된다는 반응 기작이다. 여기서 촉매 작용을 하는 물질로는 구리와 코발트, 회灰(전기집전기에 의해 포집된 회灰)가 있다. 한편 알칼리금속과 알칼리토류금속, 철, 니켈, 아연, 망간, 수은, 카드뮴, 주석, 납 등에서는 촉매작용이 확인되지 않았다. 이 때 연소온도도 중요한 조건 중 하나가 된다. 유기물이 연소될 때 800℃ 이상 고온의 경우는 이산화탄소와 물이 되지만, 낮은 온도에서 연소되면 다이옥신이 발생한다. 300℃ 부근에서 연소될 때 다이옥신 생성이 최대가 된다. 그리고 산소의 공급량도 중요하다. 산소 공급이 충분하면 이산화탄소와 물이 되지만, 산소 농도가 낮은 상태에서는 불완전연소가 되어 이것도 다이옥신을 발생시키기 쉬운 조건이 된다. 흡연에 의한 다이옥신의 섭취가 보고되어 있지만, 이것도 산소 농도가 낮은 조건에서 다이옥신 발생량이 많아지기 때문이다. 또한 염소는 보편적인 물질이지만 염소이온으로 존재하는 것 보다 공유결합성의 염소가 다이옥신을 발생시키기 쉽다.

연소 조건에 따라 다이옥신 생성량이 어떻게 달라지는 지를 조사한 실험 결과를 소개하겠다[6]. 그림 3.5는 1g의 석탄을 태웠을 때 다이옥신이 얼마나 생성되는 지를 나타낸 그림이다. 대조구로 그냥 석탄을 태운 것, 실험구로 석탄을 태울 때 식염, 염화수소, 염소가스를 각각 염소 공급원으로 첨가한 경우를 비교하고 있다. 타고 남은 잔류물과 가스 양쪽을 조사하였다. 염소 공급원이 식염인 경우 타고 남은 잔류물의 다이옥신 생성량은 대조구와 비교하면 약간 증가하였다. 염화수소를 첨가한 실험구에서는 식염을 첨가한 실험구와 비교하여 잔류물에서 30배 이상, 가스에서는 5배 이상 증가하였다. 염소가스를 염소 공급원으로한 실험구에서는 잔류물의 다이옥신량은 염화수소와 같은 정도이지만 가스에서는 30배 가까이 많이 생성되었다. 최근에는 사회적인 인식도 높아져 있기 때문에 플라스틱 쓰레기를 태우는 경우는 없지만 플라스틱을 태울 때의 자극적인 냄새를 기억하고 있는 사람도 있을 것이다. 이것은 폴리염화비닐(염화비닐)이 연소되어 염소가스가 발생한 것을 의미한다. 이와 같은 경우에는 염소가 공존하는 조건에서 유기물이 연소되어 다이옥신이 발생되기 쉽다. 또 다른 실험 사례로 나무젓가락과 염화비닐로 된 랩을 함께 연소시키면 나무젓가락만을 연소시켰을 때보다도 다이옥신의 발생량이 많다는 보고도 있다[7]. 개발도상국의 쓰레기 처리장에서는 쓰레기가 산처럼 쌓여 산소가 부족한 혐기적인 환경이 되어 메탄가스가 발생한다. 이 메탄가스가 햇빛과 번개에 의해 인화하여 연소된다. 쓰레기 처분장에는 염화비닐을 포함하는 플라스틱 제품도 많이 있기 때문에 이와 같은 장소에서는 다이옥신이 발생하기 쉬운 환경이 되어 버린다.

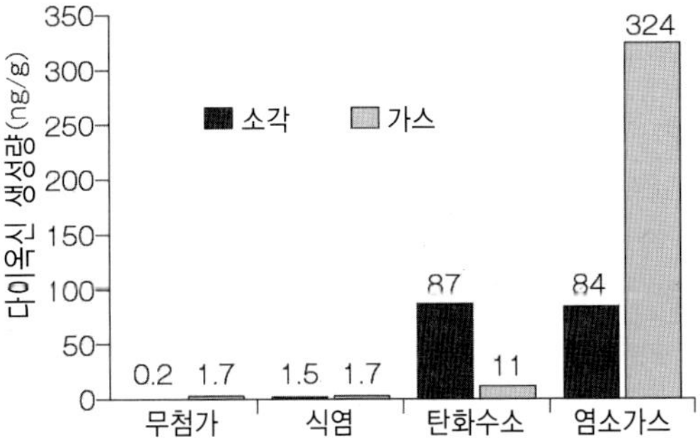

그림 3.5. 연소조건과 다이옥신 생성량의 차이

N. H. Mahle and L. F. Whiting, *Chemosphere*, 9, 693(1980)

1990년대의 발생원별 다이옥신 발생량을 표 3.2에 나타내었다[8]. 배출계수는 발생원 1kg의 연소 또는 1km의 주행에서 발생하는 다이옥신량을 나타낸 것이다. 예를 들어 도시 쓰레기 1kg을 연소한 경우 13μg의 다이옥신이 발생하게 되는 것이다. 배출계수에 그 발생원 연도의 생산량을 곱하면 그 발생원으로부터 1년 동안의 다이옥신 배출량이 된다. 국제적으로 다이옥신의 소멸에 대해 논의되기 이전에는 전 세계적으로 연간 약 3,000kg의 다이옥신이 연소에 의해 발생하고 있었다. 그 중 3분의 1 이상이 쓰레기의 연소에 의해 발생하였고, 쓰레기의 연소가 커다란 다이옥신의 발생원임을 알 수가 있다. 그러면 당시 전 세계 쓰레기 소각 상황은 어떠하였을까?

표 3.2. 발생원별 다이옥신의 배출계수와 대기로의 연간 평균 배출량

기원	다이옥신 배출계수 (㎍/kg)	발생원의 연간 생성량 (10^9 kg/yr)	다이옥신 배출량 (kg/yr)	90% 신뢰 한계
도시쓰레기 연소	13	87	1,130	±450
식물 연소	0.04	8,700	350	±140
제철	0.5	700	350	±140
시멘트가마(유해쓰레기 소각시)	2.6	260	680	±280
시멘트가마(유해쓰레기를 포함하지 않았을 때)	0.2	1,600	320	±130
구리의 2차 정제	39	2	78	±31
의료폐기물 소각	22*1	4*1	84	±35
탈납 화석연료 소각	320*2	3,800*2	1	±0.4
납함유 화석연료 소각	2,800*2	3,800*2	11	±5
합계			3,000	600

*1 배출계수와 생성량은 미국의 값을 바탕으로 산출
*2 배출계수의 단위는 pg/km, 생성량의 단위는 10^9km/year
L. P. Brzuzy and R. A. Hites, *Environ. Sci. Technol.*, **30**, 1802(1996)을 바탕으로 작성

표 3.3은 1993년 전후 각국의 쓰레기 발생량과 쓰레기 소각량 및 쓰레기 소각시설을 비교한 것이다. 미국은 대량 생산, 대량 소비 사회이기 때문에 다른 여러 국가와 비교하면 현저하게 쓰레기 발생량이 많다. 그러나 쓰레기를 소각보다도 매립하였기 때문에 소각량만으로는 일본이 전 세계 1위였다. 쓰레기 발생량에 대한 소각량의 비율은 일본은 76%이다. 이 수치는 다른 나라보다 현저하게 높다. 또한 일본의 쓰레기 소각시설도 1,714개로 다른 나라에 비해 현저하게 많았다. 이 수치는 국토의 규모를 고려하면 단위면적당 쓰레기 소각시설의 수는 다른 외국의 수십~수백 배에 달한다. 규모가 작은 소각장과 소각량이 적은 소각로가 많기 때문이다. 이와 같은 소각시설은 설비가 제대로 갖추어지지 않은 것이 많고, 소각온도의 고온 유지 불가, 산소 공급량이 적은 등의 문제점도 있었다.

표 3.3. 1990년대 전 세계 쓰레기 소각시설의 수

국가명	면적[*1] (km²)	인구[*2] (백만 명)	일반폐기물량[*3] 처분량 총량 (천 톤)	일반폐기물량[*3] 소각량 (천 톤)	시설수[*4] (개)
미 국	9,833,517	273	190,204	32,741 (1997년)	142 (1999년)
일 본	337,962	125	50,304	38,013 (1993년)	1,714 (1999년)
한 국	100,188	46	18,223	995 (1996년)	18 (2000년)
프 랑 스	551,500	60	20,800	10,352 (1995년)	249 (1998년)
독 일	357,137	81	36,976	6,429 (1993년)	100 (1998년)
이탈리아	301,339	57	26,605	1,400 (1997년)	40 (1996년)
스 페 인	505,992	39	15,307	705 (1996년)	12 (1998년)
영 국	242,495	58	26,000	2,200 (1996년)	212 (1995년)

*1 통계국 홈페이지의 2013년의 면적
*2 Google 통계의 *3의 년도의 인구
*3 環境省, "環境經濟基礎情報" 각국의 일반폐기물처리현황
*4 環境省, "循環型社會白書 2005년판"

이러한 배경에 의해 일본은 1997년 7월에 다옥신류 대책 특별조치법을 공표하였다. 이 법의 제1장, 제1조(목적)에는 다음과 같은 내용이 기재되어 있다.

「이 법률은 다이옥신류가 인간의 생명 및 건강에 중대한 영향을 미칠 위험이 있는 물질인 것으로 판단하여 다이옥신류에 의한 환경오염의 방지 및 그 제거 등을 위해 다이옥신류에 관한 정책의 기본이 되는 기준을 설정함과 함께 필요한 규제, 오염토양에 관한 조치 등을 정하여 국민의 건강보호를 꾀하는 것을 목적으로 한다.」

일본에서는 다이옥신류 대책 특별조치법의 시행에 의해 소규모의 소각시설을 폐지하고, 대규모 소각시설로 통합하여 1998년에 1,760개소였던 쓰레기 소각시설은 2011년에는 1,096개소까지 감소하였다[9]. 그림 3.6에 1996년부터 2011년에 걸친 일본 국내의 쓰레기 발생량, 소각량 및 소각시설 수의 변화를 나타내었다. 쓰레기 발생량에 대한 소각량은 여전히 많지만, 소각시설의 대규모화와 시설의 성능 향상에 의해 환경으로

배출되는 다이옥신의 량은 크게 감소하였다. 연소 온도를 800℃ 이상으로 유지하고, 산소를 충분히 공급하여 다이옥신의 생성을 억제하고, 발생한 다이옥신은 백필터(bag filter)로 포집하여 환경으로 배출되는 다이옥신량을 감소시키고 있다. 그림 3.7에 일본 환경성에서 조사하고 있는 다이옥신류의 배출량 목록(배출 인벤토리)의 연간 변화를 나타내었다[10]. 1997년 일본 국내에서 조사를 시작했을 때의 다이옥신류 발생량은 2,3,7,8-TCDD로 환산하여 연간 7,680g-TEQ 였다. 이 중에서 일반폐기물(즉 가정의 쓰레기) 소각시설에서 발생한 량은 5,000g-TEQ로 전체 배출량의 60% 이상을 차지하였다. 그리고 산업폐기물 소각시설에서는 1,505g-TEQ(전체의 약 20%)였다. 즉 전체 다이옥신류 배출량의 80% 이상이 쓰레기 소각에 의해 발생하며, 소각은 매우 큰 다이옥신의 발생원이었다. 그러나 10년 후인 2007년에는 가정의 쓰레기로부터 발생하는 다이옥신류는 52g-TEQ가 되었다. 10년 만에 발생량의 99%가 감소한 것이다.

이것은 다이옥신류 대책 특별조치법의 효과를 단적으로 나타내는 것이다. 그러나 다이옥신류의 배출을 억제하는 고성능 소각시설의 건설과 유지에는 막대한 비용이 들어간다. 예를 들어 인구수 10만 명이 배출하는

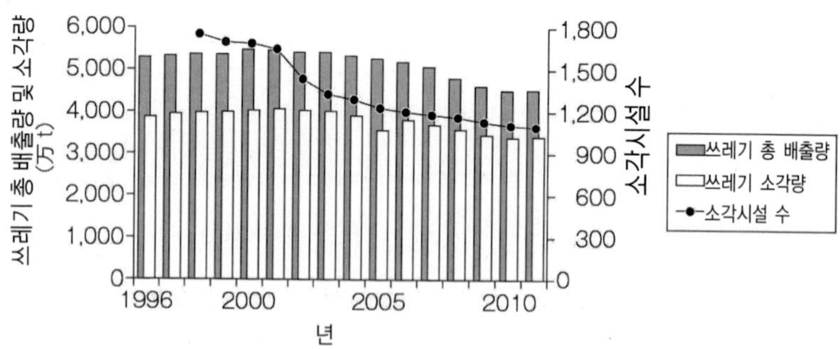

그림 3.6. 일본의 쓰레기 배출량과 소각량 및 소각시설의 추이

환경성, "일반폐기물 처리사업 실태조사 결과"(2005년 및 2011년)을 바탕으로 작성

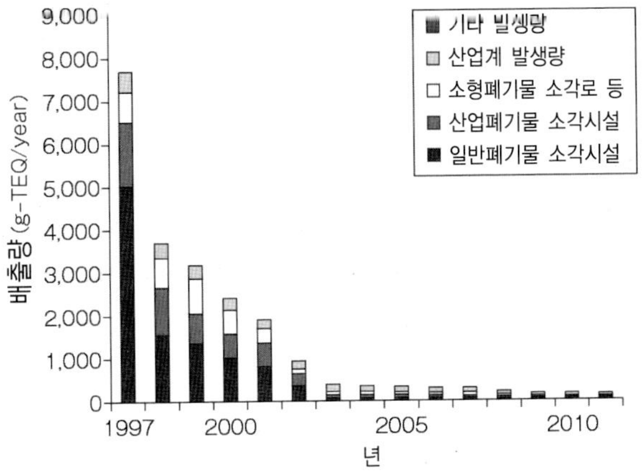

그림 3.7. 다이옥신류 배출총량의 추이

소형폐기물 소각로의 값은 법규제 대상의 배출량과 법규제 대상외 배출량의 최소값의 합계
환경성, "다이옥신류 배출량의 목록(배출 인벤토리)" (2013년 3월)을 바탕으로 작성

쓰레기 소각시설의 건설에는 약 100억엔 정도 소요되며, 이 시설의 수명은 약 30년 정도이다.

3.4. 환경거동

발생한 다이옥신은 환경에서 어떻게 거동하여 인간의 체내로 유입될까? 환경거동을 생각할 때 고려해야할 중요한 요소부터 살펴보자. 우선 옥타놀-물의 분배계수(그림 1.9)를 살펴보자. 2,3,7,8-TCDD의 log K_{OW}는 7로써 비교적 높은 부류에 포함된다. 즉 입자에 흡착되기 쉽고, 생물농축 되기도 쉽다. 그리고 최종적으로 인간에게 유입될 가능성도 높은 물질이다. 또 하나의 요소는 휘발성으로 다이옥신의 증기압은 아주 낮다. 그림 1.6은 염소수가 4개인 다이옥신을 나타내고 있지만, 염소수가 증가하면 증기압이 더욱 낮아진다. 다이옥신 중에서 가장 독성이 강한 2,3,7,8-TCDD는 염소수 4개의 다이옥신이지만, 그 외에 TEF가 설정되어 있는(독성이 확인되어 있는) 다이옥신에서도 염소수가 4개 이상인 것도 있다. 즉 TEF가 설정되어 있는 다이옥신은 휘발성이 매우 낮은 부류에 포함된다. 다이옥신은 기체상태로는 존재하기 어렵고, 대기에서도 대부분이 에어로졸에 흡착되어 있다. 따라서 이동성이 낮아 발생원 가까이에 침착되기 쉽다. 즉 쓰레기 소각으로 다이옥신이 발생하더라도 기체로서 대기를 통해 운송되지 않고 가까운 곳에 침착되기 때문에 발생원 가까운 곳에서 문제가 발생한다. 토코로자와所沢 주변의 쓰레기 소각장이 밀집된 지역에서 다이옥신이 문제가 된 것은 그 때문이다.

다이옥신은 이러한 성질을 가지고 있기 때문에 PCB와 HCH와는 거동이 다르다. 다이옥신의 주된 발생원은 쓰레기 소각・쓰레기 소각시설이다. 여기서 입자에 흡착된 상태의 다이옥신은 주변에 침착되고, 그것이 빗물에 씻겨나가 수로・하천을 통해 수역・해역으로 유입되어 연안역의 퇴적물에 침착된다. 그리고 거기에 서식하는 저서생물로 농축된다. 그리고 퇴적물 입자가 교란되면 해수로 재현탁될 가능성도 있을 것이다. 이것이 다이옥신의 환경거동이다.

3.5. 노출량

실제로 사람은 어느 정도 다이옥신류에 노출되어 있을까? 토쿄도東京都 복지보건국에서는 이와 관련된 데이터를 웹사이트에서 공개하고 있다[11]. 데이터의 근원은 토쿄도東京都 내에서 판매되고 있는 식품을 실제로 구입하여 조리한 식품에 들어 있는 다이옥신류 농도, 수돗물의 다이옥신류 농도, 대기 및 토양의 다이옥신류 농도이다. 이것들의 결과로부터 체중(body weight : bw) 1kg 당의 다이옥신류 섭취량을 TEQ로 나타낸 것이 표 3.4이다.

우선 섭취 경로별로 살펴보면 다이옥신류의 섭취는 음식이 98%를 차

지하고 있다. 그 비율은 1999년부터 현재까지 변하지 않았다. 다만 섭취량은 감소하고 있다. 1999년에 2.04pg-TEQ/kg · bw/day 이었던 섭취량은 2012년에는 0.76pg-TEQ/kg · bw/day였다(그림 3.8). 세계보건기구(WHO)는 사람의 다이옥신류 1일 허용섭취량(tolerable daily intake : TDI)을 정하고 있다. 현재는 최대 4pq-TEQ/kg/day까지이며, 궁극적으로는 1pq-TEQ/kg/day 미만으로 저감시키는 것으로 되어있다[12]. 최근 수년 동안 WHO가 정한 목표치인 1pq-TEQ/ kg/day 이하가 되었고, WHO 목표치 부근에서 우리는 살고 있는 것이다.

표 3.4. 토쿄도東京都 내의 일반적인 생활환경의 다이옥신류 노출상황 추정

		추정노출량의 평균값 (pg-TEQ/kg·bw/day)	
힙게		0.76	
내역	음식물	0.75	(98%)
	물	0.00016	(0.02%)
	대기	0.0094	(1.2%)
	토양	0.0047	(0.6%)

( )안은 총노출량에 대한 각 경로별 노출량의 비율을 나타냄.(WHO-TEF(2006)을 사용)
http://www.metro.tokyo.jp/INET/CHOSA/2013/08/DATA/60n87101.pdf

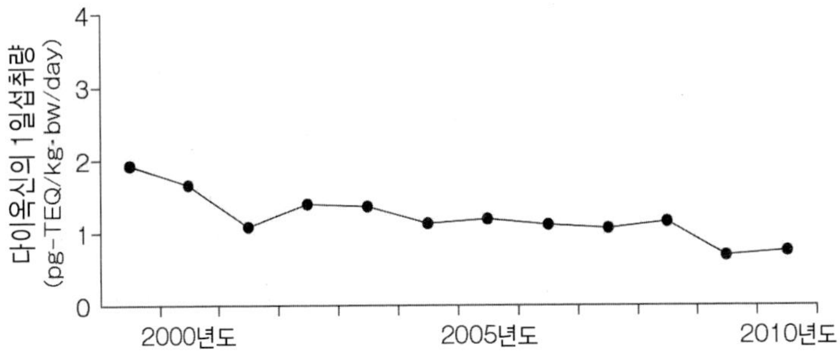

그림 3.8. 다이옥신류 1일 허용섭취량의 변화

토쿄도東京都 복지보건국, "음식유래의 화학물질 등 섭취량 통계조사"(2012). (WHO-TEF(2006)을 사용)
http://www.metro.tokyo.jp/INET/CHOSA/2013/08/DATA/60n87100.pdf

그러면 다이옥신류 배출량은 현저하게 감소하고 있는(그림 3.7) 것에 비해 1일 섭취량이 배출량만큼 크게 감소하지 않는 것은 왜일까? 그에 대한 힌트는 2012년의 값인 0.76pg-TEQ/kg · bw/day가 어디서 나왔는지에 있다. 일반폐기물 소각시설로부터 나오는 다이옥신류 배출량이 감소함에 따라 대기에 의한 노출은 크게 감소하였다. 그러나 섭취량의 98%는 음식물에 유래하고 있다. 그러면 음식물 중에 다이옥신류는 어디에 많이 들어있을까? 후생노동성이 실시하고 있는 식품에 들어 있는 다이옥신류 섭취 상황 조사에서는 식품을 제1군에서 제14군으로 분류하고 있다. 그 중에서 1일 섭취량이 가장 많은 식품군은 어패류이며, 다음으로 많은 것이 육류와 난(卵)류 이다(표 3.5). 1998년과 2012년을 비교하면 어패류에 의한 다이옥신류 1일 섭취량은 감소하였지만 기여율은 여전히 높다. 여기서 다이옥신류의 거동을 기억해보자. 배출된 다이옥신류는 입자에 흡착되어 주변에 침착되고, 그 입자는 최종적으로 바다로 운반되어 퇴적물이 된다. 그 퇴적물과 재부유된 퇴적물 입자에 의해 물고기가 노출되고, 그 물고기를 섭취하면 사람들이 다이옥신을 섭취하게 되는 것이다. 일본은 다른 나라와 비교하여 어패류의 섭취량이 많은 나라이다. 토쿄도東京都에서는 토쿄東京 근교에 서식하는 어패류의 다이옥신류 농도도 매년 측정하고 있다. 측정대상이 되는 어종은 숭어, 농어, 붕장어, 문치가자미, 바지락이다. 2012년도의 조사에서는 어류 전체의 다이옥신류 농도는 평균 2.11pg-TEQ/g이었다[11]. 그리고 섭취하는 것을 전제로 하기 때문에 농도는 지방에 대한 것이 아닌 습중량에 대한 농도로 계산되어 있다. 그러면 토쿄만東京湾의 어패류를 섭취하는 경우 다이옥신류 섭취량이 어느 정도 되는지를 계산해보자.

후생노동성의 국민건강 · 영영조사에 의하면 2011년도의 전국 평균 어패류 섭취량은 습중량으로 78.6g/day/person이다[13]. 그러면 체중 50kg의 사람이 체중 1kg 당 다이옥신류 섭취량은 2.11pg-TEQ/g×78.6g/day/

표 3.5. 총 식품군(1~14군)으로부터 다이옥신류 1일 섭취량

식품군	1998년		2012년	
	TDI (pg-TEQ/day)	비율(%)	TDI (pg-TEQ/day)	비율(%)
1군(쌀, 쌀가공품)	0.07	0	0.00	0
2군(쌀 이외의 곡류, 견과류, 감자, 고구마, 토란 등)	1.60	2	0.03	0
3군(사탕류, 과자류)	0.39	0	0.04	0
4군(유지류)	0.25	0	0.02	0
5군(콩, 콩가공품)	0.04	0	0.01	0
6군(과실, 과즙)	0.27	0	0.00	0
7군(녹황색채소)	1.49	1	0.04	0
8군(기타채소류, 버섯류, 해조류)	0.23	0	0.02	0
9군(주류, 기호음료)	0.64	1	0.00	0
10군(어패류)	70.51	71	31.45	91
11군(육류, 난류)	15.33	13	2.73	8
12군(우유, 우유제품)	8.61	9	0.15	0
13군(가공식품/조미료)	0.34	0	0.08	0
14군(음료수)	0.01	0	0.00	0
총섭취량	99.8		34.57	

후생노동성, "식품으로부터 다이옥신류 1일 섭취량 조사 등의 조사보고"(1999년, 2012년)을 바탕으로 작성 http://www.mhlw.go.jp/topics/bukyoku/iyaku/syoku-anzen/dioxin/

person÷50kg = 3.31pg-TEQ/kg · bw/day가 된다. 만약 토쿄만東京湾의 어패류만을 섭취한 경우에는 WHO가 정한 낮은 쪽 기준인 1pg-TEQ/ kg/day의 3배 이상이 된다. 이 값은 토쿄도東京都 내에서 시판되는 식품을 조리한 평균적인 음식에서 어패류로부터의 다이옥신류 섭취량인 0.76pg-TEQ/kg/day의 4배 이상 높은 값이 된다. 왜 이러한 차이가 발생하는 것일까? 원양성 어패류의 다이옥신류 농도가 토쿄만東京湾의 어패류보다도 낮고, 실제로 식탁에 올라가는 어패류는 원양성의 것이 많고, 내만성의 섭취비율을 25% 정도인 것이 그 원인의 하나일 것이다. 이 내만성 어패류 중 약 4분의 3은 토쿄만東京湾 이외의 것으로 알려져 있다. 그러나 신

선한 토쿄만東京湾의 어패류를 먹어도 다이옥신류에 의한 건강리스크가 없도록 토쿄만東京湾의 어패류 중 다이옥신류의 농도가 현재의 30% 정도까지 낮아지길 바란다. 그렇게 하기 위해서 우선은 토쿄만東京湾 어패류의 다이옥신류가 어디서 유래하는지를 생각해볼 필요가 있다.

토쿄만東京湾 어패류의 다이옥신류 조사는 PCDD, PCDF와 Co-PCB로 나누어 분석된다. 어패류로의 공급원을 생각하기 위해서는 어느 다이옥신류가 기여하는지를 생각해볼 필요가 있다. 토쿄만東京湾에 서식하는 어패류의 다이옥신류 농도는 모든 어패류에서 Co-PCB의 기여가 크다(표 3.6). 즉 토쿄만東京湾 어패류의 다이옥신류 독성은 Co-PCB에 유래하는 것이다.

표 3.6. 2012년도 토쿄만東京湾 어패류의 다이옥신류 농도

어류 전체 평균	1g당 2,3,7,8-TCDD 등량농도(pg-TEQ/g)			
	다이옥신류	PCDD+PCDF	Co-PCB	Co-PCB 비율
스미다강隅田川 하구부	1.52	0.30	1.22	80%
어장 1	2.19	0.45	1.74	79%
어장 2	2.41	0.48	1.94	80%

WHO-TEF(2006)을 사용
토쿄도東京都, "2012년 토쿄만東京湾 어패류의 화학물질오염 실태조사 결과"를 바탕으로 작성
http://www.fukushihoken.metro.tokyo.jp/shokuhin/osen/files/2012kakuran_gyokai.pdf

이 Co-PCB는 어디에서 왔을까? 그것을 알기 위해서는 우선 Co-PCB의 기원을 생각할 필요가 있다. Co-PCB의 기원은 PCB제품에 들어 있는 Co-PCB와 연소에 의해 발생하는 Co-PCB가 있다. PCDD와 PCDF와 마찬가지로 염소가 들어 있는 유기물이 연소되면 Co-PCB가 발생한다. 따라서 기원에 따라 살펴보는 것이 중요하다.

따라서 우선 역사 변천을 살펴보겠다. 그림 3.9에 토쿄만東京湾 주상퇴적물의 Co-PCB 농도(c), 총 PCB 농도(b)를 PCB의 생산량(a)과 함께 나타

내었다. Co-PCB는 CB126과 CB77의 결과를 나타내었다. 또한 방사성 동위원소의 측정에 의한 연대측정 결과도 그림 3.9(c)의 좌측에 나타내었다. 이 3개의 그래프를 살펴보면 PCB의 생산량, 총 PCB 농도, Co-PCB 농도의 최대값은 모두 1970년 부근에서 유사하게 나타난다. 한편 쓰레기의 연소는 1980년대 이후에 증가하고 있다. 이러한 것들로부터 퇴적물에 존재하는 Co-PCB는 연소 기원이 아니라 제품에서 유래한 것으로 추정할 수 있다. 만약 Co-PCB가 연소 기원이라면 Co-PCB의 최대값은 1970년대가 아닌 그 이후에 나타나야하기 때문이다.

여기서 CB77과 CB126의 비율로부터 보다 상세한 기원을 추정해 보겠다. CB77에 대한 CB126의 비(126/77)는 Co-PCB의 기원에 따라 서로 다르다. 카네크롤-400 등 PCB제품의 126/77 비값의 평균은 0.01 정도이다. 한편 연소의 회灰에서는 0.14~0.81, 배출가스에서는 0.66~1.63이다. 토쿄만東京湾 주상퇴적물의 126/77 비값을 보면 0.01~0.02의 범위를 나타내기 때문에 퇴적물의 Co-PCB는 주로 PCB 제품 기원이며, 쓰레기 연소의 기여는 작은 것으로 추정할 수 있다[14]. 126/77 비값의 시간에 따른

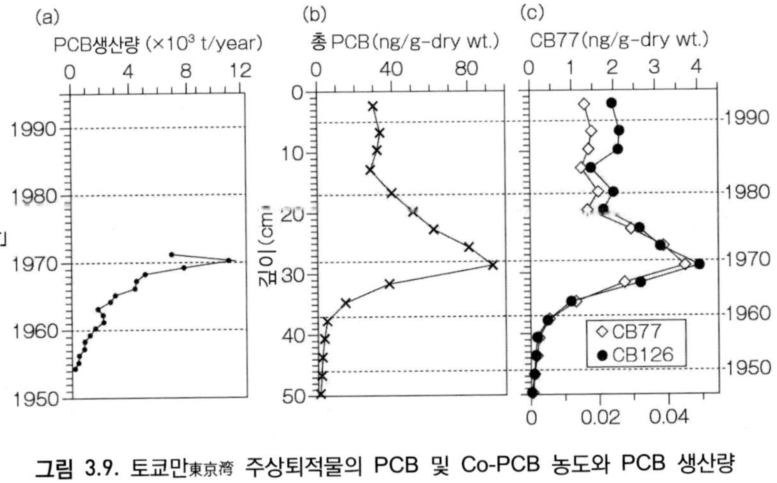

그림 3.9. 토쿄만東京湾 주상퇴적물의 PCB 및 Co-PCB 농도와 PCB 생산량

오쿠다 케이지奥田啓司 등, 연안해양연구, 37, 99(2000)

변화에 주목하면 1970년대와 비교해서 1990년대로 향해 서서히 증가하는 경향이 나타나고, 소각 유래의 기여가 증가하는 것을 시사하고 있다. 그러나 증가하더라도 126/77 비값은 표층에서 0.02 정도이고, 소각 유래의 비값(0.14~1.63)에 비해 1자릿수 이상 작으며 PCB 제품의 기여가 대부분이었다[14].

토쿄만東京湾 다이옥신류의 주된 발생원이 쓰레기 소각이 아닌 PCB 제품 유래라는 것은 토쿄만東京湾 어패류의 다이옥신 농도가 2000년대에 크게 감소하지 않는 것과도 모순되지 않는다. 1990년 이후 다이옥신류 대책 특별조치법에 의해 쓰레기 소각에 대한 규제가 이루어진 결과, 쓰레기 소각 유래의 다이옥신류 발생량은 크게 감소하여, 1997~2007년 사이에 원래량의 1% 정도가 되었다(그림 3.7). 그러나 토쿄도東京都 복지보건국에 의한 모니터링 결과에 따르면, 토쿄만東京湾 어패류의 다이옥신류 농도는 1999년도의 6.4pg-TEQ/g에서 2007년도의 2.1pg-TEQ/g까지 30% 정도밖에 감소하지 않았다. 따라서 토쿄만東京湾 어패류의 다이옥신류는 쓰레기 소각 이외의 발생원으로부터 기여가 큰 것으로 생각되며, 위에서 설명한 PCB 제품 기원이라는 추정과 일치한다. 또한 다이옥신류의 환경부하 격감이 어패류 중 농도에 반영되지 않는 것은 다이옥신류의 기원보다 생물농축성이 서로 다른 것도 관계하고 있다. 1998년 환경성의 조사에서는 토쿄東京・카나가와神奈川의 다양한 매체에서 다이옥신류에 대한 Co-PCB의 비율은 퇴적물・토양에서는 5~20% 정도인 것에 비해 수생생물에서는 70% 가깝게 높았다[15]. 왜 같은 정도의 분자량, 소수성인데도 불구하고 생물농축성이 크게 다를까? 그 열쇠는 기원에 있는 것으로 생각된다. 다이옥신류 중에서 PCDD, PCDF는 연소에 의해 발생되지만, Co-PCB는 제품에서 유래한다. 연소에 의해 생성된 다이옥신류는 연소과정에서 입자의 내측에 고정되는 것으로 생각된다. 따라서 입자가 생물에 흡수될 때 생물조직 쪽으로 이동하기 어렵다. 한편 PCB 제품은 기름

상태이기 때문에 생물조직으로 이동하기 쉽고, PCB에 들어 있는 Co-PCB도 마찬가지로 생물조직으로 이동되기 쉬울 것으로 생각된다. 생물체내로 이동되기 쉬운 정도는 생물이용성(bioavailability)로 표현되며, 생물이용성은 오염물질의 존재 상태와 기원에 지배된다. 생물농축은 주로 소수성 K_{OW}로 지배되는 것으로 설명했지만 엄밀하게는 소수성에 추가하여 생물이용성에도 의존하고 있는 것이다. 오염물질의 물성만이 아닌 그 존재 형태와 기원에 대한 이해가 그 오염물질의 리스크를 엄밀하게 평가하기 위해서는 필요불가결하다.

1990년대 후반의 규제가 이루어지기 전 다이옥신류의 발생원은 쓰레기 소각 유래였다. 따라서 현재까지는 연소에 대한 규제에 의해 그 효과가 발휘되었다. 그러나 향후에는 Co-PCB의 오염을 저감해 가야할 필요가 있을 것이다. 이 장에서 서술한 내용을 근거로 향후 다이옥신류 대책에서 중요한 것은 내만・내해의 Co-PCB 오염의 저감이다. 또한 내만・내해의 Co-PCB의 주된 기원은 PCB 제품이기 때문에 내만・내해의 PCB의 오염원 특정과 대책이 필요할 것이다. 그러기 위해서는 육상에 보관되어 있는 PCB의 처분 촉진 및 내만・내해 퇴적물의 PCB 제거(예를 들어 준설 등)가 중요한 과제가 될 것이다. 특히 연안역에서 높은 PCB 농도가 검출되는 도시권역에서 후자는 시급할 것이다. 고농도의 총 PCB 검출은 동시에 Co-PCB도 고농도인 것을 의미한다. 도시 연안역에서는 준설이 정기적으로 이루어지지만 그것은 PCB 오염의 제거 목적이 아닌 주로 항로의 확보 때문에다. 아무리 육상에서 대책을 세워도 PCB 오염의 제거 목적으로 도시 연안역 퇴적물을 준설하지 않으면 토쿄만東京湾 어패류의 다이옥신류 농도가 큰 폭으로 줄어들지 않을 것이며, 향후에도 다이옥신류의 1일 허용섭취량은 크게 변하지 않을 것이다.

즉 레거시 오염의 저감만이 다이옥신류 섭취량의 감소로 이어질 것이다. 다이옥신류와 PCB는 서로 조금 다른 문제이지만 환경의 PCB 전체 농도를 낮추는 것이 다이옥신류 오염의 개선으로 이어질 것으로 생각된다.

참고문헌

1) 中西準子, 小倉 勇著, "詳細リスク評價書シリズ16 コプラナ-PCB", 丸善出版(2008).
2) R.M. Rolland, *Journal of Wildlife Diseases*, **36**, 615(2000).
3) A.J. Hall *et al., Sci. Total Environ.*, **115**, 145(1992).
4) R. de Swart *et al., Ambio*, **23**, 155(1994).
5) 線貫礼子, 自然, **4**, 58(1983).
6) N.H. Mahle and L.F. Whiting, *Chemosphere*, **9**, 693(1980).
7) 中尾晃辛ほか, 環境化學會發表要旨集, 86(1997).
8) L.P. Brzuzy and R.A. Hites, *Environ. Sci. Technol.*, **30**, 1797(1996).
9) 環境省, "廢棄物處理技術情報一般廢棄物處理事業實態調査結果"(2005, 2011). http://www.env.go.jp/recycle/waste_tech/ippan/index.html
10) 環境省, "ダイオキシン類の排出量廢の目錄(排出インベントリー)"(2013). http://www.env.go.jp/chemi/dioxin/report.html
11) 東京都福祉保健局, "食品衛生の窓 食品汚染調査結果" http://www.fukushihoken.metro.tokyo.jp/shokuhin/osen/index.html
12) WHO, "Executive Summary of the WHO Consultation"(1998).
13) 厚生勞働省, "國民健康·榮養調査"(2011). http://www.mhlw.go.jp/bunya/kenkou/kenkou_eiyou_chousa.html
14) 奧田啓司ほか, 沿岸海洋研究, **37**, 97(2000).
15) 益永茂樹, "コプラナ-PCB問題に答える -コプラナ-PCB汚染の起源を推論する-" http://risk.kan.ynu.ac.jp/masunaga/CoPCB9911.html

04

브롬계 난연제

유기염소화합물은 그 역사도 길고, 연구도 활발하게 이루어져 있다. 그러나 최근 염소가 아닌 할로겐인 브롬과 불소로 치환된 유기화합물이 문제가 되고 있다. 따라서 이 장에서는 브롬계 화합물, 그 중에서도 특히 현재 진행형으로 규제 상황이 변화하고 있는 브롬계 난연제에 대해 설명하겠다.

4.1. 난연제의 종류와 성질

난연제는 플라스틱과 화학섬유 등에 들어가는 첨가제의 일종이다. 구체적인 제품으로는 컴퓨터와 TV 등 열이 발생하는 케이스 부분과 커튼과 카펫, 소파의 쿠션 재료 등을 들 수 있다. 이러한 제품에 들어가 있는 난연제는 화재가 발생하기 어렵고, 화재가 발생한 경우에는 연소를 방지하는 역할을 하고 있다.

난연제는 유기계와 무기계로 크게 나눌 수 있다. 유기계에는 브롬계, 염소계, 인계, 질소계 등이 있다. 무기계에는 수산화마그네슘과 3산화안

티몬 등이 있지만 주로 유기계의 보조제로 사용되는 경우가 많다. 그림 4.1에 난연제의 수요량 변화를 나타내었다. 유기계의 난연제 중에서도 주요한 것이 브롬계 난연제로 대표적인 브롬계 난연제를 그림 4.2에 나타내었다. 각각 폴리브롬화비페닐(polybrominated biphenyl : PBB, 그림(a)), 폴리브롬화디페닐에테르(polybrominated diphenyl ether: PBDE, 그림(b)), 헥사브로모사이클로도데칸(hexabromocyclododecane : HBCD, 그림(c)), 테트라브로모비스페놀 A(tetrabromo bisphenol A : TBBPA, 그림(d))이다. (a) PBB는 PCB와 마찬가지로 탄소골격을 가지고 염소가 아닌 브롬으로 치환되어 있는 화합물이다.

(b) PBDE는 PBB와 유사한 구조이지만 2개의 벤젠고리가 에틸결합으로 연결되어 있다. PBB, PBDE 모두 브롬의 치환수·치환위치에 따라 PCB와 마찬가지로 209개의 동족이성체가 이론상 존재하고, IUPAC를 통해 번호가 붙여져 있다. PBB는 1970년대 초반에 난연제로서 열가소성 수지에 사용되었지만, 1973년 미국의 미시건주에서 가축용 사료에 PBB

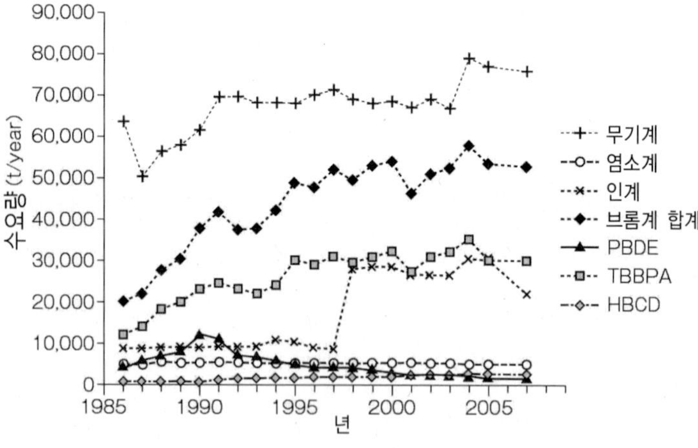

그림 4.1. 주요한 난연제의 수요량 변화

국립천문대편, "환경연표 2011·2012년", pp.389~390, 丸善出版(2011)을 바탕으로 작성

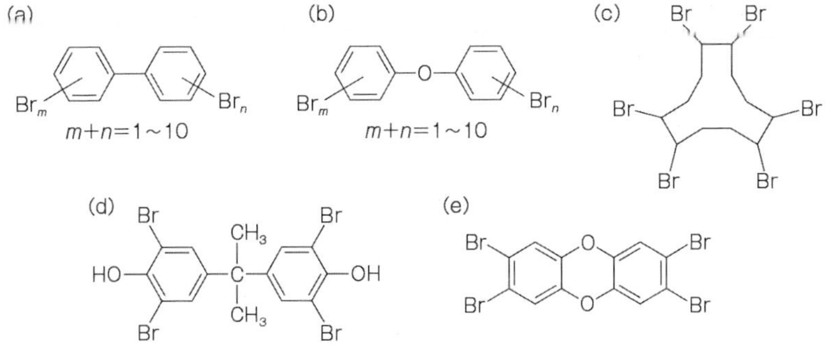

그림 4.2. 주요한 브롬계 난연제와 브롬화 다이옥신

(a) 폴리브롬화비페닐, (b) 폴리브롬화디페닐에테르, (c) 헥사브로모사이클로도데칸, (d) 테트라브로모비스페놀 A, (e) 2,3,7.8-테트라브로모디벤조-p-다이옥신

가 혼입되는 사건이 발생하였다. 사료를 통해 우유, 육고기, 계란 등이 오염되어 미시건 주변으로 확산되어 인체와 동물의 건강에 문제가 발생한 것이다[1]. PBB는 PCB와 유사한 구조이기 때문에 PCB와 마찬가지로 독성 영향이 나타났다. 미국에서는 그 후 생산이 금지되어 결국 1980년대의 PBDE 수요 증가로 이어졌다고 말할 수 있다.

(c) HBCD는 그 이름처럼 헥사브로모(6개의 브롬)가 시크로(고리 형태)의 도데칸(탄소 사슬 12의 탄화수소)의 수소와 치환된 구조를 가지며, 고리 형태의 탄소 사슬에 결합된 수소와 브롬의 방향에 의해 광학이성체가 존재한다. HBCD는 폴리스틸렌과 화학섬유 등에 사용되어 자동차의 내장, 건재, 전자기기 등 그 용도는 넓다. 2000년대에 들어서 PBDE의 대체품으로 수요가 늘어나지만, 이것도 독성과 생물농축성 때문에 2013년에 스톡홀름협약의 대상물질에 추가되었다.

(d) TBBPA는 용도가 폭넓고, ABS수지, 페놀수지, 에폭시수지, 폴리카보네이트 등에 이용되며, 일본에서 수요량이 가장 많은 브롬계 난연제이다. 또한 TBBPA를 골격으로 한 폴리머(polymer)와 올리고머(oligomer)의 브롬계 난연제도 합성되어 있다. 그 구조는 테트라브로모(4개의 브롬)가

A(아세톤)와의 탈수축합에 의해 연결된 비스페놀(2개의 페놀)에 결합되어 있다. 이 2개의 비스페놀 때문에 TBBPA의 소수성은 log K_{OW}=4.5로 낮고[2], 1브롬 PBDE와 같은 정도이다(그림 1.9). 한편, PBB와 PBDE의 소수성은 PCB와 마찬가지로 브롬수에 의해 차이가 나기 때문에 브롬수가 작은 동족이성체는 소수성이 낮고, 브롬수가 증가할수록 높아진다. 브롬이 최대수인 10개가 치환되어 있는 DE209의 log K_{OW}는 10에 가깝다. HBCD의 log K_{OW}도 5.33~5.86으로 비교적 높고, 4고리염소 PCB와 3브롬 PBDE와 같은 정도의 값을 나타낸다[3]. PBDE의 휘발성도 소수성과 마찬가지로 브롬수에 의해 변하고, 1브롬 PBDE는 휘발성이 매우 높지만, 예를 들어 10브롬 PBDE209의 휘발성은 염소수가 많은 TCDD와 같은 정도로 낮다(그림 1.6).

난연제와는 별도로 난연제에 의해 원하지 않게 생성되는 물질도 있다. 브롬화다이옥신(polybrominated dibenzo-p-dioxin : PBDD)이다. 그 이름처럼 다이옥신의 염소가 브롬으로 치환된 화합물이다(그림 4.2 (e)). PBDE는 에틸결합을 하고 있기 때문에 산소원자가 포함되어 있으며, PCB보다도 구조적으로 다이옥신에 가까운 구조를 하고 있다. 생성 메커니즘과 발생원도 염소로 치환되어 있는 다이옥신과 같으며, 연소에 의해 염소와 브롬 모두가 치환되어 있는 다이옥신의 생성도 보고되어 있다[4].

4.2. 브롬계 난연제의 규제 상황

브롬계 난연제에는 1970년대에 사고가 난 PBB를 제외하면 비교적 최근에 규제되기 시작한 물질이 많다. 2003년 유럽의회 · 이사회는 PBDE 및 PBB에 대해 RoHS(Restriction of Hazardous Substances) 지침 및 WEEE 지침으로 불리는 2개의 규제를 공시하였다. RoHS 지침은 전기 · 전자기기에 유해물질의 사용을 제한하기 위한 것이다. 전기 · 전자기기에 납,

수유, 카드뮴, 6가크롬 등 중금속 이외에 PBB 및 PBDE에 대한 기준치가 설정되었다[5]. 동시에 전기 · 전자제품의 폐기물에 의한 환경 영향을 억제하기 위하여 생산자 책임을 명시한 것이 WEEE 지침이다[6]. 이것은 유럽만의 규제가 아닌 유럽으로 수출되는 전기 · 전자기기에도 영향을 미치는 것이었다. 그 후 6브롬의 PBB 및 4~7브롬의 PBDE에 대해서는 2009년 스톡홀름협약에서 POPs로 등록되어 국제적으로 생산 · 사용이 금지되었다[7]. 2013년에는 HBCD도 스톡홀름협약에 추가되었다.

PBDE에는 앞서 설명한 것과 같이 209종류의 동족이성체가 이론상 존재하고 있지만, 제품에 들어 있는 동족이성체는 한정되어 있다. 첨가제로서의 PBDF 제품은 들어 있는 동족이성체의 종류에 따라 3종류로 분류되며, 각각 PentaBDE(PeBDE), OctaBDE(OcBDE), DecaBDE(DeBDE)로 불린다. PeBDE는 4,5브롬 BDE, OcBDE는 6~10브롬 BDE, DeBDE는 9,10브롬 BDE를 주로한 혼합물로 되어 있다[8]. 난연제로서의 PBDE는 지역에 따라 사용되는 종류가 다르며, 예를 들어 PeBDE 제품은 북미쪽에서 대표적으로 사용되었고, DeBDE 제품은 아시아 · 유럽 등에서 사용이 많았다. 이 중 4~7브롬을 함유하고 있는 PBDE는 2009년에 스톡홀름협약에 등록되었다. 한편 DeBDE 제품에 대해서는 생물농축성과 독성이 낮기 때문에 규제의 대상이 되지 않았다(2015년 당시 스톡홀름협약에 추가 여부를 심의하고 있었음). 그러면 왜 PBDE의 규제는 동족이성체에 따라 다를까? 그 해답을 물리 · 화학적 성질과 발생원, 환경 거동으로부터 살펴보겠다.

4.3. PBDE의 발생원

PBDE 발생원의 모식도를 그림 4.3에 나타내었다. PBDE는 그것이 들어 있는 제품이 주변에 많이 존재하는 것이 특징이다.

우선 PBDE는 가정의 실내 먼지(house dust)에서 검출된다. 가정에는 TV, 컴퓨터, 커튼, 카펫 등 PBDE를 함유하고 있는 제품이 많기 때문이다. 휘발성은 낮지만 제품으로부터 방출되어도 이동성이 높지 않기 때문에 실내 먼지에 흡착되어 실내 환경에 머문다. 또한 제품의 마모가 실내 먼지가 되는 경우도 있다. 그림 4.4는 무작위로 선정한 캐나다의 일반 가정에서 청소기로 채취한 실내 먼지 속의 PBDE를 분석한 사례이다[9]. 가로축에 농도, 세로축에 검출수를 나타내었다. 농도에 분산은 있지만 1g당 200~수천 ng 정도의 PBDE가 검출되며, 높은 것은 1만ng/g, 10만ng/g에 달했다. 이것은 캐나다의 사례이지만 세계 각국의 일반 가정의 실내 먼지에서 PBDE가 검출되고 있다[10]. 이러한 실내 먼지는 청소기의 필터에 모아져서 쓰레기 처분장으로 운반되거나 걸레질 후에 걸레를 세척한 물에 의해 하수처리장으로 유입된다.

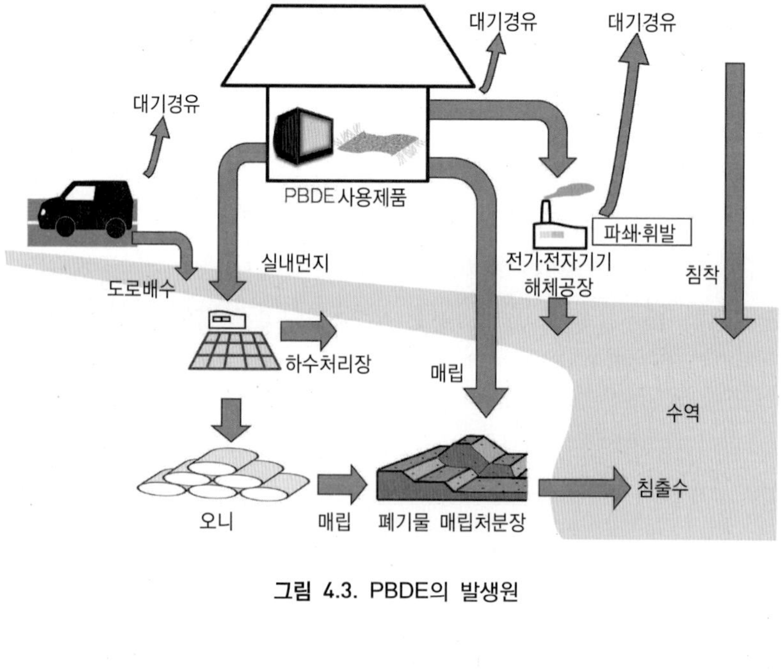

그림 4.3. PBDE의 발생원

그리고 사용이 끝난 제품의 폐기물에서 유래하는 것이 있다. 그 중 하나는 PCB와 마찬가지로 전기·전자기기 폐기물(e-waste)의 재활용시설로 부터의 오염이다. 아시아와 아프리카 등의 발전도상국에서는 선진 공업화 국가에서 수입한 컴퓨터와 TV 등의 전기·전자기기를 해체하여 재활용하고 있다. 지금 선진 공업화 국가에서 규제에 의해 PBDE가 들어있는 전기·전자기기의 생산이 적지만 과거에 사용된 제품에는 PBDE가 들어 있는 것이 많이 존재한다. 이러한 것들이 해체될 때 파쇄와 마모, 휘발에 의해 PBDE가 환경으로 방출된다. 휘발되더라도 휘발성 자체는 낮기 때문에 이동성이 작아 발생지 주변의 환경을 오염시킨다. 그림 4.5는 중국의 전기·전자기기 해체공장 주변 도로와 그 주변의 농지 등의 토양에 함유되어 있는 PBDE 농도를 비교한 것이다. 공장주변 도로의 토양에서는 그 외의 지점에 비해 1자릿수 이상 높은 농도로 PBDE가 검출되었다. 이와 같은 환경에서 일하는 종사자들의 노출도 문제가 되었으며, 해체업자의 혈액 속의 PBDE 농도는 다른 업자보다도 높은 것으로 보고되어 있다[11].

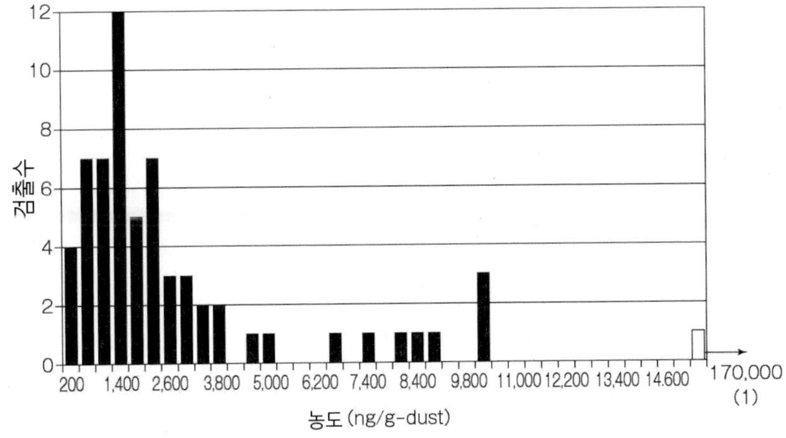

그림 4.4. 캐나다의 일반가정 실내먼지의 PBDE 농도와 검출수

B. H. Wilford *et al., Environ. Sci. Pollurt. Res.*, **39**, 7030(2005)

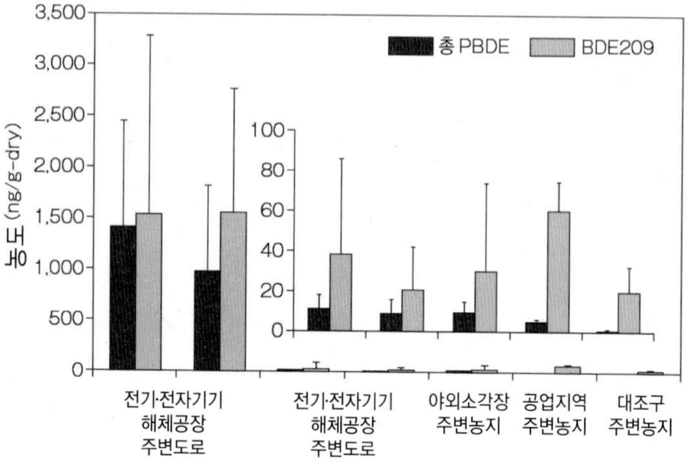

그림 4.5. 중국의 전기·전자기기 리사이클 공장 주변 토양의 PBDE 농도

Y. Luo *et al., Sci. Total Environ.*, **407**, 1107(2009)

폐기물로부터 유래하는 것 중 쓰레기 매립장도 발생원의 하나이다. 일본의 경우 가연성 쓰레기는 태우지만 다른 아시아 국가의 쓰레기 처분장에서는 소각하지 않고 도시 쓰레기의 대부분은 매립된다. 이러한 국가들에서는 높은 기온 때문에 유기물이 분해되기 쉬우며, 비도 많이 오기 때문에 쓰레기 처분장으로부터 쓰레기와 쓰레기가 분해되어 생성된 유기물이 녹아 있는 물(폐수)이 침출된다. 소수성의 화학물질은 물에 녹기 어렵지만 용존유기물(dissolved organic matter : DOM)이 존재하면 소수성의 화학물질도 물에 녹기 쉬워진다. 쓰레기 매립장에는 PBDE가 들어 있는 제품과 플라스틱이 폐기되는 경우도 있다. 이것들이 침출수와 접촉하면 PBDE와 같은 첨가제도 침출수에 용출되기 쉬워진다. 이 침출수가 하천으로 유입되거나 지하로 침투하여 환경으로 확산되어 나오게 된다. 그림 4.6은 동남아시아 각국의 쓰레기 처분장 침출수의 PBDE 농도를 나타낸 것이다[12]. 세로축은 국가명, 가로축은 1L의 침출수에 들어 있는 입자에 흡착된 PBDE 농도를 나타낸다. 일본 하천의 하수처리수 입자에 들

어 있는 PBDE가 0.5ng/L 정도인 것과 비교하면 10~1,000배, 최대 10만 배 정도 높은 농도인 것을 알 수 있다. 그리고 이와 같은 매립지에서는 다이옥신과 마찬가지로 브롬화다이옥신도 발생한다. 매립지에서는 혐기적으로 유기물이 분해되어 발생한 메탄가스에 의해 자연발화되어 PBDE가 들어 있는 제품이 연소되어 브롬화다이옥신이 발생한다는 메커니즘이다.

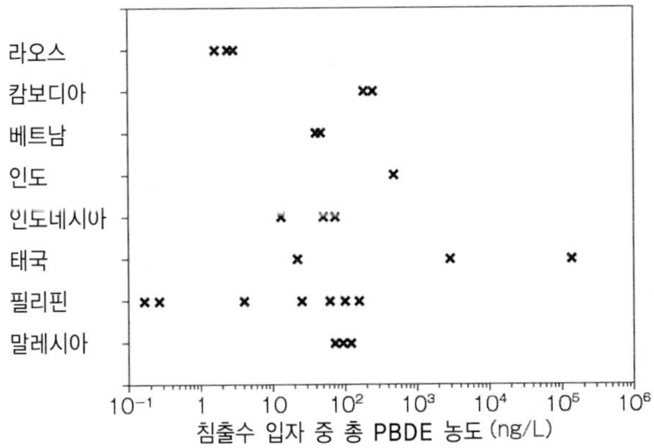

그림 4.6. 아시아 각국의 쓰레기 처분장 침출수의 총PBDE 농도
C. S. Kwan et al., Environ. Sci. Pollut. Res., **20**, 4202(2013)

4.4. 환경에서의 PBDE

다양한 발생원으로부터 환경으로 방출된 PBDE가 환경에서 어떻게 거동하는지는 물리·화학적인 성질에 의해 결정된다. 환경에서는 높은 소수성 때문에 입자에 흡착되기 쉽고, 그 결과 퇴적물에서 많이 검출된다. 그림 4.7은 동경만東京湾 퇴적물의 PBDE 농도를 나타낸 그림이다[13]. 1950년대부터 2000년대까지 증가하는 경향이 보이며, 유기염소화합물(그림2.7)과는 다른 분포를 나타내고 있다. 그러나 인간활동이 활발해짐

에 따라 농도가 상승하는 경향은 PCB와 유사하다. DeBDE 제품의 주요한 동족이성체인 BDE209의 농도가 다른 PBDE와 HBCD 보다도 1자릿수 이상 높은 농도인 것도 BDE209의 사용량이 많음을 시사하고 있다.

BDE209는 퇴적물에 많이 들어 있지만 생물에서는 또 다른 경향을 나타낸다. 그림 4.8은 동경만東京湾의 만 안쪽에서 채취한 생물시료와 그 주변 환경시료(퇴적물・해수)의 PBDE 동족이성체 조성을 비교한 것이다[14]. 해수는 여과한 여액(용존태)과 여과지에 걸린 입자태의 PBDE를 각각 분석하였다. 여액에서는 비교적 낮은 브롬 PBDE의 비율이 높은 것에 비해 입자와 퇴적물에서의 조성은 10브롬 PBDE의 BDE209가 대부분을 차지하고 있었다. 한편 대부분의 생물에서 BDE209의 비율은 매우 낮고, 4브롬의 BDE47이 가장 많고, 5브롬의 BDE99와 BDE100 등도 많이 들어있다. BDE209는 분자량이 1,000 정도 되기 때문에 분자의 크기가 생

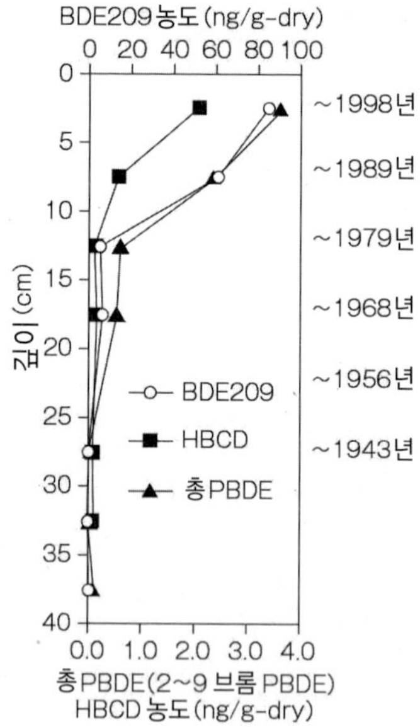

그림 4.7. 동경만東京湾 퇴적물의 총 PBDE. BDE209, HBCD농도

N. H. Minh *et al.*, *Environ. Pollut*, **148**, 413 (2007)

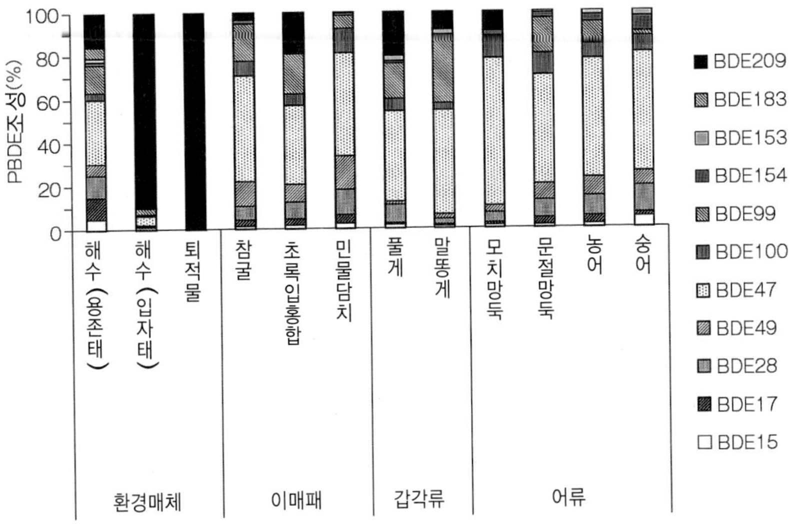

그림 4.8. 동경만東京湾의 환경시료와 생물의 PBDE 조성

K. Mizukawa *et al.*, *Sci Total Environ.*, **449**, 404(2013)을 바탕으로 작성

체막을 통과하기 어려울 것으로 생각된다. 이와 같이 생물농축성이 낮은 성질이 BDE209가 규제대상에서 제외된 이유 중 하나이다.

이와 같이 PBDE는 환경과 생물에서 그 조성이 크게 다르다. 생물에 흡수된 이 후의 거동도 PBDE와 PCB는 서로 다르다. 그림 4.9는 BDE47과 CB153의 먹이사슬을 통한 생물증폭에 대해 나타낸 그림이다. 이들 동족이성체는 PBDE와 PCB 중에서도 생물증폭이 되기 쉬운 동족이성체이다. 세로축은 그림 4.8의 생물 체내의 BDE47 또는 CB153의 농도, 가로축은 각 생물의 영양단계를 나타내는 질소동위원소비이다. 2장에서 설명한 것과 같이 CB153은 영양단계가 높아질수록 농도가 높아지기 때문에 생물증폭되는 것이다. BDE47도 같은 경향을 보인다. 그러나 회귀직선의 기울기는 CB153에 비해 완만하다. 그림 4.9에서 회기직선의 기울기는 생물증폭이 일어나기 쉬운 정도를 의미하는 것이기 때문에 생물에서 BDE47은 CB153 보다도 생물증폭되기 어려운 물질이라고 할 수 있다. PCB의 경우 염소수가 증가, 즉 소수성이 커질수록 생물증폭이 일어나기 쉽다(그림 2.11). 그러나 BDE47과 CB153의 소수성을 나타내는 log K_{OW}는 각각 6.76(BDE47) 및 6.92(CB153)로 같은 정도이다[15, 16]. 따라서 이들의 생물농축성 차이는 소수성 이외의 요인이 있을 것으로 생각되지만 아직 밝혀지지 않았다.

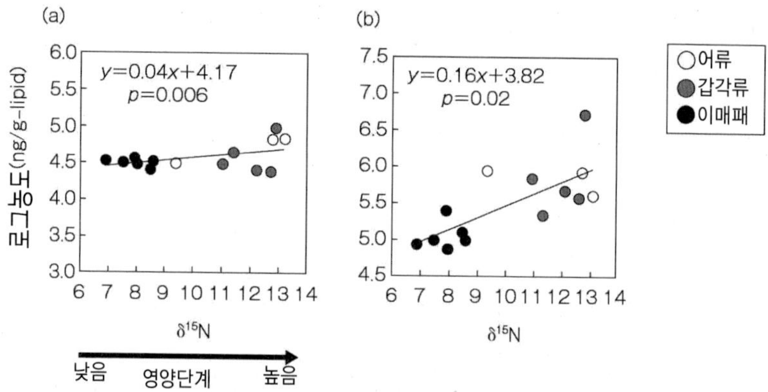

그림 4.9. PBDE과 PCB의 생물증폭 비교

(a) BDE47, (b) CB153

K. Mizukawa, *et al.*, *Sci. Total Environ.*, **449**, 404(2013)를 바탕으로 작성

4.5. PBDE의 탈브롬화

현재 4~7브롬의 PBDE는 스톡홀름협약에 의해 규제되어 있지만 10브롬의 BDE209는 포함되어 있지 않다. 왜 BDE209는 규제를 할지 말지의 여부를 심의하고 있을까? 그 열쇠는 「탈브롬화」에 있다.

PBDE의 일부는 환경과 생물 체내에서 탈브롬화가 일어나는 것으로 보고되어 있고, BDE209도 그 중 하나이다. 탈브롬화는 브롬이 벤젠고리로부터 떨어져 나가는 현상으로 다양한 과정에 의해 일어나는 것으로 보고되어 있다. 생물에 흡수되기 어려운 것, 독성이 낮은 것 때문에 규제의 대상이 되지 않고 있는 BDE209도 브롬이 떨어져 나와 분자량이 작아지면 생물에 흡수되기 쉽거나 독성을 가지게 된다. PBDE와 유사한 구조를 가진 PCB에서도 마찬가지로 할로겐이 떨어져 나가는 탈염소화가 일어나는 경우가 있지만 PBDE로부터 브롬이 떨어져 나가는 현상은 PCB로부터 염소가 떨어져 나가는 현상보다도 일어나기 쉬운 현상으로 생각되고 있다. 오염물질의 거동으로서 분배와 휘발뿐만 아니라 탈브롬이라는 요소가 있기 때문에 PBDE의 환경거동은 보다 더 복잡하다.

실내실험에서 확인된 PBDE의 탈브롬화물 및 예상되는 탈브롬화 과정을 그림 4.10에 나타내었다. 실내실험에서는 멸균한 퇴적물에서의 환원반응, 퇴적물에서 분리한 혐기성 미생물, 자외선조사, 생체내에서 대사반응에 의한 탈브롬화가 확인되었다. 실내의 탈브롬화 실험에서 확인된 동족이성체 중에는 첨가제 제품으로의 PBDE에 포함되지 않는 것도 존재하였다. 그리고 제품에 들어 있지 않는 동족이성체가 환경에서도 검출된다. 환경에서 탈브롬화물의 검출 사례를 소개하겠다.

첫 번째는 표 4.1에 나타낸 하수처리장의 사례이다[17]. 하수처리장의 처리수가 유입되는 하천의 상류 쪽과 하류 쪽에서 퇴적물을 채취한 결과 처리장의 방류구 부근에서 상류 쪽보다도 약 2자릿수 높은 농도의 BDE209가 검출되었다. 한편 하수처리장의 상류 쪽에서는 거의 검출되지 않았다. 또한 검출되지 않았던 3~9브롬 PBDE가 방류구 부근에서도 농도가 증가하였다. 이 하수처리장의 오니에는 상류의 퇴적물 보다 훨씬 높은 농도의 PBDE가 들어 있는 것으로 부터도 하수처리장이 하천의 BDE209 및 3~9브롬 PBDE의 발생원인 것을 알 수 있다.

두 번째는 생물에서의 탈브롬화이다. 일반적으로 생체내로 이물질이 흡수되었을 때는 약물대사효소에 의한 수산화반응과 포합반응[1])을 거쳐

---

1) 포합반응 : 물에 용해되기 어려운 노폐물이나 약물 등을 쉽게 배설되게 하기 위해 각종 화합물이나 기를 결합시켜 수용성으로 만드는 생체내의 반응(출처 : 영양학사전)

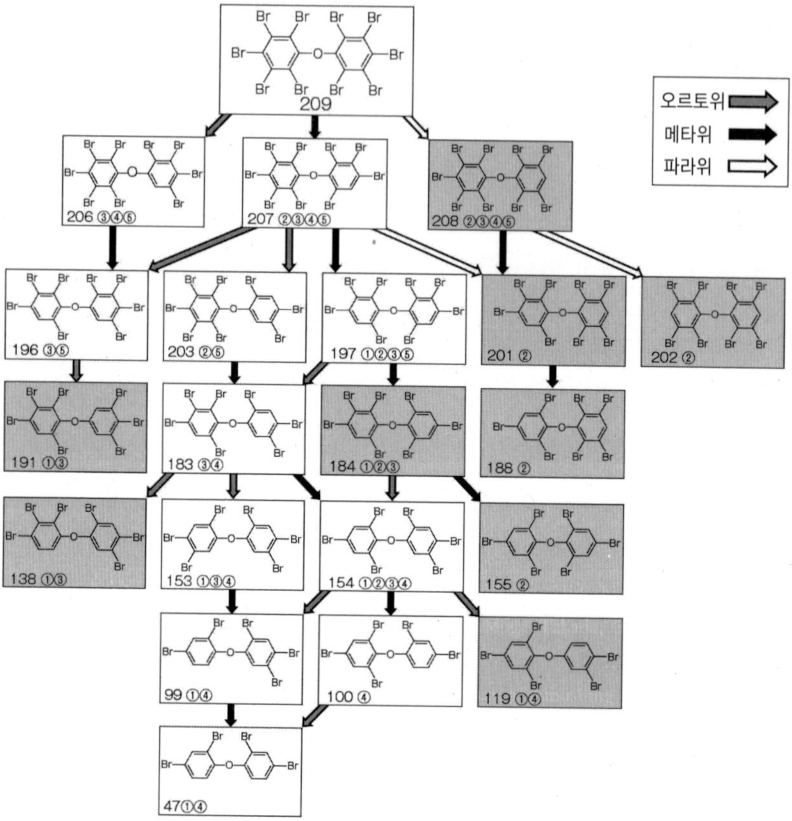

그림 4.10. BDE209와 BDE209로 부터 생성되는 것으로 생각되는 탈브롬화이성체

①~⑤ : BDE209 분해실험에 의한 생성물(① 환원제에 의한 퇴적물의 환원반응, ② 어류의 간 마이크로솜에 의한 대사, ③ TV제품 케이스에서의 광분해, ④ 용매 또는 매트릭스에서의 광분해, ⑤ 활성오니에서의 혐기성 미생물에 의한 분해). 회색의 동족이성체는 PBDE제제에서 불검출 또는 1% 이하의 함유값을 나타냄

G. Soderstrom *et al., Environ. Sci. Technol.*, **38**, 127(2004); A. C. Gerecke *et al., ibid.*, **39**. 1078(2005); M. J. La Guardia, R. C. Hale and E. Harvey, *ibid.*, **40**, 6252(2006): H. M. Stapleton *et al., ibid.*, **40**, 4653(2006); J. A. Tokarz *et al., ibid.*, **42**, 1157(2008); N. Kajiwara, Y. Noma and H. Takigami, *ibid.*, **42**, 4404(2008); S. C. Roberts *et al., ibid.*, **45**, 1999(2011)을 바탕으로 작성

표 4.1. 하수처리장의 처리수가 유입되는 하천퇴적물 및 하수처리장 오니의 PBDE 농도 (ng/g-dry)

하수오니		하수처리장 방류구로부터 거리(km)				
		-0.2	0	1.3	5.6	10.8
3~8브롬	9,160	1,240	4,660	8,580	14,200	10,300
9브롬	29,466	0	77,040	90,660	27,507	11,845
10브롬	58,800	36,800	1,630,000	3,150,000	642,000	30,000

M. J. La Guardia, R. C. Hale and E. Harvey. *Environ. Sci. Technol.*, **41**, 6665 (2007)을 바탕으로 작성

체외로 배출된다. PBDE도 PCB와 마찬가지로 사람과 포유류에서는 수산화반응이 일어나지만 그것과는 다른 대사반응에 의한 탈브롬화가 일어난다. 그림 4.11은 표 4.1의 하수처리장 하류에 서식하는 creek chub으로 불리는 잉어과 담수어에서 PBDE를 측정한 결과이다[17]. 시료를 분석기기로 분석할 때 어떠한 물질이 검출되면 이와 같은 피크로 나타난다. 가로축이 시간, 세로축이 피크의 세기를 나타내고 있다. 이 어류의 조직에서는 BDE202와 BDE179, BDE188 등 PBDE 제품에 들어 있지 않은 동족이성체, 그리고 하수처리장의 오니와 하천의 퇴적물에도 들어 있지 않는 동족이성체가 검출된다. 한편 그림 4.11 오른쪽 위의 작은 크로마토그램은 잉어에게 BDE209가 들어 있는 먹이를 주었을 때 그 조직의 농도를 측정한 결과이다. 이 실험 결과 잉어의 조직에서 노출시킨 10브롬의 BDE209 보다도 브롬수가 적은 6~9브롬의 동족이성체가 검출되었다. 그 중에는 제품에 들어있지 않은 동족이성체도 존재하였다. 이것들은 잉어에 흡수된 BDE209가 잉어의 체내에서 탈브롬화가 되어 생성된 것으로 생각된다. 이 실내실험에서 관찰된 동족이성체와 하수처리장의 하류에 서식하는 creek chub에서 검출된 동족이성체와의 사이에서 정합성이 인정되는 것은 환경에서 BDE209가 생물에 흡수되어 탈브롬화 되는 것을 증명하는 것이 된다.

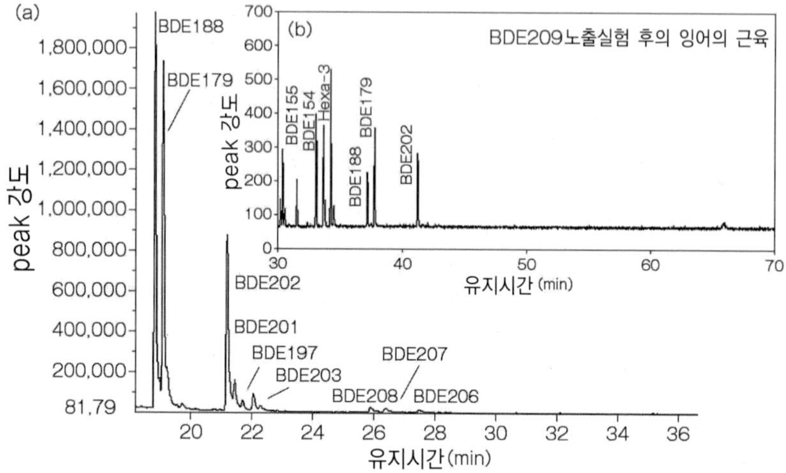

그림 4.11. 어류 체내에서 BDE209의 탈브롬화

(a) 하수처리장 하류에 서식하는 잉어과 어류의 PBDE 크로마토그램,
(b) BDE209 노출실험 후의 잉어 근육의 PBDE 크로마토그램
M. J. La Guardia, R. C. Hale and E. Harvey. *Environ. Sci. Technol.*, **41**, 6668 (2007)

세 번째는 쓰레기 매립처분장의 사례이다. 조건에 따라서는 쓰레기 매립처분장에서도 탈브롬화는 일어날 수 있다. 발생원의 항에서 설명한 것과 같이 동남아시아의 쓰레기 매립처분장은 가정 쓰레기와 같은 유기물과 PBDE가 들어있을 가능성이 있는 플라스틱과 화학섬유 등이 혼재하여 매립되어 있다. 우선 표면에 노출되어 있는 것은 광분해에 의해 탈브롬화가 일어날 수 있는 환경에 놓여 있다. 또한 공기와 접촉하지 않는 부분에 있는 것은 혐기성 미생물에 의해 환원적인 분해가 일어나기 쉽다. 동남아시아의 쓰레기 매립처분장에서는 음식물 쓰레기도 매립되어 있기 때문에 그것들의 분해에 의해 쓰레기는 혐기적으로 되기 쉽다. 퇴적물과 같은 혐기적인 환경에서 PBDE가 탈브롬화 되는 것과 같이 쓰레기 매립처분장은 쓰레기로 존재하는 플라스틱과 섬유에 첨가되어 있는 PBDE가 탈브롬화되기 쉬운 환경이다. 그러한 쓰레기 매립처분장에서 유출되는 침출수에는 BDE209 뿐만 아니라 탈브롬화된 PBDE도 들어 있다. 그림 4.12는 동남

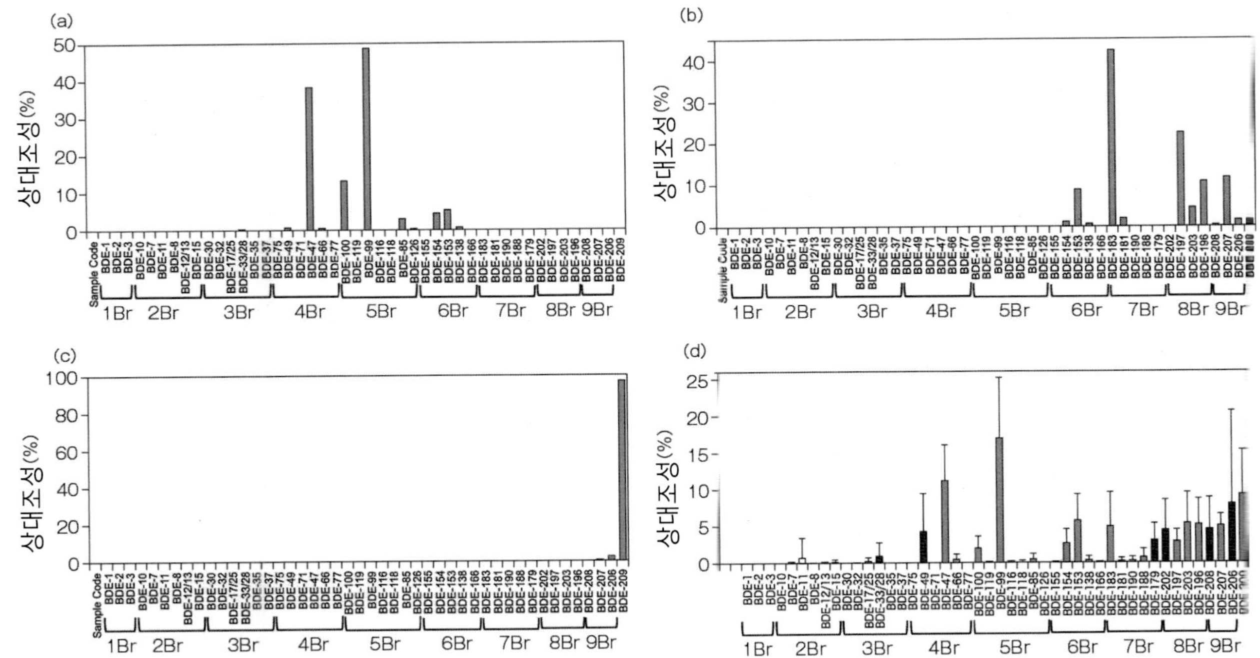

그림 4.12. 아시아 각국의 쓰레기매립처분장 침출수 중 PBDE 평균조성과 PBDE 제제조성

(a) PeBDE 제품, (b) OceBDE 제품, (c) DeBDE 제품, (d) 아시아 각국의 쓰레기매립처분장 침출수, PBDE 제품에 함유되지 않은 동족이성체는 검은막대로 나타내었다.

C.S. Kwan *et al., Environ. Sci. Pollut. Res.*, **20**, 4202 (2013); M.J. La Guardia, R.C. Hale and E. Harvey, *Environ. Sci. Technol.*, **40**, 6252 (2006)을 근거로 작성

아시아 각국의 쓰레기 매립처분장 침출수의 PBDE의 평균조성을 나타낸 것이다. 회색의 막대는 PBDE제품에 들어 있는 동족이성체, 검은 막대는 PBDE 제품에 들어 있지 않는 동족이성체이다. 제품에 들어 있지 않는 동족이성체는 쓰레기 매립처분장에서 탈브롬화에 의해 생성된 것으로 생각할 수 있다[12].

이와 같이 BDE209는 안정적이지 않고, 낮은 브롬 PBDE로 변화될 수 있는 물질이다.

이와 같은 연구로부터 스톡홀름협약에서는 DeBDE 제품의 추가 여부가 2015년 당시 심의 되고 있었다. 2015년 당시 검토위원회에서는 DeBDE의 협약 추가의 가부는 탈브롬화에 대해 논의한 후 판단하기로 되어 있었다[18]. 과거에 사용되었던 PCB와 다른 염소계 농약과는 달리 PBDE는 최근까지 사용되었기 때문에 현재진행형 오염물질인 것이다.

참고문헌

1) Michigan Department of Community Health, “PBBs(Polybrominated Biphenyls) in Michigan Frequently Asked Questions-2011 update”. http://www.michigan.gov/documents/mdch_PBB_FAQ_92051_7.pdf
2) WHO/IPCS, “Environmental Health Criteria 172, Tetrabromobisphenol A and Derivatives” http://www.inchem.org/documents/ehc/ehc172.htm
3) S.J. Hayward, Y.D. Lei and F. Wania, *Environ. Toxicol. Chem.*, 25, 2018(2006).
4) R. Weber and B. Kuch, *Environ. Int.*, 29, 699(2003).
5) European Union, *Official Journal of the European Union*, 46, 19(2003). http://eur-lex.europa.eu/legal-content/EN/TXT/PDF/?uri=CELEX:32002L0095&rid=1
6) European Union, *Official Journal of the European Union*, 46, 24(2003). http://eur-lex.europa.eu/resource.html?uri=cellar:ac89e64f-a4a5-4c13-8d96-1fd1d6bcaa49.0 004.02/DOC_1&format=PDF

7) UNEP, Stockholm Convention http://chm.pops.int/default.aspx
8) M.J. La Guardua, R. C. Hale and E. Harvey, *Environ. Sci. Technol.*, 41, 6663 (2007).
9) B.H. Wilford *et al., Environ. Sci. Pollut. Res.*, **39**, 7027(2005).
10) A. Besis and C. Samara, *Environ. Pollut.*, **169**, 217(2012).
11) X. Bi *et al., Environ. Sci. Technol.*, 41, 5647(2007).
12) C.S. Kwan *et al., Environ. Sci. Pollut. Res.*, **20**, 4188(2013).
13) N.H. Minh *et al., Environ. Pollut.*, **148**, 409(2007).
14) K. Mizukawa *et al., Sci. Total Environ.*, **449**, 401(2013).
15) L. Li *et al., Chemosphere*, 72, 1602(2008).
16) D.W. Hawker and D.W. Connell, *Environ. Sci. Technol.*, 22, 382(1988).
17) M.J. La Guardia, R.C. Hale and E. Harvey, *Environ. Sci. Technol.*, 41, 6663 (2007).
18) UNEP, Persistent Organic Pollutants Review Committee Tenth meeting, "Draft risk profile: decabromodiphenyl ether", UNEP/POPs/POPRC.10/3 http://chm.pops.int/TheConvention/POPsReviewCommittee/Meetings/POPRC10/POPRC10 Documents/tabid/3818/Default.aspx

05

다환방향족탄화수소

5.1. 구조와 발생원

다환방향족탄화수소(polycyclic aromatic hydrocarbon : PAH)는 그 이름대로 벤젠고리가 2개 이상 축합(2개의 탄소를 2개의 벤젠고리가 공유)되어 있는 탄화수소의 총칭이다. 그림 5.1에 PAH의 일례를 소개한다. 일반적으로 환경분석의 대상이 되는 PAH는 벤젠고리가 2개인 나프탈렌(naphthalene)~고리가 7개인 코로넨(coronene)이며, 고리가 8개 이상인 PAH는 현재의 분석기술로는 검출하기 어렵다.

PAH의 특징은 자연에도 존재한다는 점이다. 유기물이 서서히 열변성되어 생성된 원유에도 포함되어 있다. 유기물이 불완전 연소될 때에도 생성된다. 석유나 석탄 등 화석연료의 연소에 의해서도 생성되며, 산림화재 등 바이오 매스(biomass)의 연소에 의해서도 생성된다. 이와 같이 유기물과 화석연료의 연소가 PAH의 기원 중 하나이기 때문에 대기를 통해 인간이 노출되는 것이 우려되는 물질이다. 연소에 의해서 생성되며, 자연에도 존재하는 점은 다이옥신류와 유사하다. 그러나 염소의 존재 유무는 관계가 없기 때문에 다이옥신류보다도 생성조건은 까다롭지 않고, 다양한 연소에 의해서 생성된다.

PAH의 발생원은 다양하지만(그림 5.2), 크게 두 종류로 구별할 수 있다. 하나는 유기물이나 화석연료의 연소기원(pyrogenic)이며, 또 하나는 석유 그 자체이다(petrogenic). 연소기원 PAH에는 고분자의 PAH가 많이 들어 있으며, 석유기원 PAH는 비교적 저분자의 PAH로 구성되어 있다. 연소기원에는 바이오매스(biomass), 목재, 쓰레기 등의 연소도 포함된다. 점원의 오염원으로는 화력발전소에 의한 석유연소와 제철소에 의한 석탄과 코크스(cokes, 骸炭)의 연소도 있다.

석탄의 건류[1)]乾留에 의해 만들어진 콜타르(coal tar)에 고농도의 연소기원 PAH가 포함되어 있고, 그것이 도로의 포장 등에 사용되어 PAH의 공급원이 되는 경우도 있다[1]. 석유기원 PAH는 석유 그 자체뿐만 아니라 다양한 석유제품에도 들어있다. 유조선 사고와 같은 석유 유출에 의해 석유기원의 PAH가 환경으로 유입된다. 가솔린과 경유에는 대부분 저분자 PAH가 들어 있기 때문에 일상적인 자동차 주행도 PAH의 큰 공급원이 된다. 아스팔트는 석유의 잔류물로 만들어지기 때문에 PAH가 들어 있으며, 따라서 도로 포장 아스팔트의 마모에 의해 생긴 분진粉塵에는 PAH가 들어있다. 타이어에는 아로마틱 오일(aromatic oil, 방향유)이라는 PAH가 들어 있는 오일이 들어 있기 때문에 타이어의 마모물에도 PAH가 들어있다. 자동차의 엔진오일에도 물론 석유기원 PAH와 연소 생성기원의 PAH가 들어있다. 또한 자동차의 배출가스에서는 가솔린과 경유의 연소에 의해 생성된 PAH와 함께 연료의 연소 잔류물의 PAH와 윤활유 유래의 석유기원 PAH도 들어있다.

그림 5.3은 미국의 다양한 지역의 호수로부터 주상퇴적물을 채취하여

---

1) 건류(乾留) : 증류의 반대로 고체물질을 공기를 차단하여 가열 분해하는 조작이며, 건류생성물로는 가스, 코크스, 타르 및 수용액 등이 생긴다(출처 : 기계공학사전)

PCB와 PAH를 측정한 결과이다. 주상퇴적물은 대도시, 중소도시, 비도시 지역의 호수나 저수지에서 채취되었다(그림 5.3(a)). 연대측정으로 1970년부터 2001년까지의 층을 추정하고, 각층의 PAH와 PCB의 농도를 측정하였다. 그림 (b)와 그림 (c)는 1970년부터 2001년까지의 PAH와 PCB의 농도 변화를 각각 나타내고 있다. PCB 농도는 많은 지점에서 농도변화 경향이 없거나 감소하고 있는 것에 비해 PAH 농도는 상승하는 경향이었다[2]. PCB는 생산과 사용이 금지되어 있기 때문에 환경에 잔류하고 있는 PCB 농도는 감소하는 경향이지만, PAH는 PAH를 대상으로 한 규제가 없어 환경으로의 유입은 현재 진행형으로 계속되고 있기 때문에 환경에서의 농도가 증가하는 경향을 나타내는 것으로 생각된다. 발생원에 대한 규제의 유무에 따라서 환경에서의 농도도 차이가 확인되고 있다.

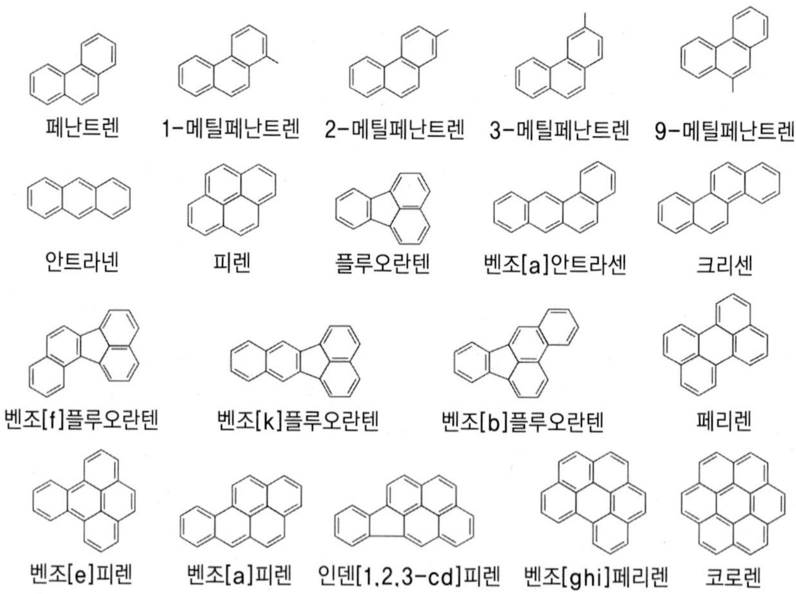

그림 5.1. 주요한 PAH의 구조식

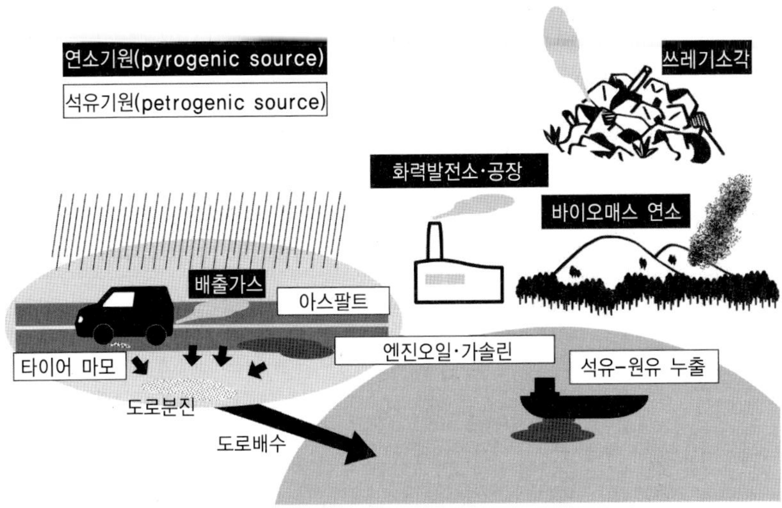

그림 5.2. PAH의 발생원

5.2. 독성

PAH의 일부 화합물에는 급성독성, 발암성, 변이원성[2)]變異原性, 내분비교란작용을 일으키는 것이 있다. 대기의 PAH 농도가 높은 지역에서는 사람의 발암리스크 상승이 우려되고 있다. 퇴적물에 PAH가 높은 농도로 축적되어 있는 경우는 수생생물에도 영향을 미칠 것으로 생각된다. 표 5.1은 PAH의 종류와 그 독성을 나타낸 것이다[3]. +의 수가 많을수록 발암성이 높다. 독성을 가진 대표적인 PAH로서 벤조[a]피렌(benzo[a]pyrene)이 있다. 독성을 나타내는 +기호는 3개이지만 발암성이 높은 다른 PAH보다도 환경에서의 존재량이 많다. 독성의 유무는 구조의 미세한 차이에 의해 좌우된다. 예를 들면 벤조[a]피렌이 독성을 가지는 것에 비해 그것의 이성체인 벤조[e]피렌은 독성이 없다. 30년 전의 분석기술로는 양쪽을 구별하는 것이 어려웠지만 현재는 가능하게 되었다.

2) 변이원성(mutage nicity) : 유전성의 변이를 유발하는 성질(출처 : 영양학사전)

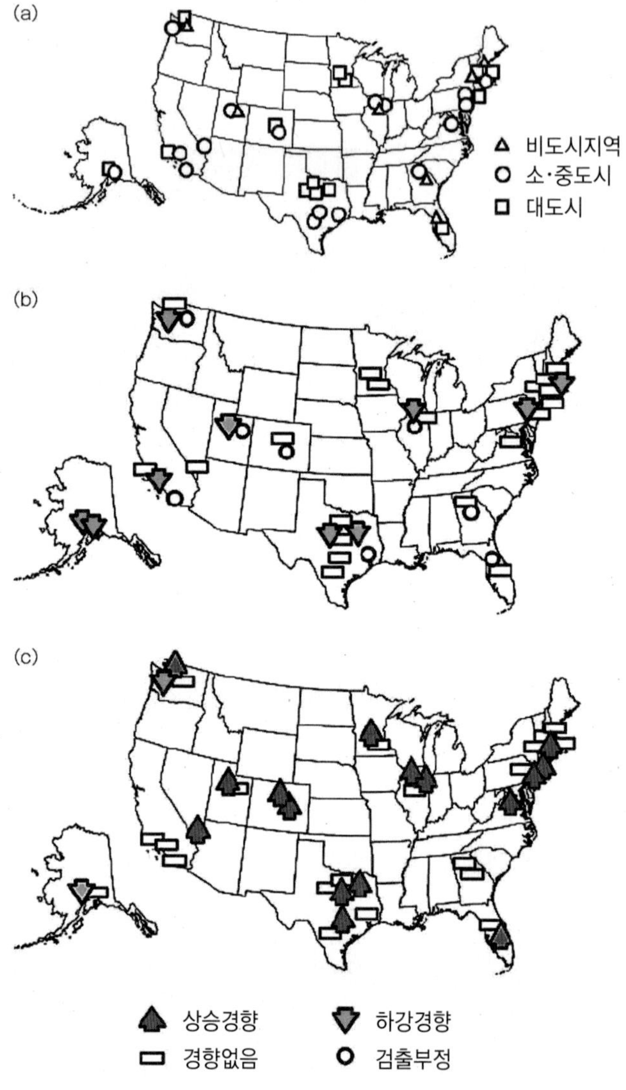

그림 5.3. 미국 호소 퇴적물의 PCB 및 PAH 농도의 1970~2001년 사이의 연간변화
(a) 시료채취 지점, (b) PCB, (c) PAH

P.C. Van Metre and B.J. Mahler, *Environ. Sci. Technol.*, **39**, 5569 (2005)

다이옥신과 Co-PCB가 평면적인 구조이기 때문에 방향족탄화수소 수용체(aryl hydrocarbon receptor : AhR)와 쉽게 결합되는 것처럼 평면적인 구조인 PAH도 AhR과 결합하여 그 독성이 발현된다. PAH가 Co-PCB와 다이옥신과 다른 점은 PAH는 AhR과 결합한 후에 약물대사효소인 시토크롬(cytochrome) P450에 의해서 수산화반응이 일어나기 쉽다는 점이다. 시토크롬(cytochrome) P450은 이 외에도 스테로이드 호르몬 합성에도 관여하고 있는 효소이다. 그 때문에 생리활성물질의 균형이 무너져서 내분비계로 영향을 미친다. 더욱이 수산화 과정에서 에폭시드(epoxide)와 옥사이드(oxide, 산화물)가 되면 그 구조에 의해 DNA를 손상시켜 기형을 일으키거나(최기형성催奇形性[3]), 악성의 종양을 발생시키기도 한다(발암성). 이와 같이 대사에 의해 독성이 증가하는 경우도 존재한다.

표 5.1. PAH의 독성

화합물	발암성
Benzo[*a*]anthracene	+
7,12-dimethylbenzo[*a*]anthracene	++++
Dibenzo[*a*, *j*]anthracene	+
Dibenzo[*a*, *h*]anthracene	+++
Dibenzo[*a*, *c*]anthracene	+
Benzo[*c*]phenanthrene	+++
Dibenzo[*a*, *j*]fluorene	+
Dibenzo[*a*, *h*]fluorene	불명
Dibenzo[*a*, *c*]fluorene	+
Benzo[*b*]fluoranthene	++
Benzo[*j*]fluoranthene	++
Benzo[*j*]aceanthrylene	++
3-methylcholanthrene	++++
Benzo[*a*]pyrene	+++
Dibenzo[*a*, *l*]pyrene	불명
Dibenzo[*a*, *h*]pyrene	+++
Dibenzo[*a*, *i*]pyrene	+++
Indeno[1,2,3-*cd*]pyrene	+
Chrysene	불명
Dibenzo[*b*, *def*]chrysene	++
Dibenzo[*def*, *p*]chrysene	+

+: 낮은 발암성, ++: 저~중 정도의 발암성
+++: 중정도의 발암성, ++++: 높은 발암성
B.K. Afghan and A.S.Y. Chau Eds., "Analysis of Trace Organics in the Aquatic Environment". p.221, CRC Press(1989)

3) 최기형성(teratogenicity) : 발생학과 병리학 분야에서 이상발육과 선천기형을 나타내는 성질이다 (출처 : 농업용어사전)

5.3. 물리·화학적 성질과 환경거동

PAH의 물리·화학적 성질은 벤젠 고리의 수와 분자량에 의해 증기압과 K_{OW}가 변한다. 그림 1.6과 그림 1.9의 증기압과 K_{OW}의 일람표에서 PAH의 증기압과 K_{OW}는 PCB 정도는 아니지만 비교적 넓은 범위를 가진다. PCB는 염소수의 차이에 의해서 물리·화학적 성질에 차이를 나타내지만 PAH의 경우는 벤젠 고리의 수에 의해 성질이 변한다.

물리·화학적 성질에 차이가 있지만 PAH는 전체적으로 소수성이 높은 물질이다. 물 속에서는 입자에 흡착된 상태로 많이 존재한다. 그림 5.4는 토쿄만東京灣 해수의 용존태와 입자태의 PAH의 존재비를 나타낸다. 3개

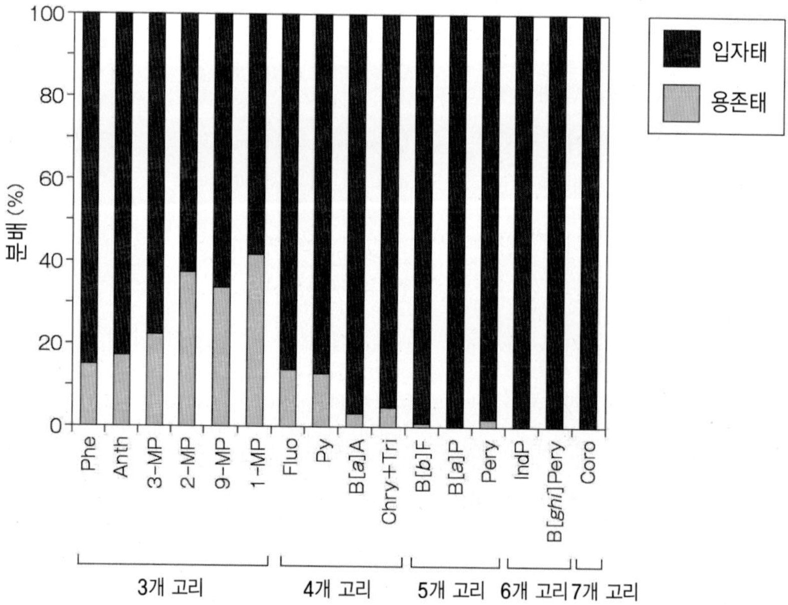

그림 5.4. 물 환경에서 PAH의 입자태와 용존태 사이의 분배

Phe: Phenanthrene, Anth: Anthrancene, MP: Methylphenanthrene, Fluo: Fluoranthene, Py: Pyrene, BA: Benzoanthracene, Chry: Chrysene, Tri: Triphenylene, BF: Benzofluoranthene, BP: Benzopyrene, Pery: Perylene, IndP: Indenopyrene, BPery: Benzoperylene, Coro: Coronene

고리, 4개 고리를 가진 PAH는 용존태로도 5~40% 정도 존재하고 있지만, 5개 이상의 고리를 가진 PAH는 대부분 입자 쪽에 존재하고 있다. 이것은 고분자가 되는 만큼 소수성이 커진다(K_{OW}가 커진다)라고 지금까지 각 장에서 설명한 법칙(소수성에 의존한 분배)으로 설명된다. 그러나 고분자 PAH는 그 법칙으로부터 예상되는 것 보다 많은 부분이 입자태로 존재한다. 이것은 고분자 PAH의 대부분이 연소에 의해 생성되어 연소 생성물의 그을음과 PAH는 구조적인 유사성에 의해 친화성이 높기 때문이며, 또한 연소될 때 그을음에 연소되어 고정되는 것처럼 PAH가 그을음에 흡착되기 때문에 용존태로 분배되기 어려운 것으로 생각된다. 고분자 PAH가 입자로 강하게 흡착되는 성질은 고분자 PAH를 생물이 이용하기 어렵고, 미생물에 의해 분해되기 어려운 원인도 된다. 그 결과 대부분의 PAH가 퇴적물에 축적되어 있다.

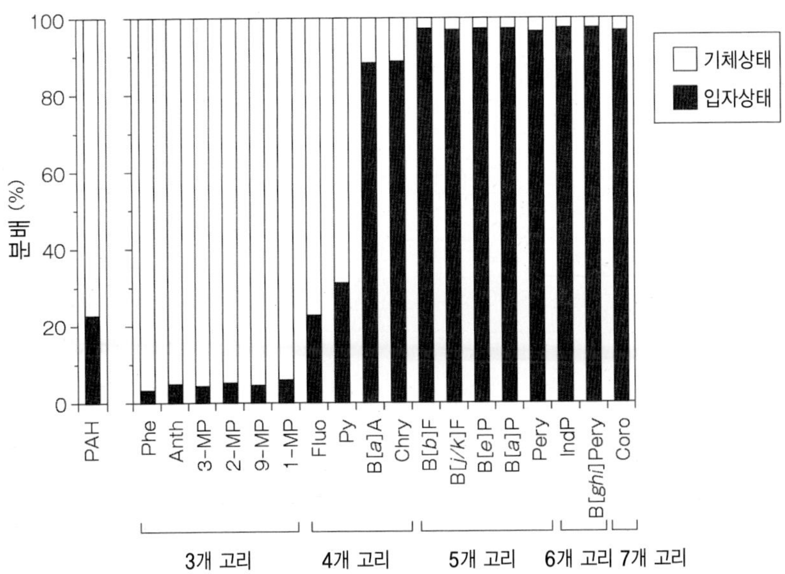

그림 5.5. 대기 환경에서 PAH의 기체상태와 입자상태 사이의 분배

M. Murakami *et al., Atmos. Environ.*, **54**, 13 (2012)

PAH는 대기에서도 입자태(에어로졸)로 많이 존재한다. 그림 5.5는 PAH의 기체상태와 입자상태의 존재 비율을 나타낸 것이다[4]. 검은색은 입자상태, 흰색은 기체상태를 나타내고 있다. 고리 3개 및 고리 4개의 PAH는 기체상태로도 많이(10~95%) 존재하지만, 고리 5개 이상의 PAH는 입자상태로 존재하는 비율이 매우 높다. 이러한 점은 PCB가 기체상태의 동족이성체가 많은 것과는 또 다른 경향이다. PCB는 지구 규모로 분산되지만 PAH가 발생원 근처에 머물기 쉬운 것은 이와 같은 입자와의 친화성 차이에 기인한다고 생각된다.

5.3.1. 대기에서의 거동

PAH의 대기에서의 이동성을 나타낸 연구 사례가 있다. 카와사키川崎, 후추府中, 오쿠타마奥多摩, 시가고원志賀高原 4개소에서 대기강하물(대기로부터 떨어지는 먼지와 비)을 채취하여 PAH의 건식 및 습식 침착량을 조사한 것이다. 공업지역인 카와사키川崎를 0 km로 하여 거리별로 PAH의 침착량을 정렬하면 그림 5.6과 같이 된다.

PAH의 발생원이 많은 카와사키川崎에서는 침착량이 많고, 오쿠타마奥多摩와 시가고원志賀高原 등 인간 활동이 적은 곳으로 갈수록 그리고 카와사키川崎로 부터의 거리가 멀어질수록 PAH의 침착량이 지수함수적으로 감소하는 것을 알 수 있다. PAH는 카와사키川崎 공업지대 이외에서도 발생하지만 카와사키川崎를 주요한 발생원으로하여 살펴 보면 발생원 근처에 대부분의 PAH가 침착되

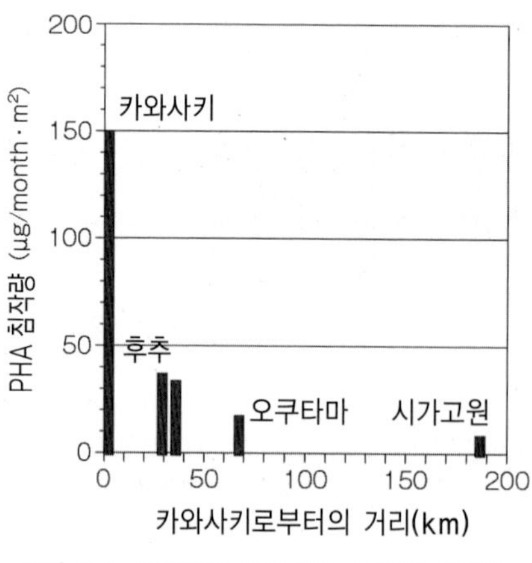

그림 5.6. 발생원으로부터의 거리와 PAH 침착량

며, 장거리로 운반되는 양은 적은 것을 알 수 있다. 일부의 PAH는 확실히 대기를 경유하여 장거리로 운반된다. 그러나 고분자 PAH의 증기압이 낮기 때문에 그 대부분은 입자상태로 존재하며, 결과적으로 발생원 근처에 침착되기 쉬운 것이다. 발생원 부근에 침착되는 것은-미국 보스톤 연안과 외해의 퇴적물에서 PAH를 측정한 결과 보스톤 근교로부터 외해로 거리가 멀어짐에 따라 퇴적물의 PAH 농도가 격감하는 것으로부터도 확인되었다[5].

5.3.2. 물 환경에서의 거동

여기서는 물을 경유한 PAH의 이동에 대해서 생각해보자. 자동차 운행에 기인하는 PAH는 도로 분진의 형태로 도로면에 존재하고 있다. 비가 내리기 시작한 직후, 그동안 쌓여 있던 입사가 일제히 씻겨 내려기기 때문에 도로 배수에는 현탁입자가 많이 포함되어 있다. 특히 고속도로 등 교통량이 많은 도로의 배수구에서는 고속도로를 주행하는 자동차, 고속도로의 아스팔트에서 유래한 도로 분진을 많이 포함한 도로배수를 채취할 수 있다.

고속도로의 배수구에서 물이 흐르기 시작한 후 시간별로 도로 배수를 채취하여 여과한 후 입자상태와 여액(용존상태) 각각에 대한 PAH 농도의 시간변화를 조사한 결과가 그림 5.7이다. 맑을 때에 노면에 축적되어 있던 분진이 비가 내리기 시작하면 비에 씻겨 내려가 현탁물이 높은 농도로 나타난다. 이것을 초기세척(first flash)라고한다. 초기세척(first flash)에 동반하여 PAH 농도의 peak가 나타나며, 강우의 후반에는 유량의 증가에 따라 현탁물의 양도-증가하고, PAH 농도의 peak도 관측되었다. 이러한 강우 이벤트로 도로 배수에 의해 공급된 PAH의 98%가 입자에 흡착된 상태인 것으로 계산되며, 물 환경으로의 PAH 공급은 입자의 거동에 의존하고 있는 것이 확인되었다. 따라서 입자를 제거할 수 있으면

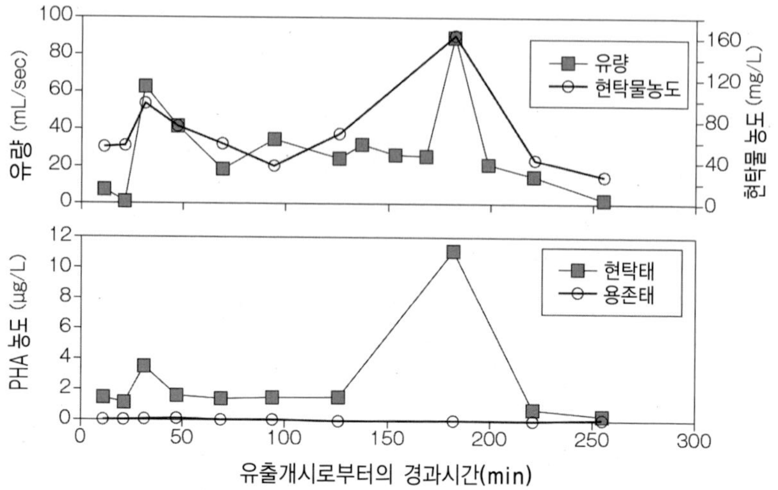

그림 5.7. 도로 배수의 현탁입자 중에서 PAH 농도와 유량의 관계

환경으로 공급되는 PAH를 줄일 수 있을 것이다. 물론 PAH와 같은 정도의 소수성을 가진 다른 소수성의 오염물질에 대해서도 마찬가지라고 할 수 있다. 이와 같이 비가 내리면 PAH는 도시 표면 유출수로서 연안 해역으로 운반되어 높은 소수성 때문에 퇴적물에 축적된다.

지금까지는 PAH의 발생원으로서 자동차 교통에 유래하는 것에 주목하였다. 그러나 환경 전체로의 PAH 공급을 생각하면 자동차에서 유래한 PAH의 기여는 크지 않을 것이다. PAH의 발생원은 비점원(면원) 및 점원으로 다방면에 걸쳐 있기 때문에 그 실태를 파악하는 것은 매우 어렵지만, 환경 전체로의 PAH 공급량에서 자동차 배출가스가 차지하는 비율은 수~20% 정도(예를 들면 문헌[6] 등)로 추정된다. 자동차 배출가스 이상으로 인간이 열이나 에너지를 얻기 위해 석탄·석유·천연가스·목재의 연소에 의한 PAH의 비율이 더 많다는 것이다. 그러나 PAH의 발생원 중 점원이 작은 도시지역의 도로 부근에서는 자동차 배출가스가 주요한 공급원이 되는 경우가 있다. 더욱이 배출가스 이외에도 자동차에 관련된 PAH의 공급원도 포함하면 자동차 교통에 의한 것은 결코 무시할 수 없는 PAH의 공급원이다. 최근 미국 중부와 동부의 주에서 주차장 등의 포장에 사용된 콜타르가 마모되어 도로 배수로 수역으로 유입되어 PAH의 큰 공급원이 되는 것이 밝혀져 텍사스주 등에서는 콜타르에 의한 포장을 하지 않게 되었다[1].

5.4. 기원 추정

PAH의 발생원에 대해 각 발생원으로부터의 발생량을 추정하여 양적으로 조사하는 것은 매우 어렵지만 PAH의 조성비를 이용하여 기원을 추정할 수 있다. 기원과 발생원별로 특이한 PAH 조성을 가지는 경우가 있어, 환경의 PAH 조성을 조사하면 PAH의 기원과 발생원은 추정할 수 있다. 여러 가지 PAH의 조성이 이용되고 있지만 석유기원 PAH와 연소기원 PAH를 판별하기 위해 가장 신뢰성 있는 방법은 알킬 PAH의 비율을 이용하는 것이다. PAH에는 메틸기를 가진 화합물이 존재한다. 예를 들면 페난트렌(phenanthrene)에 메틸기가 있는 것을 메틸페난트렌이라고 하며, 메틸기의 치환 위치에 따라서 5종류의 이성체가 존재한다. 페난트렌과 메틸페난트렌의 비율은 기원에 따라 다르다. 메틸페난트렌은 페난트렌보다도 열역학적으로 불안정하기 때문에 고온의 연소 생성물에는 페난트렌보다 메틸페난트렌이 적다. 한편 석유는 지각 속에서 유기물이 저온에서 변성되어 형성되므로 메틸페난트렌이 풍부하다. 따라서 페난트렌(P)에 대한 메틸페난트렌(MP)의 비(MP/P비)가 연소기원과 석유기원의 PAH를 식별하는 지표로 이용되고 있다. 그을음, 원유, 엔진오일, 아스팔트, 타이어 등 다양한 PAH의 기원 물질에 대해서 MP/P비를 분석한 결과, 이 비율이 0.5까지는 가솔린의 연소와 그을음, 목재 연소 등의 연소기원이고, MP/P비가 2보다 큰 경우는 엔진오일, 아스팔트, 타이어의 마모 등 석유기원으로 추정할 수 있다[7]. MP/P비가 0.5와 2 사이에 위치하는 것은 석유기원과 연소기원이 혼합되어 있는 것을 의미한다. 환경에는 다양한 기원으로부터 발생한 PAH가 혼합되어 있으므로 PAH의 기원이 혼합기원으로 되는 경우도 많다. 기원 추정의 비를 사용할 때에는 환경오염을 간단히 흑백으로 구별되는 것이 아니라 복합적인 요소가 중첩되어 있는 것을 염두에 두는 것도 중요하다. 또한 메틸기를 가지는 PAH는 페난트렌뿐만 아니라 크리센(chrysene)과 피렌 등에도 존재하기 때문에 이들 물질과 이들 물질의 총합을 이용하여 비를 계산하는 경우도 있다.

5.4.1. 열대 아시아 퇴적물의 PAH와 기원

그림 5.8은 열대 아시아 각국 도시지역의 운하와 연안 퇴적물의 PAH 농도(a)와 그 MP/P비(b)를 나타낸 것이다. 비교 대상으로서 일본의 PAH 농도와 문헌으로부터 정리한 전 세계 다양한 지역의 PAH 농도도 추가하였다. 이것은 세계 규모의 PAH 농도 범위를 의미한다[8]. 열대 아시아 각국의 도시지역에서 비도시지역에 비해 10~1,000배의 농도로 PAH가 검출되고 있다. PAH는 발생원 근처에 침착하는 경향이 있기 때문에 발생원이 도시지역에 집중하고 있는 것을 알 수 있다. MP/P비를 살펴보면 열대 아시아의 많은 도시지역의 PAH 오염은 석유기원인 것으로 추정된다. 인도 콜카타와 일본, 열대 아시아의 비도시지역에서는 연소기원이 많은 것도 알 수 있다.

열대 아시아의 도시 지역에서 석유기원 PAH는 타이어의 마모 부스러기와 자동차의 배출가스, 폐엔진오일의 누출 등을 생각할 수 있다. 배출가스는 연소 후 유출되는 PAH 뿐만 아니라 연소 후 남은 연료가 대기로 방출된 것도 공급원의 하나이다. 폐엔진오일은 관리의 불충분이 원인이 될 수 있다. 실제로 말레이시아에서는 폐엔진오일의 재활용 체제가 갖추

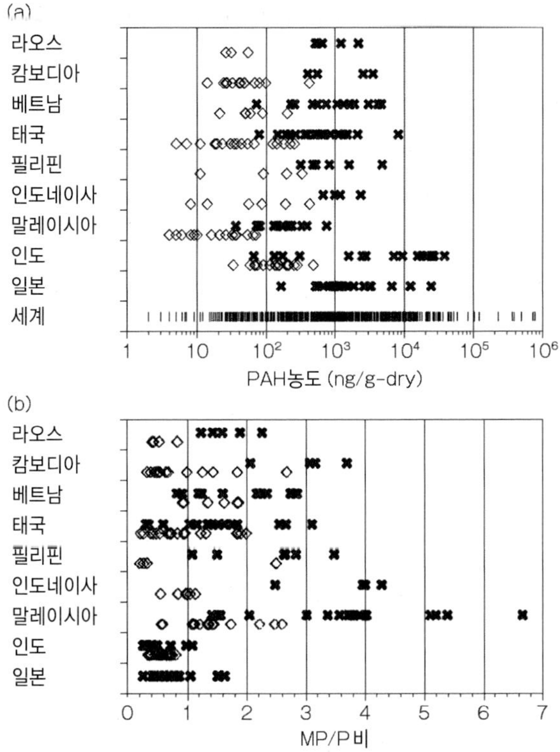

그림 5.8. 아시아 퇴적물 중에서 PAH농도(a)와 MP/P비(b)

×: 도시부분, ◇: 비도시부분

M. Saha *et al., Mar. Pollut. Bull.*, **58**, 193, 196 (2009)

어지지 않았기 때문에 폐엔진오일이 의도적, 비의도적으로 환경에 누출되어 수역의 석유기원 PAH의 공급원이 된 것이 밝혀지게 되었다[9]. 수도 쿠알라룸푸르의 교외에서는 드럼통으로부터 폐엔진오일이 누출되고 있는 광경도 목격되었다. 다른 열대 아시아 국가들에서도 자동차 및 폐기물의 불충분한 관리에 의해서 석유유래의 PAH가 환경으로 방출되고 있다. 이것들은 열대 지역 특유의 빈번한 호우에 의해 씻겨 활발하게 수역으로 유입된다. 경제적인 배경이나 자연요소가 겹쳐 오염물질의 유출이 많아지는 것이 열대 아시아에서 넓게 나타나는 문제일 수도 있다.

5.4.2. 대기의 PAH와 기원

그림 5.8(a)의 열대 아시아 각국 중 PAH 농도가 높으면서 그 기원은 연소유래의 기여가 높은 국가가 있다. 바로 인도이다. 인도의 도시지역 퇴적물의 PAH 농도는 다른 열대 아시아 국가들보다 한 자릿수 높은 농도를 나타내었다. 그러나 그 것의 MP/P비는 매우 낮기 때문에 이렇게 높은 농도의 PAH는 연소기원인 것을 강하게 시사한다. 그 원인을 찾기 위해 1년간 대기의 PAH를 채취한 필자들의 연구를 소개하겠다.

시료를 얻기 위해 우선 high volume air sampler라는 흡기장치를 이용하여 여과지로 대기입자를 포집하였다. 매주 1회 24시간 흡기시켜 포집한 시료 1개월치를 합쳐 1개 시료로 하여 분석하였다. 이 조사는 인도의 콜카타 외에 토쿄東京(일본), 하노이(베트남), 북경(중국)에서 수행하였다. 그림 5.9가 아시아 5개 도시의 PAH 농도의 연변화이다. PAH의 농도는 북경, 다음으로 콜카타에서 높게 검출되었다. 토쿄東京와 비교하여 1~2 자릿수 높은 농도이다. 그리고 모두 여름에 낮고, 겨울에 높아지는 경향이었다. 계절변화의 원인으로 대기 안정도의 차이도 고려해야 한다. 여름철은 대기의 혼합층이 두꺼워 지고 겨울철은 얇아진다. 결국 같은 양의 물질이 대기로 방출되어도 겨울이 물질을 받아들이는 용기(순환층)의 크기가 작아지기 때문에 농도가 높게 나타나는 것이다. 이 효과를 마커(marker)와의 비율을 계산하여 고려하더라도 콜카타와 북경에서는 겨울철에 대기로의 PAH의 유입이 커지는 것으로 나타났다. 두 도시 모두 MP/P비와 다른 조성비 모두가 연소기원을 나타내었고, 두 도시에서 겨울철의 연소활동이 활발해짐에 따라 대기의 PAH 농도가 증가한다고 생각된다. 북경에서는 11~3월의 겨울철 난방용 석탄의 연소가 주된 원인으로 생각된다. 콜카타는 아열대 지역에 위치하기 때문에 11~3월은 겨울철이라기 보다는 건기이며, 기온도 난방이 필요할 만큼 떨어지지 않기 때문에 대기의 PAH 농도의 상승은 난방 유래라고는 생각하기 어렵다. 콜카타에서는 건기가 되면 벽돌 생산 등 야외에서 연소를 수반하는 공업활동이 활발해진다. 이러한 공업활동에 따른 석탄 연소가 건기에 활발해지는 것이 콜카타에서 겨울철 PAH 농도의 상승 원인이라고 생각된다.

그림 5.9에 나타난 것처럼 겨울철 북경에서는 난방용으로 대량의 석탄을 연소하는 것에 의해 대기 에어로졸의 PAH 농도가 현저하게 높아진다. PAH에는 발암성을 가지는 성분이 포함되어 있으므로 건강에 영향을 미칠 것이 우려된다. 최근 $PM_{2.5}$(입경 2.5 ㎛ 이하의 미세입자)에 의한 대기오염과 중국으로부터 날아온 것들에 의한 영향이 우려되고 있다. 겨울철 북경의 PAH 농도에서는 그러한 우려도 당연한 것으로 생각된다. 그러나 이 장의 앞부분에서 설명한 것과 같이 입자 흡착성이 강한 PAH

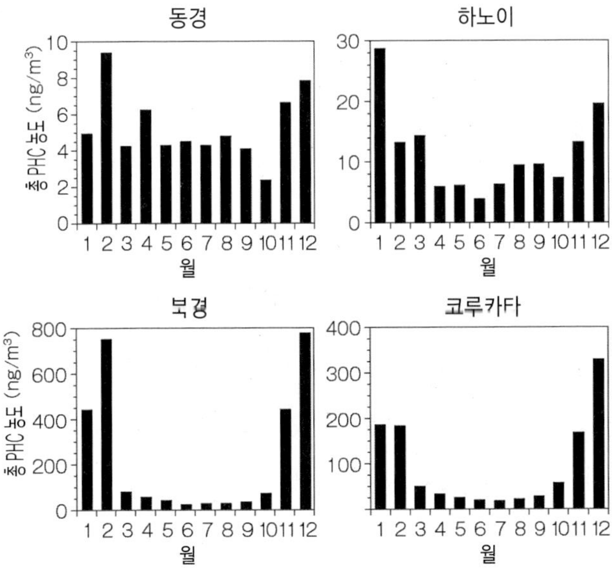

그림 5.9. 아시아 4개 도시의 대기 PAH 농도의 계절변화

는 발생원 근처에 급속하게 침착되기 때문에 북경의 겨울철에 관측된 PAH가 그대로의 농도로 일본까지 날아 올 것으로 생각하기 어렵다. 실제로 그림 5.9에 나타나있는 것처럼 토교東京의 대기 에어로졸의 PAH는 겨울철에 현저한 상승을 나타내지 않는다. 다소의 농도 상승은 겨울철 대기 혼합층이 얇아지기 때문일 것이다. PAH에 의한 인간의 건강 영향을 우려 한다면 보다 가까이에 있는 PAH 발생원, 자동차 배출가스나 담배 연기 등을 신경써야 할 것이다.

5.5. 생물농축

자동차나 난방 등 인간의 생활에 동반되는 활동에 의해 발생한 PAH는 대기로 확산되면 발생원 근처에 침착되어 비가 내리면 표면 유출에 의해 수역에 유입되어 퇴적물에 축적된다. 그러면 물속의 생물에는 어떻게 축적되고 있을까?

일반적으로 소수성 높은 물질은 입자에 흡착되기 쉽고, 생물농축(bioconcentration)이 되기 쉬운 물질인 것은 개론에서 이미 언급하였다. 또한 생물증폭에 대해서는 그 물질이 체내에서 대사를 받기 쉬운지의 여부가 열쇠가 되는 것도 이미 설명했다. 예를 들면 PCB는 소수성이 높고, 대사도 상대적으로 받기 어려우므로 생물농축과 생물증폭 모두가 일어나지만 PBDE 중에는 대사를 받기 쉽고, 생물증폭되기 어려운 성분이 있다. 그러면 PAH는 어떻게 생물농축되는 것일까? 그림 5.10에서는 PCB와 마찬가지로 질소의 안정동위원소비를 가로축, PAH의 농도를 세로축으로 하여 두 성분의 상관관계를 나타낸 것이다[10]. 질소의 안정동위원소비가 높아져도 PAH 농도는 변하지 않거나 감소하는 경향이 있다(그림 2.10). 크리센(chrysene)과 같은 정도의 소수성을 가지는 PCB인 CB52(4염소)는 양(+)의 기울기를 가지고 있었다. PCB에서는 먹이사슬을 통해 농도가 증폭되는 것에 비해 PAH에서는 증폭이 나타나지 않고, 감소 경향을 나타내는 것이 밝혀졌다. 먹이사슬을 통하여 PAH의 농도 감소가 나타나는 것은 먹이사슬 상위 단계의 생물에서 대사와 배출이 기여하고 있는 것으로 추정된다.

1장 「개론」의 그림 1.13과 같이 물질이 생물에 흡수되어 배설될 때까지에는 흡수, 분배, 대사, 배설이라는 다양한 단계가 요구된다. 그 중에서 간은 이물질을 배출하기 위해 소수성 물질이 친수성이 되도록 수산화 과정을 일으킨다. 5.2절의 독성 항목에서도 설명한 것과 같이 PAH는 PCB와 비교하여 생체내의 대사에서 수산화 반응이 일어나기 쉽다. 그 때문에 이매패나 갑각류보다도 대사 능력이 높은 어류에서는 대사가 일어나서 체외로 배출되기 때문에 생물증폭은 일어나지 않는 것이다.

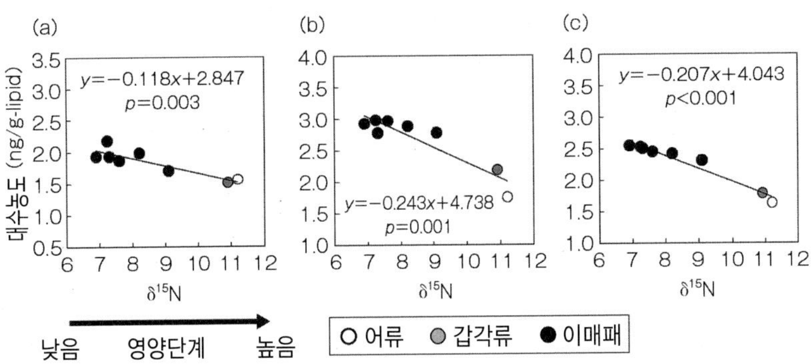

그림 5.10. PAH의 생물증폭

(a) 안트라센(anthracene), (b) 플루오란텐(fluoranthene), (c) 크리센(chrysene)

참고문헌

1) P.C. Van Metre and B.J. Mahler, *Environ. Sci. Technol.*, 63, 7222(2014).
2) P.C. Van Metre and B.J. Mahler, *Environ. Sci. Technol.*, 39, 5567(2005).
3) B.K. Afghan, A.S.Y. Chau Eds, "Analysis of Trace Organics in the Analysis Environment", CRC press(1989).
4) M. Murakami *et al., Atmos. Environ.*, 54, 9(2012).
5) M.J. Kennish, "Practical Handbook of Estuarine and Marine Pollution", CRC Press(1996).
6) A.H. Neilson Ed., "PAH and Related Compounds", Springer(1998).
7) M. Saha, H. Takada and B. Bhattacharya, *Environ. Forensics*, 13, 312(2012).
8) M. Saha *et al., Mar. Pollut. Bull.*, 58, 189(2009).
9) M.P. Zakaria, *Environ. Sci. Technol.*, 36, 1907(2002).
10) I. Takeuchi *et al., Mar. Pollut. Bull.*, 58, 663(2009).

06

석유오염

석유오염은 원초적인 환경오염의 하나이다. 지금까지 기술한 PCB와 PBDE는 인간이 합성하여 만든 화합물이고, 다이옥신류는 염소를 포함한 플라스틱의 연소 등에 의해 생성되는 화합물이다. 이들 물질은 그 화학물질을 사용하지 않으면 줄일 수가 있다. 그러나 현대사회에서 석유로부터 완전하게 벗어나서 생활하는 것은 어렵다. 즉 석유오염은 인간이 활동하면 필연적으로 발생하는 오염으로서 사회의 근대화와 함께 오래전부터 발생하고 있는 오염이다. 이와 같은 의미에서 석유오염은 원초적인 오염으로 취급된다. 석유오염의 이미지는 유조선의 좌초나 유전에서 사고가 일어나는 것 등에 의한 원유의 유출 등이 있을 것이다. 이러한 사고에 의한 오염은 특정수역에서 단기간에 대량의 석유가 유출되어 피해를 일으키지만 실제로는 일상적으로도 오염이 발생하고 있다. 이 장에서는 과거에 일어난 석유유출 사고의 사례와 석유에 함유되어 있는 성분의 잔류성과 독성, 환경에서의 분해성, 분산제의 문제에 대해 기술하겠다.

6.1. 외국·일본에서 일어난 석유 유출 사고와 그 영향

전 세계적으로 2년에 1회 정도의 빈도로 대규모의 석유 유출 사고가 발생하고 있다. 표 6.1에 전 세계의 바다와 일본의 바다에서 일어난 주요한 석유 유출 사고를 정리하였다.

1967년에 일어난 토리캐넌호(Torrey Canyon) 사고는 영국 남서부 근해와 프랑스 북부 해협 사이에서 발생하였다. 원유 유출량은 약 120,000t을 넘었다. 그 이전에는 국제적으로 원유의 이동량이 그다지 많지 않았기 때문에 이러한 대규모의 석유 유출 사고는 발생하지 않았다. 즉 이 토리캐넌호(Torrey Canyon)가 세계 최초의 대규모 석유 유출 사고였다고 할 수 있다. 그 때문에 석유 유출 사고가 일어나면 대표적인 사례로서 인용되는 사고이다. 이 사고에서는 대량의 유처리제(분산제, 계면활성제로 이루어짐)를 사용하여 생물에 큰 영향을 미쳤다. 그 때 살포된 분산제는 노닐페놀 에톡시레이트(nonylphenol ethoxylate)라고 하는 내분비장애 작용을 가진 물질을 생성하거나 급성독성을 가지거나 하는 물질이었다. 이 석유와 분산제가 생물에 영향을 미친 결과 10,000 마리 이상의 바다새가 사망하였다. 이로 인해 사고 후 분산제 성분을 변경하게 되었다.

1969년에는 미국 메사추세츠주 교외의 웨스트 팰머스(West Falmouth)에서 6,000t의 연료유가 유출되는 사고가 발생하여 수많은 랍스터, 어류, 연체류 등이 사망하였다. 토리캐넌호(Torrey Canyon) 사고에 비해 10분의 1 정도의 양이지만, 이 사고는 석유오염의 연구(유출된 석유의 거동 이해)라는 점에서 중요한 의미를 가지고 있다. 거기에는 우즈홀 해양연구소(Woods Hole Oceanographic Institute)라고 하는 큰 해양학 연구소가 가까이 있었기 때문에 이 연구소의 연구자들에 의해 해저퇴적물에서의 석유 잔류물과 그것들이 저서생물에 미치는 영향에 대한 기초적인 연구가 이루어졌다. 그리고 사고가 일어난 시점에서의 조사뿐만 아니라 10

표 6.1. 주요 석유 유출 사고

순위	년	해역	원인	추정량(t)
유조선 사고에 의한 원유 유출				
세계				
1	1979	트리니다드 토바고 연안	Atlantic Empress호	287,000
2	1991	Angola 700마일 연안	ABT Summer호	260,000
3	1983	남아프리카 케이프타운 70마일 연안	Castillo De Bellver호	252,000
4	1978	프랑스 브르타뉴 연안	Amoco Cadiz호	223,000
5	1991	이탈리아 제노바	Haven호	144,000
6	1988	캐나다 노바스코샤 700마일 연안	Odyssey호	132,000
7	1967	영국 실리 제도	Torrey Canyon호	119,000
8	1972	오만 오만만	시스타호	115,000
9	1980	그리스 나바리노만	이레네스 세레나데호	100,000
10	1976	스페인 코루냐만	Urquiola호	100,000
11	1977	하와이 호놀룰루 300마일 연안	Hawaiian Patriot호	95,000
12	1979	터키 보스포라스 해협	Independents호	95,000
13	1975	포르투칼 포르투	Jakob Maersk호	88,000
14	1993	영국 셰틀랜드섬	Braer호	85,000
15	1989	모로코 대서양연안 120마일 연안	Khark호	80,000
16	1992	스페인 코르냐만	Aegean Sea호	74,000
17	1996	영국 밀포드 헤븐	Sea Empress호	72,000
18	1985	이란 카르크섬 연안	ノウァ호	70,000
19	1992	모잔비크 마프토 연안	Katina P호	66,700
20	2002	스페인 갈리시아 지방 근해	Prestige호	63,000
·	·	·	·	·
·	·	·	·	·
35	1989	알라스카 프린스 윌리암만	Exxon Valdez호	37,000
일본				
1	1997	시마네현島根県 오키시마隠岐島 연안	Nahodka호	6,240
2	1997	토쿄만東京湾 나카노세中ノ瀬	Diamond·Grace호	1,550
유조선사고 이외에 의한 원유 유출				
1	1991	쿠웨이트 페르시아만	걸프전쟁에 의한 쿠웨이트 유전 파괴	1,000,000
2	2010	멕시코만 루이지애나 60마일 연안	BP사 Deepwater·Horizon 유전사고	700,000
3	1979	멕시코 Campeche만	IXTOC유전으로부터의 분출	450,000~1,400,000
4	1983	북페르시아만	이란·이라크 전쟁에 의한 노루즈유전 파괴	140,000

J. W. Farrington, *Environment: Science and Policy for Sustainable Development*, **55**, 4-5(2013); 環境統計集(http://www.env.go.jp/doc/toukei/contents/index.html)을 근거로 작성.

년, 20년, 30년 후 등 장기간에 걸쳐 활발하게 조사가 이루어졌다. 이때의 연구로 기름은 통상적으로 물보다 가볍지만 석유 성분의 일부가 해저로 가라앉아서 저서생물에 영향을 미치는 것이 밝혀졌다. 해저는 빛과 산소의 공급이 없기 때문에 물질의 분해가 일어나기 어려운 환경이며, 한번 해저에 가라앉은 석유 성분은 장기간 해저에 머문다[1].

갯벌의 주상퇴적물 시료를 채취하여 석유 성분을 분석한 결과 석유 유래의 탄화수소가 30년 후에도 퇴적물에 남아 있는 것이 확인되었다[2]. 석유가 해저로 운반되는 것, 장기간 잔류하는 것을 학술적으로 해명할 수 있었고, 석유 오염을 이해하는데 있어서 커다란 발견이었던 유출사고라 할 수 있다.

1980년대에는 1960년대보다도 석유의 사용량이 늘어나고, 운송량도 많아졌다. 1989년에 일어난 엑슨발데즈호(Exxon Valdez)의 사고에서는 37,000t의 원유가 유출되어 약 800km에 이르는 알래스카만의 연안에 표착하였다. 36,000마리의 새와 약 5,000 마리의 해달 사망이 확인되었다. 석유가 유출되는 것은 사고에 의한 것뿐만 아니라 걸프전쟁에서 1991년에 페르시아만 전역의 쿠웨이트 유전이 파괴되어 인위적인 석유유출이 발생하였다. 1,600,000t의 석유가 유출된 것으로 추정되었다.

대규모의 석유유출 사고는 일본 근해에서도 발생하였다. 1997년 1월에 일어난 나호토카호(Nakhodka) 중유 유출사고는 중유를 운반하던 유조선이 동해에서 파손되어 발생하였다. 6,240t의 중유가 해상으로 유출되어 10개 부현府県[1]의 연안에 표착하였다. 수많은 자원봉사자가 제거작업에 매달렸다.

그리고 같은 해 7월에는 토쿄만東京湾에서도 원유 유출 사고가 일어났다. 토쿄만東京湾의 나카노세中ノ瀬에서 유조선이 좌초되었기 때문이다. 유

1) 부府, 현県 : 일본의 행정구역 단위로 우리나라의 도道에 해당한다.

조선 바닥의 종류는 2중바닥과 한겹 바닥 2종류가 있지만 이 사고를 일으킨 유조선은 한겹이었다. 한겹 바닥은 2중바닥에 비해 운반할 수 있는 석유량은 많지만 그 만큼 석유 유출의 위험이 크다. 이 사고는 안전성보다 효율을 중시하였기 때문에 일어났다고도 할 수 있다. 원유의 유출량은 1,550t으로 다른 사고에 비해 규모는 작지만 케이힌운하京浜運河 등 도심에 가까운 운하에 원유가 표착하거나 저분자의 석유성분이 휘발되어 바람에 의해 만의 연안지역으로 운반되는 피해가 발생하였다.

최근에 일어난 석유 유출 사고로는 2010년 딥워터 호라이즌(Deepwater Horizon)의 원유 유출 사고이다. 딥워터 호라이즌(Deepwater Horizon)은 멕시코만내에 만들어진 석유 굴착시설이다. 해저유전으로부터 굴착한 석유를 파이프라인으로 정유소로 운반하는 중계점이다. 그러나 안전관리의 부족으로 폭발과 화재가 발생하여 심해에서 굴착 중이었기 때문에 석유의 유출을 바로 멈출 수가 없어 약 3개월간 원유 유출이 계속되었다. 최종적인 원유 유출량은 700,000t에 달하고, 엑슨발데즈호(Exxon Valdez)와 토리캐넌호(Torrey Canyon)의 10배 이상이나 되었다. 이 사고에 의해 많은 야생동물이 피해를 입었고, 2-부톡시에탄올(2-Butoxyethanol)이라는 독성이 우려되는 분산제가 살포되었다.

이러한 석유에 의한 해양오염이 발생함에 따라 몇몇의 국제협약이 생기게 되었다. 원래 해양에 관한 법률은 1960년대에 영해와 공해를 결정한 제네바 해양법협약이 제정되어 있었다. 그 후 그것을 전신으로 한 해양에 관한 일반적인 원칙을 정한 유엔해양법협약이 1982년에 채택, 1994년에 국제적으로 발효되었다[3]. 일본에서는 1996년 7월에 발효되었다.

그 이외에도 석유오염에 특화된 협약이 존재한다. 하나는 「1973년 선박으로부터의 오염방지를 위한 국제협약에 관한 1978년의 의정서(MARPOL 1973/1978협약)」이다[4]. 1967년의 토리캐넌호(Torrey Canyon)

의 대규모 석유 유출 사고 등을 계기로 「1973년 선박으로부터의 오염방지를 위한 국제협약(MARPOL 협약)」이 만들어졌다. 당시 유조선의 대형화와 기름 이외의 유해물질의 해상운송이 증가되었기 때문에 기름뿐만 아니라 그 외의 유해물질에 대해서도 규정한 협약이 되었다. 그러나 MARPOL협약은 기술적으로 만족될 수 없는 사항이 많아 발효되지 못하였고, MARPOL협약을 수정한 MARPOL 1973/1978협약이 1978년에 채택되었다. 일본은 1983년 6월에 가입, 10월부터 발효하였다. 또한 MARPOL은 marine pollution의 약어이다.

MARPOL 1973/1978협약은 사고뿐만 아니라 석유의 운송활동에 동반되는 오염에 대해서도 효력을 가진다. 유조선은 석유를 싣고 목적지로 가서 석유를 내린 후 안정성을 위해서 탱크에 해수를 채워 돌아가서 석유산출국에서 석유를 싣기 전에 그 해수를 버린다. 이 해수를 선박평형수라 부른다. 선박평형수에는 탱크 속의 기름이 포함되어 있기 때문에 누적량으로는 석유 유출 사고 이상의 석유오염원이 된다. 이 협약이 발효되기 전까지 선박평형수의 방출에는 규제가 없었다.

MARPOL 1973/1978협약에서는 유조선이 일상적으로 운항할 때 선박평형수를 배출해도 좋은 해역 · 금지하는 해역 등도 정해져 있다. 이러한 효과에 의해 일본에서 1990년대의 타르볼(tar ball, 기름덩어리, 상세한 것은 뒤에 기술)의 표착 및 표류량은 1970년대의 10% 정도까지 격감하였다.

또 하나는 「유류오염 대비, 대응 및 협력에 관한 국제협약(OPRC협약)」이다[5]. OPRC협약은 대규모의 기름유출사고 발생시에 각 국가의 대응과 협력체제를 정비하기 위한 협약이다. 해양환경보전을 위한 배려에서 생겨난 대책으로 1990년 11월에 채택되어 1995년 5월에 국제적으로 발효되었으며, 일본은 1996년 1월에 발효되었다.

6.2 석유오염의 발생원

지금까지는 사고를 중심으로 설명하였지만 해양에서 석유오염의 발생원은 사고에 의한 유출보다도 실제로는 일상적인 부하가 더 크다. 예를 들어 걸프전쟁 전후에 페르시아만에서 이루어진 석유오염 조사에서는 걸프전쟁 후가 석유탄화수소에 의한 오염 수준이 감소하였다. 걸프전쟁 당시 파괴된 유전으로부터 대량의 석유가 페르시아만으로 유출되어 걸프전쟁 후의 오염수준이 상승할 것으로 우려되었지만 페르시아만의 굴과 퇴적물 중 탄화수소의 양은 전쟁 후가 낮아져 있었다. 전쟁 기간 중에 유조선의 운행과 석유 생산이 이루어지지 않아 일상적인 유출이 줄었기 때문으로 생각된다[6]. 석유 유출 사고에 의한 오염보다도 일상적인 공급원의 기여가 더 큰 것을 나타내는 하나의 사례이다.

표 6.2에 전 세계 석유오염 발생원의 비율을 통계적으로 나타내었다 [7]. 이 표에 따르면 유조선의 사고 등 석유의 운송과 관련된 비율은 12% 정도 이다. 이전에는 높은 비율을 차지하고 있었던 선박평형수도 최근에는 매우 낮은 비율이 되었다. 석유오염의 발생원으로 석유 운송과 관련된 세척수 이상의 비율을 나타내는 것이 도시·공장으로 부터의 배수(표 6.2의 「석유의 소비」에 해당)이다. 석유의 대부분은 육상에서 사용·연소되지만, 석유 유래 탄화수소의 대부분이 최종적으로는 해역으로 유입된다. 그 외의 기원으로서 천연 유래의 공급원도 존재한다. 해저와 호수바닥에서 자연적으로 용출되는 석유이다. 인위적인 공급원이 감소한 영향도 있고, 현재는 공급원의 약 절반이 천연기원이 되었다. 석유는 원래 지각 속에서 열과 압력이 작용하는 환경에서 생물의 유해로부터 자연적으로 만들어진 것이다. 인류가 탄생하기 이전부터도 석유는 자연적으로 용출되고 있었다. 즉 일정량의 석유는 자연계에 원래 존재하고 있던 것이다. 이것은 석유의 미생물 분해를 생각하는데 있어서 중요한 것

이다. 즉 석유를 분해하는 미생물도 석유와 함께 태고로부터 존재하였고, 진화해 왔기 때문에 석유를 분해할 수 있는 미생물이 낮은 밀도이지만 자연계에는 여러 종이 존재하는 것이다. 한편 불과 수십년 사이에 지구상에 등장한 합성화합물질인 PCB의 경우에는 그것을 분해하는 미생물이 극히 한정되어 있다.

표 6.2. 석유의 연간 부하량(1990~1999년 평균)

항 목	부하량 (천톤)	
천연 누출	600	
석유 채굴	38	
Platform		0.86
대기침착		1.3
기름혼탁수		36
석유의 수송	150	
파이프라인		12
유조선		100
공정상의 배출		36
연안시설		4.9
대기침착		0.4
석유의 소비	480	
육상유래(하천 및 표면유출)		140
유조선 이외의 선박		7.1
공정상의 배출		270
대기침착		52
항공기연료		7.5
합 계	1,300	

6.3. 석유의 성분과 독성

그러면 석유라는 것은 도대체 무엇으로 이루어져 있을까? 그 주성분은 무색투명의 저분자량의 탄화수소이다. 원유와 중유는 검고 점성이 있는 이미지이지만 이것은 질소와 산소, 유황을 함유하는 분자량 500 이상의 고분자의 탄화수소에 의해 이루어진 성질이다. 탄화수소 중 분자량 500~50,000의 축합다환방향족을 수지(resin)라고 부르며, 이것들이 층상 구조를 가지는 것을 아스팔텐(asphaltene)이라 부르고, 아스팔텐의 분자량은 1,000~100,000 정도이다. 수지는 분자량이 작기 때문에 점성도 낮고, 저분자의 유기용매에 용해되지만 아스팔텐은 분자량이 크고 점성도 커서 유기용매에는 녹기 어렵다.

석유오염에 의한 독성을 생각하는데 있어서 중요한 것은 탄화수소의 종류이다(그림 6.1). 탄화수소는 포화탄화수소와 불포화탄화수소로 크게 나눌 수 있고, 불포화탄화수소의 일종으로 방향족탄화수소가 있다. 방향족탄화수소는 독성을 가지는 것이 많다. 포화탄화수소는 사슬형 알칸, 가지달린 알칸, 고리형 알칸 및 이들이 조합된 것들로 구성된다. 한편 방향족탄화수소 이외의 탄화수소는 지방족탄화수소로 총칭된다.

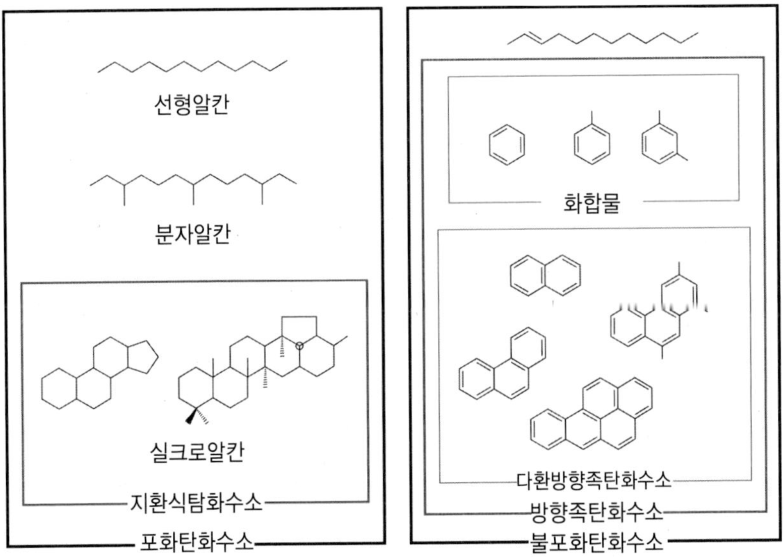

그림 6.1. 석유에 들어있는 탄화수소의 구조식

급성독성이 큰 탄화수소의 대표는 BTX이다. BTX는 벤젠(benzene), 톨루엔(toluene), 자일렌(xylene)의 총칭이다. 모두 휘발성이 높다. 그리고 5장에서도 설명한 것과 같이 벤젠이 복수 축합된 고분자의 PAH에도 휘발성과 내분비교란성이라는 독성이 있다. PAH의 발생원은 여러 가지가 있지만 그 중 하나가 석유이다. 이상의 것들을 정리하면 석유 중의 탄화수소에서 문제가 되는 것은 독성이 강한 BTX 및 PAH이며, 급성독성은 벤젠고리 1~2개, 발암성 등의 만성독성을 가진 성분은 주로 벤젠고리 4개 이상의 PAH이다.

우리가 일상적으로 사용하고 있는 가솔린과 등유는 원유를 정유장에서 정제하여 만들어진다. 원유를 증류하여 끓는점이 낮은 것부터 목적에 따라 추출한다. 따라서 가솔린과 등유에는 고분자의 PAH가 아주 소량 함유되어 있을 뿐이고, 급성독성이 큰 BTX를 많이 함유한다. 한편 윤활유와 아스팔트 등은 만성적인 독성이 큰 고분자의 PAH를 많이 함유하고 있다.

그러면 석유는 실제로 생물에 어떠한 영향을 미칠까? 석유가 생물에 미치는 영향은 물리적인 것에서 화학적인 것 까지 폭넓고, (1) 석유가 생물의 표면을 덮는 것에 의한 영향, (2) 급성독성, (3) 만성독성 등을 들 수 있다.

(1) 석유가 생물의 표면을 덮는 것에 의한 영향

이것에 대한 사례로서 표면이 석유로 덮혀 조류 깃털의 발수·보온효과가 저하되고, 체온을 유지할 수 없게 된 바다새의 동사를 들 수 있다. 석유의 독성이 체내로 흡수되는 것에 의한 영향도 생각할 수 있지만 표면을 덮는 것에 의한 영향이 더 큰 것으로 알려져 있다. 또한 해조류가 석유로 덮이면 광합성과 호흡에 방해되기 때문에 해조류의 사멸도 일으킬 수 있다.

(2) 급성독성

앞에서 설명한 것과 같이 저분자의 PAH가 원인이 된다. 벤젠, 톨루엔, 자일렌 외에 나프탈렌, 페난트렌과 같은 벤젠고리가 2개 또는 3개가 축합된 저분자의 PAH도 높은 급성독성을 가진다. 이들 급성독성에 대한 민감도는 생물에 따라 서로 다르다. 동물플랑크톤이 식물플랑크톤보다도 민감하다. 어류의 민감도는 어종에 따라 크게 차이가 나지만 성어보다도 치어와 알(어란)의 민감도가 높다. 또한 게 등의 갑각류는 석유에 민감하다.

(3) 만성독성

석유에 의한 만성독성에는 발암성과 기형유발성, 내분기교란작용이 포함되어 있다. 만성독성은 모든 석유성분이 가지고 있는 것이 아니라 주로 고분자의 PAH에서 확인되어 있고, 구체적으로는 벤조[a]피렌, 벤조[b]플루오란텐, 크리센 등을 들 수 있다. 또한 PAH가 생물체내에서 대사(산화)되어 독성이 커지는 경우도 있다.

6.4. 석유성분의 환경거동

그림 6.2는 원유와 중유에 함유되어 있는 사슬형 방향족탄화수소(사슬형 알칸)의 PAH 비율을 나타낸 것이다. 같은 원유에서도 산지에 따라 성분비가 서로 다르다. 원유에서는 PAH의 비율이 낮지만 증류하는 도중 높은 끓는점 부분의 중유에서는 PAH의 비율은 높아져 있다. 중유 유출 사고를 일으킨 나호토카호(Nakhodka)가 운송한 C중유(벙커C유, 나호토카 C중유로 약칭함)는 특히 PAH의 비율이 높은 특징이 있었다[8]. 즉 생물에 만성적인 영향을 미치기 쉬운 중유가 되는 것이다. 나호토카호(Nakhodka)의 중유 유출 사고 시에 분산제의 대규모 살포는 없었다. 이것은 장기적인 안목에서 환경보전이라는 관점으로 평가된다. 이 중유를

분산제로 분산시키면 만성독성을 가진 성분이 환경으로 퍼져나가게 된다. 산지와 종류에 따라 함유되어 있는 성분의 차이가 있다는 것은 거기에 따라서 구축하는 대책도 달라지게 된다. 일본 해상보안청에서는 세계 각지로부터 얻어진 원유를 분석하여 그 성분에 대한 데이터베이스를 구축하였다. 석유오염이 일어났을 때의 대책으로서 오염원이 되는 것에 어떠한 것이 함유되어 있는지를 아는 것이 중요하기 때문이다.

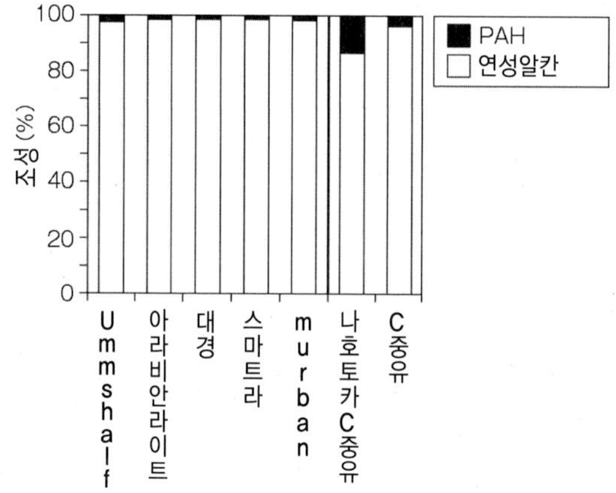

그림 6.2. 원유와 중유의 PAH 및 사슬형지방족 탄화수소의 조성

호리노우치 아이堀之内 愛 등, 沿岸海洋研究, **37**, 23(1999)를 기초로 작성

그림 6.3은 환경으로 유출된 석유의 거동을 나타낸 모식도이다. 유출된 석유는 유막을 만들어 수면 위에 떠 있기 때문에 저분자 성분은 휘발하여 대기로 날아간다. 그리고 저분자 성분은 점성이 낮고, 수용성도 상대적으로 높기 때문에 일부는 해수에 녹는다. 이렇게 하여 남은 유막 성분의 비중은 크고, 점성도 커져 타르볼이 된다. 그리고 타르볼의 비중이 해수보다 커지게 되면 가라앉아 해저로 침강한다. 석유가 해저에 머무는 과정은 타르볼 이외에도 현탁입자에 부착하거나 응집되어 침강한다. 또한 현탁입자에 흡착된 석유가 물고기에 흡수되어 분변으로 배설된 것이

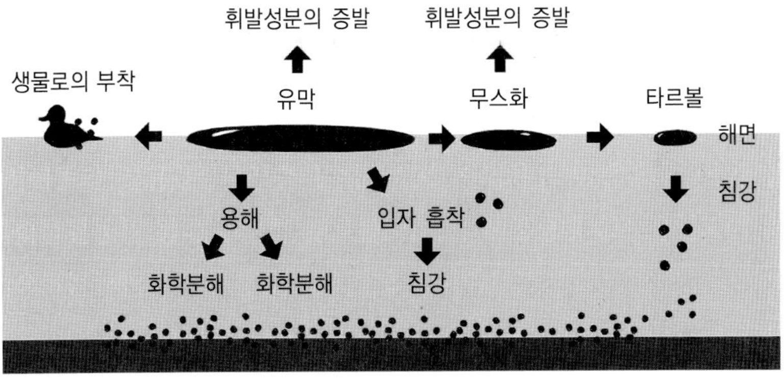

그림 6.3. 유출된 석유의 변성과정

침강되는 경로도 있다. 다양한 과정으로 해저에 도달한 석유는 산소도 빛도 없는 환경에서는 분해되기 어려워 해저에서 계속 보전되게 된다.

나호토카호(Nakhodka)의 석유 유출 사고 후 효고현兵庫県의 해안에 6개월에 1회 정도 나가서 약 2년간 시간 경과에 따라 석유 성분의 감소 유무를 조사한 사례가 있다[8]. 그 결과에 의하면 알칸에서는 탄소사슬이 긴 것, PAH에서는 벤젠고리의 수가 많을수록 잔류하는 것이 밝혀졌다. 벤젠고리의 수가 2개인 성분과 탄소수가 16개인 알칸은 2년 후에는 거의 남아 있지 않았다. 저분자의 성분이 소실되었기 때문에 휘발, 해수로의 용해, 미생물 분해에 의해 소실된 것으로 추정되었지만 현장의 관측만으로는 그 중에서 어느 것이 주된 역할을 한 것인지는 알 수 없었다. 그와 같은 경우에는 실내실험을 병용하는 것이 유효하다.

따라서 저자들은 석유의 거동을 살펴보기 위해 마이크로코즘을 이용한 실내실험을 하였다. 마이크로코즘 실험은 미생물이 관여하는 자연현상의 작용 인자를 연구하기 위하여 미생물이 들어 있는 작은 실험계(통상 삼각플라스크 수준)을 만들어 조건을 변화시키는 실험을 하는 것이다. 토쿄만東京湾의 해수에 석유와 퇴적물을 혼합한 실험계를 만들어서 호기 상태/혐기 상태와 영양염을 주입한 것/주입하지 않은 것 등 미생물 분해에 관여하는 다양한 요소를 변화시켜 석유에 들어 있는 PAH가 어떻게 분해되는 지를 조사하였다.

그 결과를 그림 6.4(a)에 나타내었다. 가로축은 배양일수, 세로축 0일을 100%로 한 잔존하는 페난트렌(고리 3개, 분자량 178)의 비율이다. 호기 상태・영양염 무첨가의 조건, 즉 자연 상태의 조건에서는 20일간 배양으로 50%의 페난트렌이 분해되었다. 여기에 영양염을 첨가하면 10일 후에 거의 100% 분해되었다. 영양염 첨가에 의해 미생물 활성이 높아져서 분해가 촉진된 것을 알 수 있다. 또한 그림으로부터 혐기 상태 조건에서는 영양염의 유무에 관계없이 그다지 분해되지 않는 것도 알 수 있다. 해저의 퇴적물은 일반적으로 혐기 상태이다. 즉 퇴적물에 석유성분이 유입되고, 미생물이 있더라도 분해가 일어나기 어렵다. 한편 그림 6.4(b)는 벤젠고리 4개가 축합된 크리센(분자량 228)의 결과이다. 혐기상태는 물론 영양염이 없는 호기 상태에서도 미생물 분해가 일어나기 어렵다. 호

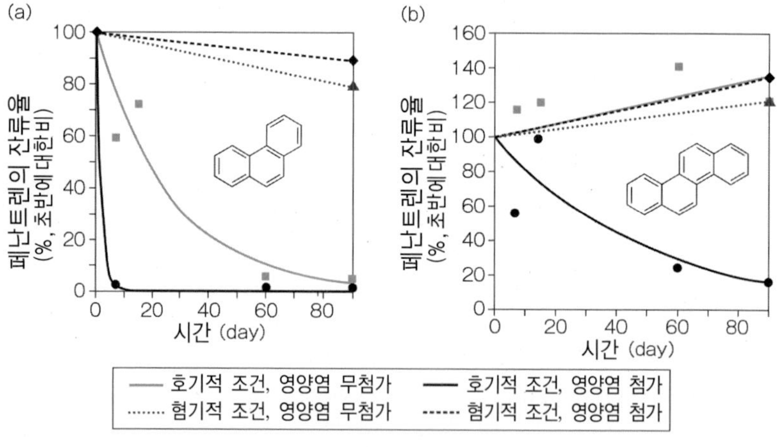

그림 6.4. 마이크로코즘을 이용한 미생물분해 실험

(a) 페난트렌, (b) 크리센

기 상태에서 영양염이 있으면 90일에서 20% 정도 감소하였다. 그림 6.4(a)와 (b)를 비교하면 벤젠고리의 수가 페난트렌보다 1개 늘어난 것만으로도 미생물 분해가 매우 일어나기 어려워지는 것을 알 수 있다.

또 하나의 실험 사례를 그림 6.5에 나타내었다. 환경에서는 시스템 자체가 복잡하기 때문에 유사한 생태계로 만들어서 실험하는 것도 필요하다. 여기서 소개하는 실험계에서는 해수로 석유가 유출되었을 때 환경에서 어떤 거동을 나타내는 지를 침강이라는 수직방향의 움직임도 포함한 소실·분해과정을 조사하였다. 실험계는 직경 1.5m, 높이 3m의 탱크에 해수 5,000L를 채운 것이다. 여기에 중유를 첨가하여 실험 개시로부터 0, 1, 2, 3, 6, 10, 20, 30일 후의 해수 중 PAH가 어떻게 변화하는지를 측정하였다. 이와 같이 현장에서 일어나고 있는 것들을 재현하는 실험계를 메소코즘(mesocosm) 이라고 한다.

메소코즘을 이용한 실험 결과 6일째 해수의 페난트렌은 0일째에 불과 2%밖에 남지 않았다(그림 6.5(a)). 한편 크리센은 페난트렌만큼 감소한 것은 확인되지 않았지만, 해수 중 농도는 25% 정도까지 감소하였다(그

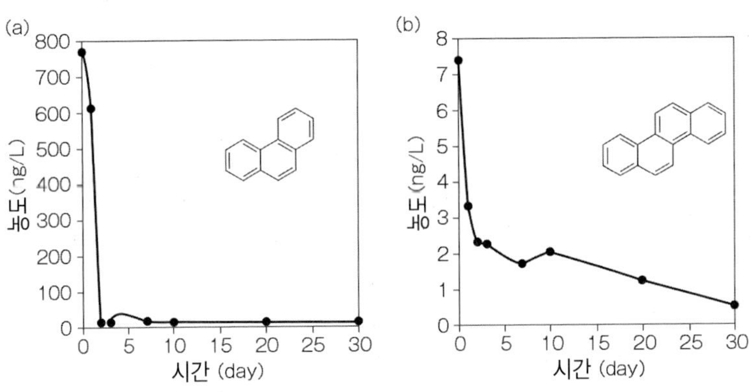

그림 6.5. 유사생태계(메소코즘)에서의 PAH 거동

(a) 페난트렌, (b) 크리센

림 6.5(b)). 마이크로코즘의 결과에서는 영양염을 첨가하지 않은 경우 크리센의 미생물분해는 거의 일어나지 않았기 때문에 이 결과는 미생물 성분 이외의 요인이 있을 것으로 생각되었다. 그 요인으로써 휘발과 침강 등의 경로를 들 수 있다. 각각의 경로의 기여를 계산하기 위해 탱크의 바닥에 침강하는 입자를 채취하는 장치(sediment trap)를 설치한 별도의 메조코즘 실험을 하였다. 침강한 부분은 sediment trap(침강입자 포집 장치)으로 포집한 입자를 분석하여 실측하고, 대기로 휘발한 부분은 증기압으로부터 추정하였다. 이것들을 종합하여 메소코즘 실험의 결과로부터 추정되는 해수에서의 석유의 거동은 6일 후에 페난트렌의 경우 35%가 휘발, 2%가 잔류, 62%가 미생물분해, 0.3%가 침강하는 것으로 계산되었다. 한편 6일 후의 크리센은 페난트렌에 비해 분자량이 크기 때문에 휘발되기 어렵고, 미생물의 분해도 어렵다. 그 결과 잔류하는 성분의 비율이 커진다. 그러나 소수성疎水性이 높아 입자흡착성이 높아지기 때문에 침강하는 비율도 많아진다. 휘발, 잔류, 미생물분해, 침강의 비율은 각각 0%, 61%, 15%, 24%로 계산되었다.

이러한 현장관측, 마이크로코즘과 메소코즘 실험을 조합하여 밝혀진 것 중 하나는 저분자의 성분은 비교적 빠르게 미생물에 의해 분해된다는 것이다. 즉 급성독성은 높지만 잔류성은 낮다. 한편 고분자 성분은 미생물에 의해 분해되기 어렵기 때문에 장기간 해양환경, 특히 해저퇴적물에 잔류한다. 장기적으로 보면 만성적인 독성을 가진 성분이 장기간 해양환경에 머무는 것이 된다.

6.5. 석유오염의 정화

석유의 유출 사고에 의해 해양이 오염된 경우 그것들을 제거하는 방법은 여러 가지가 있다. 가장 단순한 방법은 물리적인 제거이다. 석유를 퍼내거나 석유 회수선으로 회수하거나 흡착매트를 사용하는 등 시간과 수고가 많이 들지만 환경으로의 영향은 가장 적다.

화학적 처리는 분산제, 즉 계면활성제와 점성이 작은 유기용제의 혼합물을 사용하는 제거방법이다. 화학적 처리라고 하지만 실제로는 화학적으로 분해하는 것은 아니다. 「분산제」이지만 「분해제」는 아니다. 유막과 기름 덩어리는 미생물이 분해하기 어려운 상태이지만, 계면활성제와 유기용매의 혼합물을 살포하며 분산시키면 미생물이 분해하기 쉬운 상태가 된다. 따라서 미생물분해가 촉진되어 독성 감소로 이어진다. 그러나 해수 중 석유 성분이 증가하거나 생물에 석유 성분이 흡수되기 쉽게 되기 때문에 독성은 증가한다는 견해도 있다. 따라서 화학적 처리의 실시 여부는 해역과 유출된 석유의 종류에 따라 구별하여 판단이 이루어진다. 또한 토리캐년호(Torrey Canyon) 사고 때 사용된 분산제와 같이 예전에는 계면활성제 그 자체의 독성도 있었지만, 최근에는 낮은 독성의 분산제 개발도 진행되고 있다. 그러나 분산제 자체의 독성은 항상 고려해야 한다.

유출된 석유를 생물학적으로 처리하는 방법도 있다. 미생물의 영양원이 되는 질소와 인 같은 영양염(영양제제)를 살포하는 방법과 석유 성분의 분해균(미생물제제)을 살포하는 방법을 이용하는 것이다. 전자는 원래 존재하는 미생물을 이용하는 방법이지만, 후자는 새로운 생물종이 생태계로 가입된다는 점에서 생태계의 균형을 파괴할 가능성도 가지고 있다. 이와 같이 환경오염을 자연환경의 자정작용(생분해 기능)을 강화하여 정화·회복하는 것을 바이오리메디에이션(bioremediation)이라고 한다. 바이오리메디에이션은 석유오염뿐만 아니라 오염된 토양에 식물을 심어서 오염물질을 흡수시키거나 토양 중의 유해화학물질을 미생물로 분해시키는 등 널리 이용되는 방법이다.

석유의 화학적 처리와 생물학적인 처리에 대해 실험결과도 병행하여 설명하겠다. 영양염 첨가에 의해 미생물의 활성을 높여 석유 성분의 미생물분해를 촉진시키는 바이오리메디에이션의 효과는 마이크로코즘 실험(그림 6.4)을 사용하여 설명한 것과 같다. 화학적 처리 즉 분산제를 첨가하는 방법의 효과에 대해서는 메소코즘 실험에서 검토하였다. 그림 6.6은 그림 6.5에서 나타낸 메소코즘과 유사한 실험계에 분산제를 첨가하여 실험한 결과이다[9]. 크리센은 분산제가 없는 상태에서는 분해되기 어려워 실험기간 동안 농도 변화는 확인되지 않았지만 분산제가 있는 상태에서는 시간이 경과함에 따라 농도가 감소하고, 분해가 촉진되고 있는 것이 관찰되었다. 확실히 분산제를 첨가하면 미생물분해가 일어나기 쉬워진다는 이점은 관찰되었다. 그러나 거기에는 분산제를 첨가하는 것에 의해 해수 중의 PAH 농도가 증가한다는 사실도 존재한다. 실제로 0일째의 해수 중 크리센 농도는 분산제가 없는 경우는 5ng/L 정도이지만 분산제를 첨가한 경우는 36ng/L 이었다. 그 후 미생물분해에 의해 감소하더라도 9일째의 농도는 약 20ng/L로 여전히 분산제를 첨가하지 않은 경우(5ng/L) 보다도 높은 농도를 유지하고 있다. 이것은 해수의 표면에 떠 있

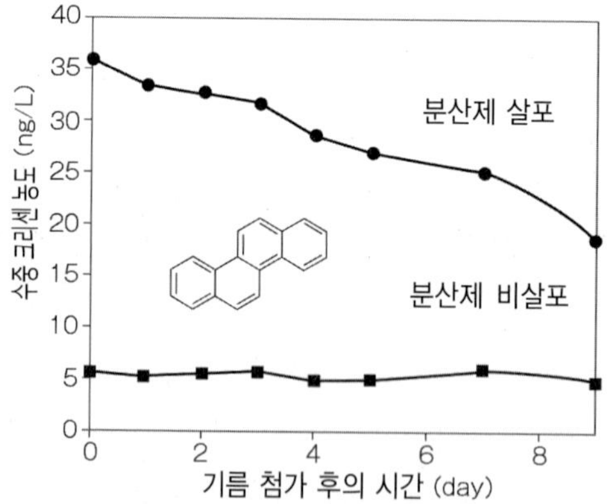

그림 6.6. 분산제와 해수 중 PAH 농도의 관계

M. Yamada *et al., Mar. Pollut.*, 47, 105(2003)을 기초로 작성

었던 기름이 분산제의 효과에 의해 분산되어 해수로 녹아 들어갔기 때문으로 생각된다.

이와 같은 현상이 일어날 수 있기 때문에 나호토카호(Nakhodka)의 중유와 같이 고분자의 PAH가 많이 들어 있는 경우는 만성적인 독성이 높은 성분이 확산되기 때문에 분산제의 사용은 피해야 한다. 한편 토쿄만東京湾 원유 유출 사고에 의해 유출된 것과 같이 고분자 PAH가 적은 석유의 경우는 분산제를 살포하더라도 분산제에 의한 악영향은 작을 것으로 생각된다. 실제로 나호토카호(Nakhodka) 사고의 경우 분산제는 살포하지 않았고, 토쿄만東京湾에서는 분산제가 살포되었다. 그러나 사실은 이들 두 경우의 유출 사고에서 분산제 살포 유무의 판단은 석유 성분을 바탕으로 이루어진 판단이 아닌 다른 요인(표착의 유무 등)을 근거로 이루어진 판단 결과가 석유성분으로부터의 판단과 일치한 것뿐이다. 분산제를 살포할지 여부의 판단을 사고 직후 신속하게 할 수 있도록 석유성분의 데이터베이스와 신속분석방법체제를 구축하는 것이 중요하다.

참고문헌

1) M. Blumer and J. Sass, *Science*, 176, 1120(1972).
2) C.M. Reddy *et al., Environ. Sci. Technol.*, 36, 4754(2002).
3) United Nations, "國連海洋法條約(Convention on the Law of the Sea)" http://www.un.org/Depts/los/index.htm
4) International Maritime Organization, "マルポール條約" http://www.imo.org/en/About/Conventions/ListOfConventions/Pages/International-Convention-for-the-Prevention-of-Pollution-from-Ships-(MARPOL).aspx
5) International Maritime Organization, "OPRC條約" http://www.imo.org/en/About/Conventions/ListOfConventions/Pages/International-Convention-on-Oil-Pollution-Preparedness,-Response-and-Co-operation-(OPRC).aspx

6) J.W. Readman, *Nature*, **358**, 662(1992).
7) J.W. Farrington, *Environ. Sci. Policy Sustain. Dev.*, **55**, 3(2013).
8) 堀之内愛ほか, 沿岸海洋研究, **37**, 23(1999).
9) M. Yamada *et al., Mar. Pollut. Bull.*, **47**, 105(2003).

07

합성세제

7.1. 합성세제란

이 장에서는 합성세제에 의한 환경오염에 대하여 설명하겠다. 합성세제는 이 책에서 취급하는 인위적인 기원의 유기화합물 중 일상에서 가장 눈에 접할 기회가 많은 물질로 생각된다. 합성세제에 포함되어 있는 성분과 구조 및 물리·화학적 성질, 독성 그리고 환경에서의 거동에 대하여 설명하겠다.

합성세제는 일상용품에 많이 포함되어 있다. 부엌과 세탁용, 주거용의 세제뿐만 아니라 샴푸, 린스, 바디샴푸 등 인간의 몸에 직접 접촉되는 것에도 사용되고 있다. 합성세제의 중요한 효력을 나타내는 성분은 계면활성제(surfactant)이고, 세제성분의 20~40%가 계면활성제이다. 계면활성제란 친수기(hydrophilic group)와 소수기(hydrophobic group)을 동시에 가진 화합물이다(그림 7.1). 친수기가 있기 때문에 물에 용해될 수 있으면서 동시에 소수성인 의류에 부착한 피지나 오염물질을 흡착할 수 있다. 의류의 오염물질에 달라붙은 계면활성제는 기름성질의 오염물질을 의류

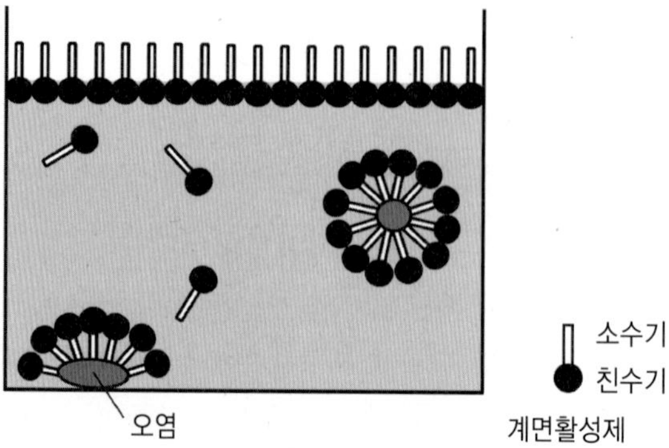

그림 7.1. 계면활성제의 모식도와 작용

로부터 탈착시켜, 소수기와 이 오염물질을 안쪽에, 친수기를 바깥쪽으로 위치시킨 상태로 둥글게 구형의 형태로 된다. 이 상태를 마이셀(micelle, 친수 콜로이드 입자 등의 작은 분자 집합체) 이라고 한다. 이것은 의류뿐만 아니라 식기의 오염물질에 대해서도 마찬가지다. 이와 같은 작용을 가진 계면활성제가 세제의 주성분이다. 세제의 나머지 성분의 대부분은 빌더(효력증진제, builder)라고 불리는 물질로 구성되어 있다. 빌더는 경수를 연수로 바꾸고, 금속이온의 봉쇄 및 pH 조정 등으로 계면활성제가 보다 작용하기 쉬운 환경을 만든다. 또, 세탁용 세제에는 형광표백제(fluorescent whitening agent : FWA) 등도 1% 이하의 비율로 포함되어 있다. 이것은 점점 누렇게 변하는 흰색의 의류를 희게 표백하기 위하여 사용되고 있다.

7.2. 계면활성제의 종류

계면활성제는 친수기의 성질에 따라 4종류로 크게 구분한다. 각각 음이온계 계면활성제, 양이온계 계면활성제, 비이온계 계면활성제, 양성이온계 계면활성제이다. 음이온계 계면활성제는 그 이름대로 물속에서 음이온으로서 존재하는 것이다. 계면활성제 중에서도 가장 중요한 것으로 비누도 그 중 하나이다. 그 외에 연성알킬벤젠설폰산염, 알킬황산에스테르염, 알킬에테르황산에스테르염, a-올레핀술폰산염 등이 있다. 양이온계 계면활성제는 린스나 유연제 등에 사용되고 있다. 제4급 암모늄염, 이미다졸리니움염, 에스테르아미드형 제3급 암모늄염 등 질소에 알킬기가 부착하고 있는 것이 많다. 비교적 독성은 높지만 분해성이 높기 때문에 사용되고 있다. 비이온계 계면활성제는 폴리옥시에틸렌알킬에테르, 알킬디메틸아민옥시드, 지방산디에탄올아미드, 알킬글리코시드 등이 해당된다. 의료용 세제, 부엌용 세제, 주거용 세제, 클렌저, 신체세정제 등 그 용도는 폭 넓다. 일본내에서의 생산량도 음이온계 계면활성제 다음으로 많다. 양성이온계 계면활성제는 카르보베타인, 아미드베타인, 아미드아미노산염 등으로 부엌용 세제나 샴푸에 사용되고 있다.

그림 7.2는 1950년부터 1990년대 중반까지의 일본의 계면활성제 생산량 변화를 나타낸 것이다. 1950년대는 합성세제의 사용은 적고, 비누의 수요가 높았다. 그러나 1960년 무렵부터 합성세제의 수요가 높아지기 시작하여 음이온계와 비이온계의 계면활성제가 주류가 된다. 1970년대 중반의 두번의 생산량 감소는 석유 위기에 의한 것이다. 1990년대 이후에는 음이온계 계면활성제의 수요가 감소하여 판매량도 약간 감소하고 있다[1]. 그림 7.3에 이 책에서 다루는 합성세제의 성분을 기재하였다. 그림 7.3(a)의 연성알킬벤젠설폰산염(linear alkylbenzene- sulfonate : LAS)는 양적으로 가장 많이 사용되고 있는 가정용 합성세제에 들어 있는 음이온계 계면활성제이다. 슬폰기가 친수기 알킬기가 소수기에 해당된다. 합성세제에 배합되어 있는 LAS는 알킬기 탄소수가 10~14인 동족체(알킬벤젠들)의 혼합물이다(최근 알킬 탄소수가 14개인-LAS는 가정용 합성세제에는 들어 있지 않다). 또한, 각 동족체에 벤젠 고리에 치환되는 알킬 탄소의 위치가 다른 이성체가 복수로 존재한다. 단, 알킬벤젠이 프리

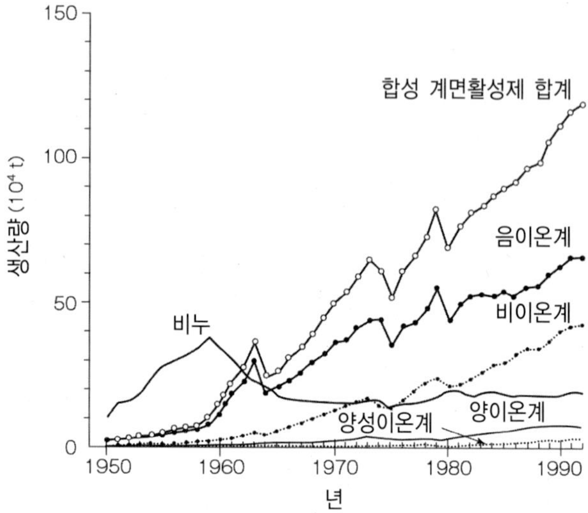

그림 7.2. 일본의 계면활성제 생산량 변화

山田春美외 저, "친근한 환경문제 : [환경과 사람에게 친근한 세제]를 추구하며", p.151, 환경기술연구협회(1994)

델·크래프츠(friedel-crafts) 반응으로 합성되기 때문에 알킬고리의 말단(1의 위치)에 벤젠 고리로 치환된 이성체는 합성세제에는 들어 있지 않다.

LAS는 연성알킬벤젠(linear alkylbenzene : LAB, 그림 7.3(b))에 슬폰기를 추가하는 반응에 의하여 합성된다. 그러나, 반응에 이용된 LAB가 100% 합성되지 않기 때문에 시판되는 합성세제에는 슬폰화 되지 않고 남은 LAB가 수백 ug/g 포함되어 있다[2]. LAS는 1960년대 후반부터 사용되고 있으며, 그 이전에는 연성이 아닌 가지달린 사슬형의 알킬기가 붙은 가지형 알킬벤젠설폰산염(ABS)가 사용되었다(그림 7.3(c)). 가지달린 알킬기는 미생물에 의한 분해가 잘 되지 않기 때문에 하드(hard)형 ABS로 불리고 있었다. 그러나, 하천의 거품발생 등의 눈에 보이는 환경문제가 발생하여 성분의 변경이 검토되어, LAS가 사용되게 되었다. 이 치환을 소프트(soft)화라고 한다.

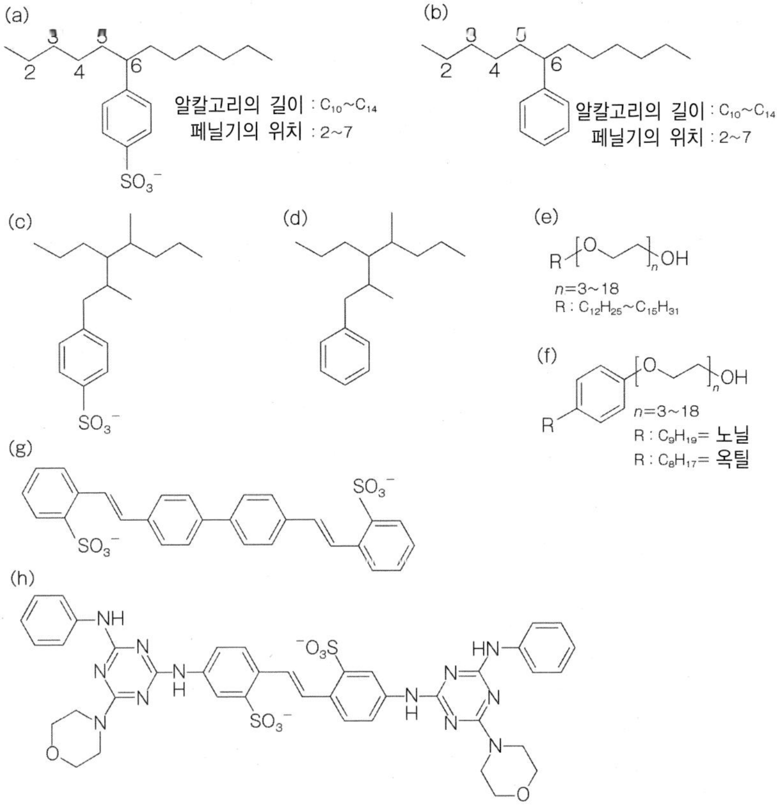

그림 7.3. 주요 합성세제의 구조식

(a) 연성 알킬벤젠슬폰산염(LAS) (b) 연성 알킬벤젠(LAB) (c) 하드형 알킬벤젠슬폰산염(ABS)
(d) 분지형알킬벤젠(TAB) (e) 알킬에톡시레이트(AE) (f) 알킬페놀에톡시레이트(APE)
(g) 형광표백제(DSBP) (h) 형광표백제(DASI)

ABS의 원료가 되는 가지형 알킬벤젠은 프로필렌의 4중합체이며, tetrapropylene-based alkylbenzene(TAB, 그림 7.3(d))으로 불린다. LAB와 마찬가지로 TAB는 하드형 ABS의 불순물로서 합성세제에 들어 있었다.

비이온계 계면활성제의 대표로서는 알킬에톡시레이트(alkyl ethoxylate : AE, 그림 7.3(e))와 알킬페놀에톡시레이트(alkylphenol ethoxylate : APE,

그림 7.3(f))를 들 수 있다. AE는 가정용의 합성세제에도 배합되어 있다. APE는 현재 가정용에는 사용되고 있지 않으며, 공업적인 용도로 사용되고 있다. AE와 APE의 경우는 에톡시기가 친수성이다. AE나 APE는 에톡시기의 수가 다른(1분자 중에 3~18개) 동족체의 혼합물이다. 그리고 AE의 경우에 R로 표시되는 소수기는 탄소수가 12~15개인 연성탄화수소의 혼합물이다. APE의 경우에 소수기는 알킬벤젠으로 알킬기는 가지형 노닐기(탄소수 9)가 주로 사용되고 있다. APE의 노닐기는 가지형이기 때문에 APE가 완전히 분해되기까지는 시간이 걸린다. 벤젠 고리를 가지고 있는 물질이 기름 오염에 대한 친화력이 높기 때문에 APE는 공업용세제로서 지금도 사용되고 있다.

7.3. LAS의 환경거동

7.3.1. 물리·화학적 성질

환경에서의 거동을 파악하기 위해서는 우선 LAS의 물리·화학적 성질을 알아야 한다. LAS의 경우 물리·화학적 성질은 6장까지 설명해온 것과 같은 화합물과는 다르다. LAS는 수용성의 염으로 휘발성은 낮다. 그 때문에 대기를 통한 운반은 일어나지 않는다. 한편 소수성은 LAS와 같이 물 속에서 전리하여 이온화하는 물질에 대해서는 K_{OW}를 단순하게 취급할 수 없다. pH에 따라 분배가 달라지기 때문이다. 그림 1.9에서 LAS의 $\log K_{OW}$의 값은 pH 7로 가정했을 때의 값으로 보면 된다. LAS의 $\log K_{OW}$은 1~3으로 매우 낮고, 물 속에서는 대부분이 용존상태로 존재한다. 입자에 흡착되어 운반되는 비율은 낮은 물질이다. 예를 들면 현탁물량 10mg/L 정도의 도시 하천수에서 실측했을 경우에는 3% 정도가 입자흡착태로서 존재하고, 97% 정도는 용존상태로 존재한다[3].

7.3.2. 미생물분해 경로

LAS의 환경 거동에서 가장 중요한 프로세스는 미생물에 의한 분해이다. 여기에서는 우선 분해의 정의에 대하여 기술한다. 궁극적으로 분해란 유기물이 완전히 분해된 상태의 것으로 모든 구성원소가 물이나 이산화탄소 등의 무기물로 되는 것이다. 그러나 거기까지의 프로세스를 파악하는 것은 매우 어렵기 때문에 여기에서 설명하는 분해는 어디까지나 1차 분해, 즉 그 화합물의 일부라도 변성되어 다른 물질이 되는 것으로 정의한다.

LAS의 분해경로를 그림 7.4에 나타내었다. LAS가 분해될 때는 처음에 알킬기의 말단이 카르보닐기로 변화하는 ω 산화가 일어난다. 이것을 슬포페닐모노카르본산(sulfophenyl alkyl monocarboxylic acid : SPMC)이라고 부른다. 그 이후는 알킬기의 탄소수가 2개씩 감소하는 β 산화가 일어난다. 탄소수가 12개 이었던 것이 10, 8, 6, ...으로 점점 짧아 진다. 또한 알킬기의 반대측 끝 부분에서도 ω 산화가 일어나 카르보닐기가 2개로 되는 경우도 있다. 이것을 슬포페닐카르본산(sulfophenylalkyl carboxylic acid : SPDC)이라 부른다. 카르보닐기의 수, 탄소사슬의 길이에 관계없이 이들의 분해산물을 슬포페닐카르본산(sulfophenyl alkyl carboxylic acis : SPC)이라 총칭하고 있다. 이 분해산물도 원래 물질과 마찬가지로 강한 독성을 가지는 것도 있기[4] 때문에 주의할 필요가 있다. 또한, 분해생성물로서 비교적 안정한 것도 존재하며, 그것이 2차 처리수나 환경수로부터 검출되는 경우도 있다(그림 7.5). 하수처리장에서 LAS의 제거율은 99% 정도이다. 분해된 것이 전부 SPC로서 잔류하고 있지는 않지만 2차 처리수에서는 LAS 보다도 SPC 쪽이 많아졌다[5]. 하천수에서도 LAS 보다 SPC 쪽이 높은 농도로 검출되는 하천이 많다[5]. LAS는 분해된다고 해도 겉보기 상 없어졌을 뿐 그 분해산물은 확실하게 환경에 존재하고 있다.

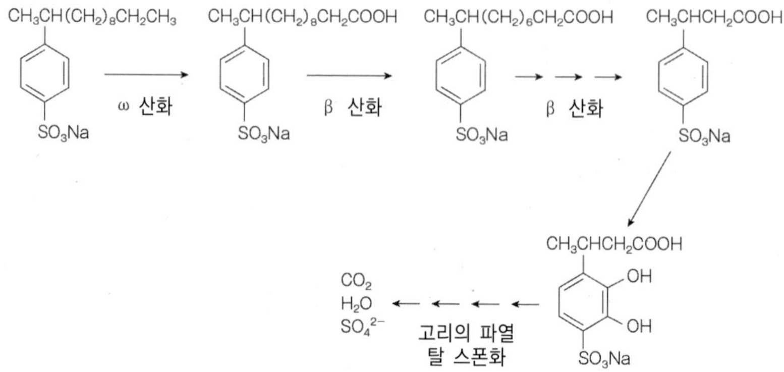

그림 7.4. LAS의 분해경로

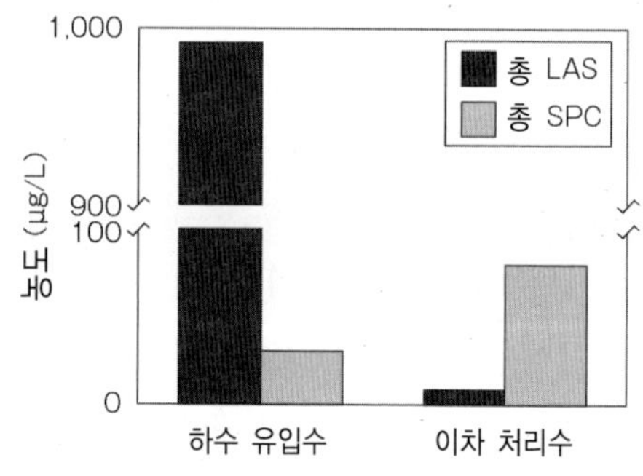

그림 7.5. 하수유입수 및 2차 처리수에서 LAS의 농도와 SPC 농도

真名垣聰외, 水環境學會誌, **28**, 626(2005)

7.3.3. 미생물분해 조건

LAS의 분해경로는 앞에서 이미 설명하였으며, 그러한 미생물분해를 지배하는 주요인은 수온과 산화환원 상태이다. 미생물분해는 저온조건과 혐기적인 조건에서는 일어나기 어렵다. 그림 7.6은 서로 다른 수온에서 LAS의 미생물 분해성을 조사한 실험결과이다. 수온 27℃에서는 2일 정도에서 전부 분해되는데 비해 수온이 낮아짐에 따라 분해에 걸리는

일수가 많아지고, 수온 10℃의 실험구에서는 거의 분해되지 않았다[6]. 10℃는 겨울에 환경에서 실제로 관측되는 하천의 수온과 같은 정도이다. 그림 7.7은 1984년부터 1985년에 걸쳐 하천수의 LAS 농도의 계절변화를 조사한 예이다[7]. 타마천多摩川의 전원도시에서 여름부터 봄에 걸쳐 2주에 1회의 빈도로 시료를 채취하였다. 당시는 타마천多摩川 유역의 하수도 보급률이 62%로 낮고(2013년 현재 99%), 현재보다 높은 농도의 LAS도 타마천多摩川으로부터 검출되었다. 타마천多摩川 하천수의 LAS 농도는 여

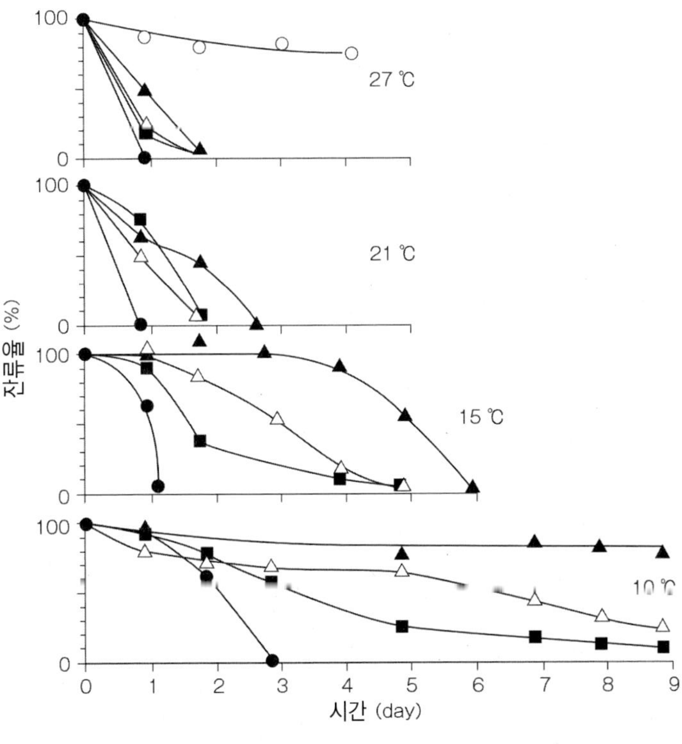

그림 7.6. 음이온계 계면활성제의 하천수에서의 생분해

○ : ABS, ▲ : LAS, ● : 알킬황산에스텔나트륨,
■ : 알킬에테르황산에스텔나트륨, △ : α-オレフィンスルホン산나트륨(AOS)
菊池幹夫, 日本水産學會誌, 51, 1861(1985)

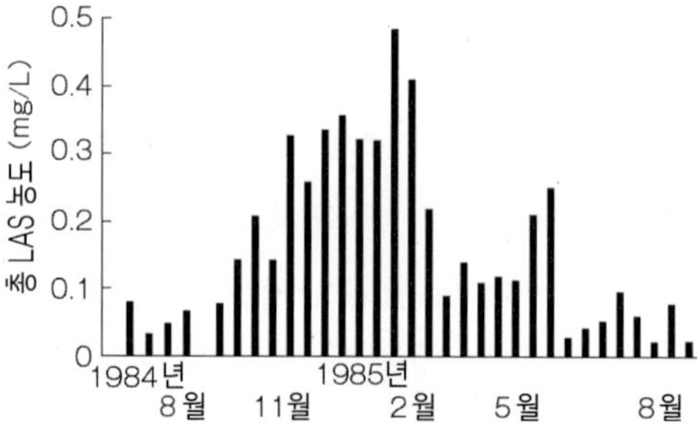

그림 7.7. 하천수의 LAS 농도의 계절변화

高田秀重, 石渡良志, 水質汚濁硏究, 11, 572(1988)

름에 낮고, 겨울에 높은 경향을 나타내었다. 그 원인은 여름은 수온이 높아 미생물의 활성이 높고, 겨울은 수온이 낮아 미생물의 활성이 낮기 때문에 분해되지 않고 LAS 농도가 높은 채로 남아 있었기 때문이라고 생각된다. 분해성은 제조사가 제품을 판매하는 경우에 실내실험으로 체크하고 있지만, 그 때의 설정온도는 25℃이다. 실제 환경에서는 더욱 낮은 온도의 경우도 많이 있기 때문에 분해성 시험은 환경 잔류성을 과소평가하고 있다고 생각된다.

수온과 함께 또 하나 중요한 조건이 산화환원 상태이다. 하수에서 LAS의 미생물 분해성을 조사하는 실험에서는 폭기하여 실험계(시스템)를 산화적(호기적)으로 유지한 상태에서는 시간이 경과함에 따라 LAS의 감소가 인정되지만, 폭기하지 않고 실험계가 환원적(혐기적)으로 된 상태에서는 분해가 거의 일어나지 않는 결과를 나타내었다[8]. 혐기적인 조건은 체류한 하천이나 해역의 퇴적물에서 자주 관측되며, 퇴적물로의 LAS의 축적도 확인되었다[2]. 단, 혐기조건에서도 장시간에 걸쳐 미생물분해가 진행되는 것도 최근 보고되고 있다[9].

물 환경에서의 LAS 물질수지와 계절변화에 대하여 치바현千葉縣의 테가늪手賀沼으로 유입되는 하천의 하구역을 모델 케이스로 하여 계산한 예가 있다[10]. 여름의 경우 하구역으로 유입된 LAS의 80% 이상은 미생물 분해를 받는다. 그리고 6% 정도가 퇴적물로의 침강에 의해 제거되고, 하구역에서 빠져나가는 비율은 8% 정도이다. 한편, 겨울의 경우는 하천에서 유입된 양의 10% 정도만 미생물에 의해 분해를 받는다. 퇴적물로의 침강도 10% 정도이고, 대부분은 하구역에서 유출된다. 환경으로 공급되는 LAS는 수온에 크게 지배되고 있는 것을 알 수 있다. LAS는 소수성이 작기 때문에 입자퇴적에 의한 퇴적물로의 제거의 기여는 전체로서는 작은 것을 알 수 있다. 단, 하천 퇴적물과 하수오니로부터도 명확하게 LAS는 검출되고 있기 때문에 LAS의 입자흡착은 무시할 수 없고, 미생물분해가 억제된 저온기의 물 환경에서는 물질수지에서 퇴적물로의 침강·축적도 상대적으로 기여가 크게 된다.

7.4. LAS의 독성

합성세제의 독성은 LAS를 대상으로 많이 연구되어 있기 때문에 그것을 예로 들어 소개하겠다. 그림 7.8은 LAS 급성독성의 한계치(24시간 경과후의 LC_{50})에 대하여 다양한 문헌 자료를 정리한 것이다[11]. 하나하나의 점은 하나의 생물을 나타내고 있고, 조류(藻類), 물벼룩, 그 외 무척추동물, 어류 등에서 실험이 이루어졌다. 이들 수생생물을 이용한 시험에서 LC_{50}의 최소치는 대략 0.1ppm(100μg/L)이지만, 그보다 낮은 농도에서도 영향이 나타나고 있다. 예를 들면 기피 행동과 같은 지농도에서 일어나는 영향은 그보다 2자리수 낮은 1.5μg/L 정도의 농도에서도 발생한다는 보고도 있다[12]. LAS는 1999년부터 PRTR법(화학물질배출파악관리촉진법)에서 사용량이 감시되고 있는 물질이다[13]. PRTR법에 등록되었다는 것은 환경성이 유해성을 인정하고 있다는 것을 의미하고 있다. 더욱이, LAS가 독성을 가지는 것과 대량으로 사용되고 있는 화학물질인 것으로부터 2013년 3월부터 수생생물의 보전에 관한 수질환경기준 항목에 추가되었다[14]. 그 기준치는 담수역(하천·호수)에서 20~50μg/L, 해역에서 6~10μg/L로 정해졌다(표 7.1). 이러한 농도는 독성시험에서 요구된 무영향농도(NOEC)와 LC_{50}으로부터 산출된 값이다. 독성시험 결과로부터 환경기준치를 설정할 때에는 일반적으로 NOEC에는 추정계수, LC_{50}에는 추정계수와 종비種比로 나눗셈을 한 농도를 바탕으로 기준치가 설정되고 있다. 이와 같은 추정계수와 종비種比를 총칭하여 어세스먼트 계수(또는 안전계수)라고 부르며, LAS의 경우 추정계수와 종비는 각각 10을 사용하고 있다. 어세스먼트 계수는 독성시험과 환경에서의 조건의 차이와 종 및 개체의 차이에 의한 민감성의 차이를 고려하기 위하여 경험적으로 정해진 값이다. 독성시험에서 얻어진 농도를 어세스먼트 계수로 나눈 낮은 농도를 기준값으로 하여 리스크(위험)를 피하는 방침을 취하고 있다. 단, 앞에서 설명한 것과 같이 어세스먼트 계수는 경험으로부터 설정된 값이기 때문에 어세스먼트 계수를 작게 평가한 경우에는 기준값 이하의 농도이더라도 영향이 있는 것으로 나타날 가능성이 있다는 것도 유의할 필요가 있다.

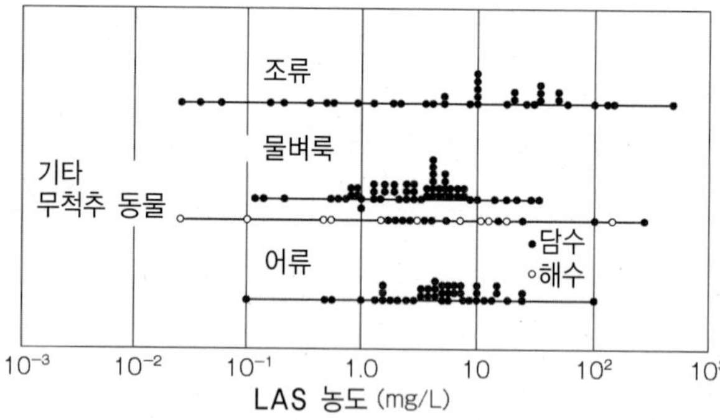

그림 7.8. 조류, 물벼룩, 기타 무척추동물, 어류에서 LAS의 급성독성

R.A. Kimerle, *Tenside surfactants detergents*, **26**, 170(1989)

표 7.1. LAS의 수생생물의 보전에 관한 수질환경기준

수역	유형	수생생물의 서식상황 적응성	기준치 (mg/L)
하천 및 호소	생물 A	곤들매기, 연어, 송어 등 비교적 저온역을 좋아하는 수생생물 및 이들의 먹이생물이 서식하는 수역	0.03 이하
	생물 특A	생물 A의 수역 중 생물 A의 란에 수록한 수생생물의 산란장(번식장) 또는 자치어의 생육장으로서 특히 보전이 필요한 수역	0.02 이하
	생물 B	잉어, 붕어 등 비교적 고온역을 좋아하는 수생생물 및 그들의 먹이 생물이 서식하는 수역	0.05 이하
	생물 특B	생물 A 또는 생물 B의 수역 중 생물 B의 란에 수록한 수생생물의 산란장(번식장) 또는 자치어의 생육장으로서 특히 보전이 필요한 수역	0.04 이하
해역	생물 A	수생생물의 서식하는 수역	0.01 이하
	생물 특A	생물 A의 수역 중 수생생물의 산란장(번식장) 또는 자치어의 생육장으로서 특히 보전이 필요한 수역	0.006 이하

LAS의 수질 목표값은 어종과 생물의 생육단계도 고려하여 설정되었다. 해역에 살고 있는 생물은 담수어보다도 오염물질에 대하여 민감하므로 해역의 목표값은 낮게 설정되어 있다. 또한 담수역에서도 상류渓流에 살고 있는 어류 쪽이 중류역의 어류보다도 오염물질의 영향을 받기 쉬우므로 상류지역에서는 낮은 목표값이 설정되어 있다. 그리고 같은 생물종에서도 치어나 유어 쪽이 영향을 받기 쉬우므로 그것들이 살고 있는 수역에서는 보다 낮은 목표값이 설정되어 있다.

LAS의 물성과 환경 거동을 바탕으로 하여 일본의 물 환경에서 검출되는 LAS 농도와 그 영향을 살펴보겠다. 하수의 LAS 농도는 1,000~2,000 μg/L 정도이다. 일본의 하수도 보급률은 70%이다. 대도시 중심으로 하수도를 보급하고 있지만 일본 인구의 30%를 차지하는 하수도 미보급 지역은 지방 도시의 신흥 주택지에 많고, 그들 지역을 흐르는 하천에는 기본적으로 처리되지 않은 여러 가지 가정배수가 유입된다. 그 결과 지방 도시의 신흥주택지를 흐르는 중소 하천을 중심으로 수십~수백 μg/L의 LAS

가 검출된다. 하수처리과정에서 LAS의 제거효율이 99% 정도이기 때문에 하수처리수의 LAS 농도는 10~20μg/L 정도이다. 거기에 자연수에 의해 희석되어 대도시를 흐르는 하천에서는 물 속의 LAS 농도가 수 μg/L 정도이다. 환경성의 모니터링에서도 2007~2011년의 관측 사례에서 891개 지점의 7%에 상당하는 63개 지점에서 가장 낮은 목표값인 20μg/L을 초과한 LAS가 검출되었다[15]. 대부분의 지점에서는 목표값 이하이지만 이러한 관측사례들을 볼 때 수역의 건전성이 통상시 보전되고 있다고 할 수 있을까? 실은 몇 가지 고려해야 할 문제가 있다.

첫 번째는 이 절의 서두에서 설명한 기피행동이 일어나는 농도가 환경성의 목표값에 고려되어 있지 않았다는 점이다. 기피행동은 목표값 보다도 한 자리수 낮은 1.5μg/L에서 일어난다는 보고가 있으며, 하수처리수의 LAS 농도는 이것보다도 한 자리수 높다. 전국 1급 하천 중 18개 하천 20개 지점에서 LAS를 측정한 결과, LAS 농도가 담수역의 환경기준값(생물 특A)인 20μg/L을 초과하는 하천은 1개 지점이었지만 7개 지점에서 기피행동이 일어나는 농도인 1.5μg/L을 초과하였다[5]. 어류는 물 속의 화학물질을 감지하는 능력이 높다. 예를 들면 연어가 태어난 하천으로 돌아올 때 지자기와 더불어 물 속의 용존성분을 감지하여 용존성분으로 태어난 하천을 특정하고 있다라는 학설도 있다. 하천수의 용존성분을 감지할 수 있으면 생체에 이물질인 LAS를 피하여 LAS가 없는 수역으로 물고기가 피하는 것도 당연할 지도 모른다. 두 번째는 목표값은 LAS에 대한 값이고, 그것의 분해산물로 독성도 가지고 있는 SPC에 대해서는 고려되어 있지 않은 점이다. 7.3.2항 「미생물분해 경로」에서 설명한 것처럼 일본 대부분의 하천에서 LAS보다도 SPC 쪽이 농도가 높고, SPC도 수생생물에 대한 독성을 가지고 있다. 세 번째 문제점은 통상의 모니터링이 맑을 때에 이루어져 우천시 월류 하수의 기여가 누락되었을 가능성이 있다. 1장에서 설명한 것처럼 대도시권에서는 합류식의 하수도가 채용되어 있고, 우천시에는 미처리 하수가 공공용수역으로 유입된다. 시간당 강우량 수 mm 정도의 비에도 우천시 월류가 일어나는 유역도 있으므로 통상의 경우에는 하수처리로 제거되는 LAS가 하천수를 오염시킬 가능성이 있다. 그리고 네 번째 문제점은 다음 항에서 설명하는 합성세제에 들어 있는 난분해성 성분이다.

7.5. 합성세제 유래의 난분해성 성분

합성세제에는 아주 미량으로 난분해성 성분이 포함되어 있는 경우가 있다. 그림 7.3(b)에서 소개한 연성알킬벤젠(LAB)은 LAS를 합성하기 위한 원료 화학물질이다. LAS는 LAB에 슬폰기를 붙여서 합성한다. 이와 같은 유기합성의 경우 최종적인 생성물에 일부의 원료가 남아 있는 경우가 있다. 남아 있다고 해서 제품에 문제가 있는 것은 아니며, LAB가 아주 미량으로 포함되어 있으면 기름때가 잘 떨어진다는 이점도 있다. 결과적으로 LAS를 포함한 세제에는 1% 이하의 LAB가 포함되게 된다. LAB는 친수기인 슬폰기가 붙어 있지 않기 때문에 소수기의 덩어리이다. 그 때문에 물에는 용해되지 않고, 입자에 흡착되기 쉽다. 토쿄만東京灣과 유입 하천에서 퇴적물의 LAB 농도를 측정하면 하천 퇴적물에서는 수 $\mu g/g$, 만내 북서부의 넓은 지역에서 $1\mu g/g$의 농도로 LAB가 퍼져 있다(그림 13.2(a))[2]. 그리고 LAB를 측정함으로서 생활배수 유래의 물질이 어디까지 확산되고 있는지를 파악할 수 있다. 즉, LAB는 생활배수오염의 지표로서 이용할 수 있다. (13.2절 참조)

합성세제에 들어 있는 성분에서 또 하나 분해되기 어려운 물질이 있다. 형광표백제(FWA)다. 형광표백제로는 4,4'-bis(2-sulfostyryl) biphenyl (DSBP, 그림 7.3(g))와 4,4'-bis[(4-anilino-6-morpholino-1,3,5-triazin-2-yl) amino] stilbene-2,2`-disulfonate(DASI, 그림 7.3(h))가 많이 사용되고 있다.

모두 복수의 벤젠 고리를 가지는 다수의 공역共役 2중 결합을 가지고, 장파장의 자외선을 비추면 청백색으로 빛난다. 백白이라는 글자가 들어 있지만, 더러운 것을 파괴하는 역할을 하는 것은 아니다. 셔츠 등 점점 누렇게 변하는 하얀 옷에 자외선이 부딪히면 청백색으로 보이는 성분을 추가하여 황색과 청색으로 광학적으로 중화하여 하얗게 보여줄 뿐이다. 한편, 마찬가지로 [하얗게 하는] 표백제는 산화적으로 더러움을 파괴하고 있기 때문에 또 다른 메카니즘이다.

벤젠 고리가 미생물에 의해 분해되기 어렵기 때문에 스틸벤형의 형광표백제는 미생물 분해되기 어려워 하수처리장에서의 제거효율도 낮다. 하수처리장에서 형광표백제의 2차 처리효율은 DSBP가 27~60%, DASI가 51~77%이다(표 7.2)[16]. 하수처리장에 의한 제거는 미생물 분해보다도 주로 활성오니로의 흡착제거로 생각된다[17]. 따라서 하수처리장에서 제거되지 않은 부분은 방류수에 포함되어 환경으로 방출되게 된다.

실제로 하수처리의 보급에도 불구하고 일본 하천의 형광표백제 농도는 수십~수천 ng/L의 범위로 검출되고 있다. 스틸벤형 형광표백제는 이온성의 물질이기 때문에 K_{OW}로 표현할 수 없지만 하천수에서

표 7.2. 하수처리장에서 FWA 2차 처리효율

	DSBP	DASI
일본의 처리장[a)]		
A처리장[*1]	46~59%	71~88%
B처리장[*1]	20~44%	57~78%
C처리장[*2]	33%	68%
스위스 처리장[b)]	27~60%	51~77%

*1 3회의 spot sample 값의 평균값

*2 24시간 composit sample 값

a) Y. Hayashi, S. Managaki and H. Takada, *Environ. Sci. Technol.*, **36**, 3556(2002)

b) T. Poiger *et al.*, *Environ. Sci. Technol.*, **30**, 2220(1996)

는 95~97% 정도가 용존상태로 존재하고, 3~5% 정도가 입자에 흡착된 상태로 존재한다[16]. 타마천多摩川에서도 하이지마拜島 등 비교적 상류에서는 저농도인 전국의 다른 지역과 같은 정도이지만 하류로 갈수록 그 농도는 높아진다. 또한 표류수의 형광표백제는 광분해되기 쉽지만 지하수로 유입되면 광분해 되기 어려워진다. 지하수의 DSBP 농도는 검출

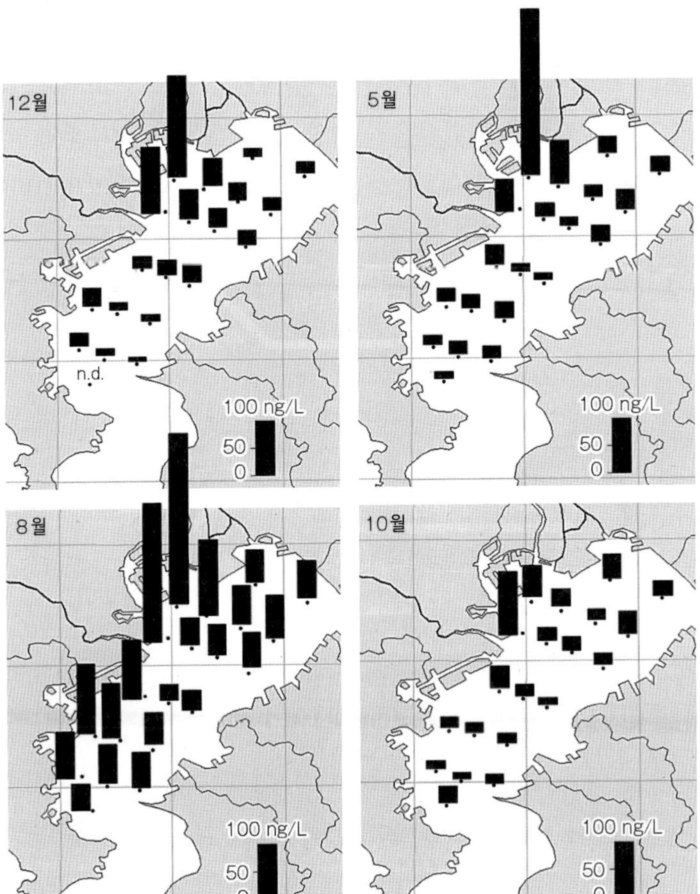

그림 7.9. 토쿄만東京灣 표층 해수 중 DSBP의 수평분포

S. Managaki *et al., Mar. Pollut. Bull.*, 52, 286(2006)을 근거로 작성

되지 않는 지점도 있지만, 700ng/L 정도까지 검출되는 지점도 있었다. 하천수에 들어 있는 형광표백제는 최종적으로 바다로 유입된다. 토쿄만東京灣의 표층수를 조사하면 만 안쪽 북서부에서 DSBP의 농도가 높고, 남동쪽의 치바千葉 방향으로 확산되고 있다(그림 7.9). 또한 만 안쪽 북서부의 농도를 계절별로 비교하면 하계에 농도가 높아져 있다. 이것은 강우량이 많은 하계에 우천시 월류가 일어나기 쉽기 때문에 월류된 미처리 하수에서 유래한 DSBP가 검출되고 있는 것을 나타내고 있다.

합성세제에 들어 있는 특이한 이들 난분해성의 성분을 조사하면, 생활배수에 의한 환경오염의 확산을 파악할 수 있다. 생활배수뿐만 아니라 이와 같이 기원이 특이한 화학물질을 지표로서 이용하여 오염상황을 파악하는 방법에 대해서는 13장에서 상세하게 설명하겠다.

참고문헌

1) 日本界面活性剤工業會ホームページ
http://www.jp-surfactant.jp/surfactant/history/index.html

2) H. Takada and R. Ishiwatari, *Environ. Sci. Technol.*, **21**, 875(1987).

3) H. Takada, R. Ishiwatari and N. Ogura, *Environ. Sci. Technol.*, **26**, 2517(1992).

4) R.A. Kimerle and R.D. Swisher, *Water Res.*, **11**, 31(1977).

5) 眞名垣聰ほか, 水環境學會誌, **28**, 621(2005).

6) 菊池幹夫, 日本水産學會誌, **51**, 1859(1985).

7) 高田秀重, 石渡良志, 水質汚濁研究, **11**, 539(1988).

8) H. Takada and R. Ishiwatari, *Environ. Sci. Technol.*, **24**, 86(1990).

9) P.A. Lara-Martin *et al.*, *Environ. Sci. Technol.*, **44**, 1670(2010).

10) 天野耕二, 福島武彦, 中杉修身, 水質汚濁研究, **13**, 577(1990).

11) R.A. Kimerle, *Tenside surfactants detergents*, **26**, 169(1990).

12) 立川 涼, 日高秀夫, 日本農藝化學會誌, **52**, 263(1978).

13) 環境省, "PRTRインフォメーション廣場"
http://www.env.go.jp/chemi/prtr/risk0.html

14) 環境省報道發表資料, "水生生物の保全に係る水質環境基準の項目追加等に係る環境省告示について"
http://www.env.go.jp/press/16494.html

15) 環境省報道發表資料, "水生生物の保全に係る水質環境基準の項目追加等に係る環境省告示について(第2次報告)"
http://www.env.go.jp/press/16182.html

16) Y. Hayashi, S. Managaki and H. Tanaka, *Environ. Sci. Technol.*, 36, 3556(2002).

17) T. Poiger *et al., Water Res.*, 32, 1939(1998).

08

불소계 계면활성제

8.1. 합성세제란?

계면활성제는 7장「합성세제」에서 등장하였지만 이 장에서 소개하는 불소계 계면활성제(perfluorinated surfactant)의 용도는 세제가 아니다. 발수제로서 카펫, 피혁, 종이, 포장, 섬유 등의 표면 가공에 이용되기도 하고, 소화약제, 사진의 필름, 샴푸, 바닥광택제 등에 사용되어 온 물질이다. 제조 개시 시기는 1948년으로 그 역사는 오래되었다. 주요한 불소계 계면활성제로서 퍼플루오르옥탄슬폰산(perfluorooctanesulfonic acid : PFOS, 그림 8.1(a))와 퍼플루오르옥탄산(perfluorooctanoic acid : PFOA, Fig. 8.1(b))를 들 수 있다.

그러나, 1990년대 후반 전 세계의 야생생물의 다양한 조직에서 PFOS가 검출되어, 생물농축성이 밝혀졌다[1]. PFOS를 비롯한 불소계 계면활성제의 발암성이나 발달장애 독성, 생식장애 독성도 다수 보고되었다[2]. 2005년에는 미국 오하이오주의 화학공장 부근에 살고 있는 8-18세의 남녀 6,000명 이상에 대하여 역학조사가 이루어졌다[3]. 혈청의 불소계 계

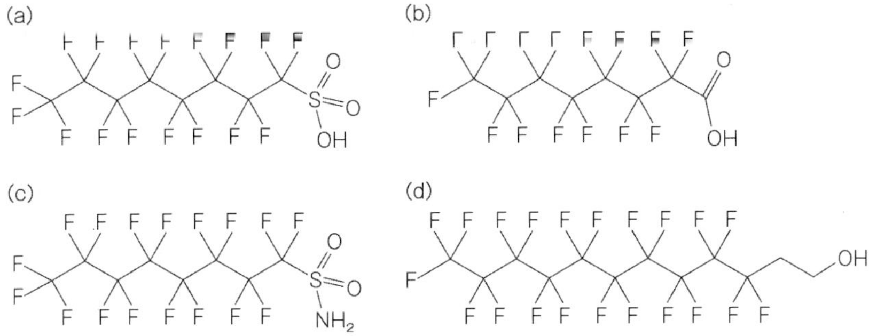

그림 8.1. 주요한 불소계 계면활성제 및 전구체의 구조식

(a) PFOS, (b) PFOA, (c) FOSA, (d) FTOH

면활성제 농도 결과를 남녀 혼합하여 4개 군(group)으로 나눈 결과 PFOS 농도가 가장 높았던 군(27ng/mL 이상)의 남자군(평균 36.0ng/mL)은 PFOS 농도가 가장 낮았던 군(14.3ng/mL 이하, 평균 10.2ng/mL)과 비교하여 남성호르몬인 테스토스테론(testosterone) 농도의 증가가 최대 190일 늦어지는 경향이 확인되었다. 여자의 경우는 PFOS 농도가 가장 높았던 군(평균 35.2ng/mL)과 PFOA 농도가 가장 높았던 군(58ng/mL 이상, 평균 151.0ng/mL)에서 최대 138일의 초경의 지연이 시사되었다. 이것은 PFOS와 PFOA의 영향에 의하여 사춘기가 늦어지는 것을 나타낸 조사결과이다.

2000년부터 PFOS와 PFOA는 산업계에서 자발적 규제가 시작되고, 그 후 2009년에는 PFOS 및 PPOS염(나트륨염, 칼륨염 등), 그것들의 원료물질인 퍼플루오르옥탄슬폰산플루오라이드(perfluorooctanesulfonic acid fluoride : PFOSF)가 제조·사용, 수출입에 관한 제한이 마련되게 되었다. 그러나, PFOS는 1970-2002년까지 450-2,700t이, PFOA는 1951-2004년까지 2,700-6,200t이 환경으로 배출되었다고 추측되고 있다[4, 5].

8.2. 구조와 물리·화학적 성질

계면활성제가 하나의 분자안에 소수기와 친수기를 가지는 것은 7장에서 설명하였다. 불소계 계면활성제의 소수기는 퍼플루오르(perfluoro) 알킬 고리, 즉 알킬기의 수소가 전부 불소로 치환된 것이다. 탄소-불소 결합은 불소의 강한 전기음성도 때문에 결합 에너지가 크고, 화학적으로 안정한 결합이다. 이와 같은 화학적 특성에 의해 불소계 계면활성제는 화학적(광분해, 열분해)·생물학적(미생물분해, 대사)으로 안정하다. 친수기는 다양하지만 주요한 것은 슬폰기 또는 카르복실기로 각각 퍼플루오르알킬슬폰산(perfluoroalkylsulfonic acid : PFAS), 퍼플루오르칼본산(perfluorocarboxylic acid : PFCA)로 불린다. PFAS, PFCA 함께 퍼플루오르알킬(perfluoroalkyl) 사슬을 가진 탄소수가 다른 동족체가 있다. PFOS는 PFAS의 일종으로 그 탄소수는 8개이다. 또, PFOA는 PFCA의 일종으로 그 탄소수는 마찬가지로 8개이다. PFOS, PFOA 이외에 다른 탄소수를 가진 PFAS, PFCA도 환경에는 존재하고 있지만 의도하지 않게 생성된 것으로 생각된다.

불소계 계면활성제는 친수기가 물 속에서 이온으로 존재할 수 있기 때문에 수용성이 높다. 연성알킬벤젠슬폰산(LAS)과 불소계 계면활성제와 같이 물 속에서 이온화하는 물질은 물 속의 pH에 의해 이온화의 정도가 달라지기 때문에 소수성의 정도를 일률적으로 K_{OW}로 나타낼 수 없다. 이 책에서는 중성조건에서 이온화하는 화합물의 log K_{OW}를 그림 11.2에 나타내고 있고, 그 값은 PFOS에서 4.49, PFOA에서 4.81이다[6]. 이 값은 이 책에서 지금까지 설명한 화합물 중에서는 비교적 낮다. 그러나, 불소계 계면활성제는 탄소수가 증가하면 소수성도 높아지고, 탄소수 13개인 PFTDA의 log K_{OW}는 8.16으로 염소수가 많은 PCB와 같은 정도로 높다(그림 11.2). 불소계 계면활성제는 LAS와 같은 계면활성제이지만,

화학적·생물학적으로 안정하다. 난분해성의 소수기를 가지기 때문에 생물농축성이 있다. 한편, 이온화하는 친수기를 가지기 때문에 수용성도 높다. 이와 같은 화학적인 특성 때문에 소수성의 난분해성 유기오염물질뿐만 아니라 친수성이면서 분해되기 쉬운 유기오염물질과도 다른 거동을 나타낼 것으로 예상된다.

불소계 계면활성제 이야기를 하면서 빠질 수 없는 것이 「전구물질」이다. 전구물질이란 그것이 분해되면 목적의 물질이 되는 말하자면 「어미화합물」에 해당하는 물질이다. PFOS의 전구물질로는 PFOS의 슬폰기가 슬폰아미드로 된 퍼플루오르옥탄슬폰아미드(perfluoroctane sulfonamide : FOSA, 그림 8.1(c))와 퍼플루오르옥탄슬폰아미드에탄놀(perfluooctane sulfonamido-ethanol : FOSE) 등이 있다. PFOA의 전구물질의 대표적인 예로서는 플루오르텔로머알콜(fluorotelomer alcohol : FTOH, 그림 8.1(d))가 있다. 텔로머(telomer)란 테트라플루오르에틸렌(tetrafluoroethylene)을 기본으로 연쇄반응에 의해 연성의 퍼플루오르알킬(perfluoroalkyl)기를 효율좋게 생성하는 제조법(telomerization)을 의미하며, 구조를 나타내는 명칭은 아니다. 가장 주요한 것이 8:2 FTOH이며, 8:2라고 하는 숫자는 탄소수가 8개인 퍼플루오르알킬(perfluoroalkyl)기와 탄소수 2개인 알킬기의 조합을 의미하고 있다. 8:2 뿐만 아니라 6:2와 10:2 등의 조합도 있다. 아미드(amide)와 텔로머(telomer) 모두 말단의 구조가 변화하면 최종적으로 PFOS와 PFOA 그리고 그 외의 탄소수를 가진 PFCA로 될 수 있는 물질이며, PFOS와 PFOA와 같은 용도 외에 불소계 폴리머의 불순물로서 포함되어 있다[7].

불소계 계면활성제 및 불소계 계면활성제의 전구체의 일부는 증기압이 10^{-1}~10^{1} Pa 정도로 비교적 높은 휘발성을 가진다(그림 1.6)[6]. 이것이 환경에서의 거동에 크게 영향을 미치고 있다.

8.3. 환경에서의 기원

불소계 계면활성제의 기원은 크게 직접기원과 간접기원으로 나눌 수 있다. 직접기원이란 PFOS와 PFOA 그 자체가 환경으로 유입된 것을 의미한다. 한편, 간접기원이란 환경으로 배출된 시점에서는 PFOS와 PFOA가 아닌 「전구물질」이 환경에서 분해를 거쳐 PFOS와 PFOA로 되는 것을 말한다.

8.3.1. 직접기원

직접기원을 설명하기 전에 우선은 그림 8.2를 살펴보자. 이 그림은 2004년부터 2005년에 걸쳐 전국의 18개 하천수의 PFOS와 탄소수 7-13개의 PFCA와 FOSA의 농도 및 조성을 나타내고 있다[8]. 불소계 계면활성제가 많이 검출된 하천들 중 탄소수 8개인 PFOA의 비율도 높은 하천

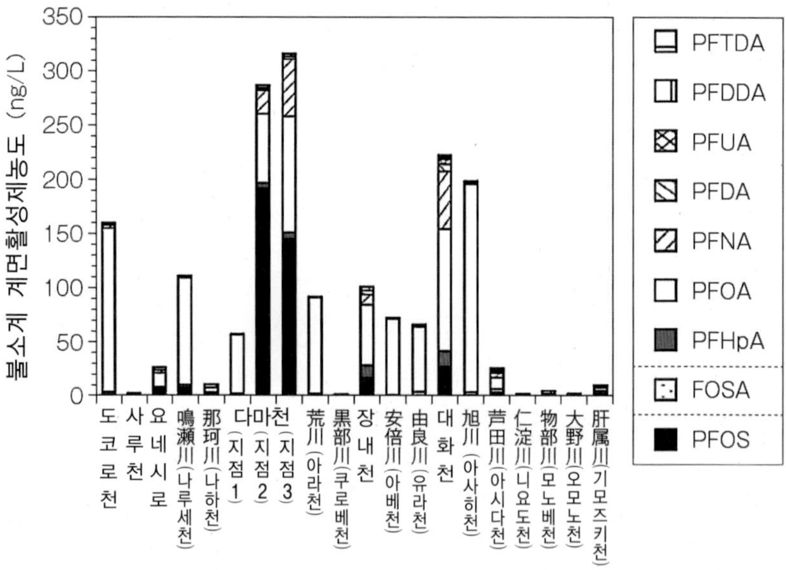

그림 8.2. 일본 전국 1급 하천에서 불소계 계면활성제의 분포

M. Murakami *et al., Environ. Sci. Technol.*, 42, 6569(2008)

중에서 타마천多摩川이나 쇼나이천庄內川, 야마토천大和川과 같은 도시 하천에서는 PFOS도 비교적 많이 검출되고 있다. 이 조성의 차이가 불소계 계면활성제의 기원을 파악하기 위한 중요한 열쇠가 된다.

그림 8.3에 하천, 지하수, 하수 유입수, 하수 2차 처리수, 도로배수의 PFOS와 PFOA, 그리고 탄소수 10개인 PFDA 농도를 나타내었다. 하천수의 농도와 비교하면 하수 유입수와 2차 처리수에서 PFOS가 고농도로 검출되고 있고, 하수가 하천수의 PFOS의 기원이 된 것으로 생각할 수 있다[9]. 이러한 것이 타마천多摩川과 같이 2차 처리수를 많이 포함하는 도시하천에서 PFOS가 높은 비율로 나타나는 이유일 것이다. PFOS가 하수

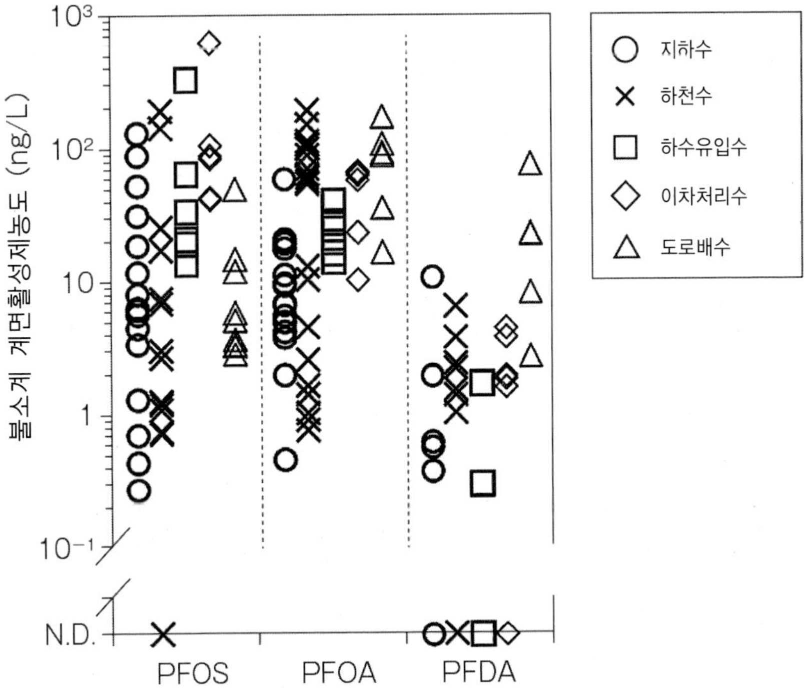

그림 8.3. 지하수, 하천수, 하수유입수, 2차 처리수, 도로배수의 PFOS, PFOA, PFDA 농도

일본 전국 1급하천에서 불소계 계면활성제의 분포

M. Murakami *et al., Environ. Sci. Technol.*, **43**, 3482(2009)를 바탕으로 작성

기원인 것으로 결정할 수 있는 근거로서 PFOS의 분포가 생활배수의 마커와 유사한 데이터도 있다(그림 13.15). 마커에 대해서는 13장에서 상세하게 설명하겠다.

한편, PFOA의 경우 하천수에 비해 하수 유입수와 하수 2차 처리수에서 농도가 1자릿수 정도 낮다. 하수 이외에도 PFOA의 기원이 있다고 생각된다. 도로배수의 PFOA 농도는 하천수의 PFOA 농도와 같은 정도이고, 하천수로의 PFOA의 공급원이 될 가능성도 있다. PFOA 이외의 PFCA도 도로배수에서 비교적 고농도로 포함되어 있고, 탄소수가 긴 PFCA는 도로배수의 농도가 하수의 농도 보다 높은 경우가 현저하다(예: PFDA, 그림 8.3). 이러한 현상은 자동차의 왁스와 유리 세정제로서 사용된 것이 도로분진으로 도로 위에 잔류하여 강우에 의하여 씻겨 내려가 발생한 것으로 생각된다. 그러나, 그림 8.3에 나타낸 하천수의 채취는 맑은 날씨에 실시하여 강우시에 공급된 도로배수의 기여는 생각하기 어렵다. 따라서 하천수의 PFOA는 하이테크 산업 등의 공장배수로부터의 기여가 하나의 가능성으로서 생각된다. 다만 그림 8.3에 나타낸 전국 1급 하천의 조사에서는 PFOA가 고농도이었던 하천에 대하여 구체적인 공장이나 업종까지는 특정할 수 없었다. PFOA의 농도와 하수 마커와의 비교로부터 하수 또는 도시배수 이외의 공급원의 기여가 큰 것이 명확해졌다.

8.3.2. 간접기원

그림 8.3의 하수 유입수와 2차 처리수에 착목하여 보면, 미처리 하수보다도 2차 처리수에서 농도가 높은 것을 알 수 있다. 이 데이터를 하수처리장별로 상세하게 표시한 것이 그림 8.4이다. 처리장에 따라서 유입되는 PFOS 및 PFOA 농도에 차이는 있지만 처리전보다도 처리 후에 농도가 상승하는 경향이 확인되었다[10]. 하수처리 과정에서 분해되는 물질의 경우 2차 처리수의 농도는 미처리 하수보다도 낮지만, 불소계 계면

활성제와 같이 2차 처리수의 농도가 높아지는 것은 무엇을 의미하고 있는가. 그 해답이 「전구물질」에 있다. PFOS와 PFOA의 전구물질이 2차 처리에서 분해됨으로써 PFOS와 PFOA로 변화한다. 생성된 PFOS와 PFOA는 더 이상 분해되기 어렵기 때문에 원래부터 포함되어 있던 것에 생성된 것이 추가되어 결과적으로 2차 처리수에서 농도가 높아지게 되는 것이다. 이 경향은 일본뿐만 아니라 전 세계의 처리장에서 확인되고 있고, 전 세계 54개소의 하수처리장에서 처리 후에 농도가 증가한 것은 PFOA에서 45개소, PFOS에서 25개소에 이르고 있다[11].

전구물질의 분해에 의한 불소계 계면활성제의 생성은 환경뿐만 아니라 대기에서도 일어난다. 전구물질이 대기로 방출되는 경로로는 제품으로부터의 휘발이나, 하수처리장과 폐기물의 매립지 등으로부터의 휘발

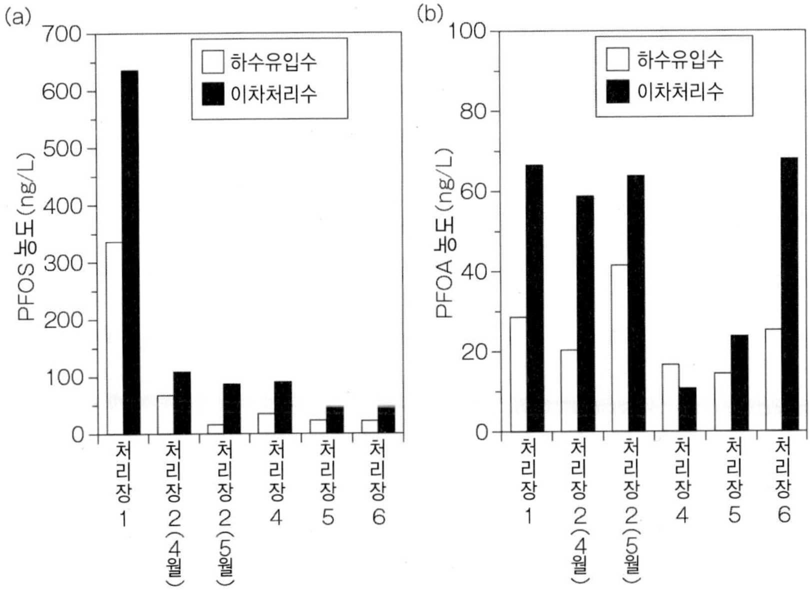

그림. 8.4. 도내 하수처리장의 하수유입수 및 2차 처리수 중 PFOS(a) 및 PFOA(b) 농도

M. Murakami, H. Shinobara and H. Takada, *Chemosphere*, **74**, 490(2009)

을 들 수 있다[12, 13]. 대기로 배출된 전구물질은 대기의 OH라디칼과 반응하여 분해된다. 질소산화물(NO_X)이 많은 도시지역에서 OH 라디칼은 NO_X와 반응하기 때문에 전구물질로부터 PFOS나 PFOA의 생성은 일어나기 어렵지만 한편으로 NO_X가 적은 극 지역에서는 일어나기 쉬울 것으로 생각된다[14]. FTOH의 대기 중 체류시간은 20일로 알려져 있어 [15], 대기 경유로 극지역까지 운반되는데 충분한 시간이 있다. 그림 8.5는 2005년에 북대서양과 오대호, 캐나다의 극지역 대기를 포집하여 FTOH나 FOSE 농도를 측정한 결과이다. 도시지역인 토론토에서 농도가 높을 뿐만 아니라 대기를 통해 인간 활동이 적은 지역까지 FTOH가 운반되고 있는 것을 알 수 있다[16].

PFOS의 오염상황을 정확하게 파악하기 위해서는 이러한 전구물질도 포함하여 포괄적이면서 평면적인 조사가 필요하다.

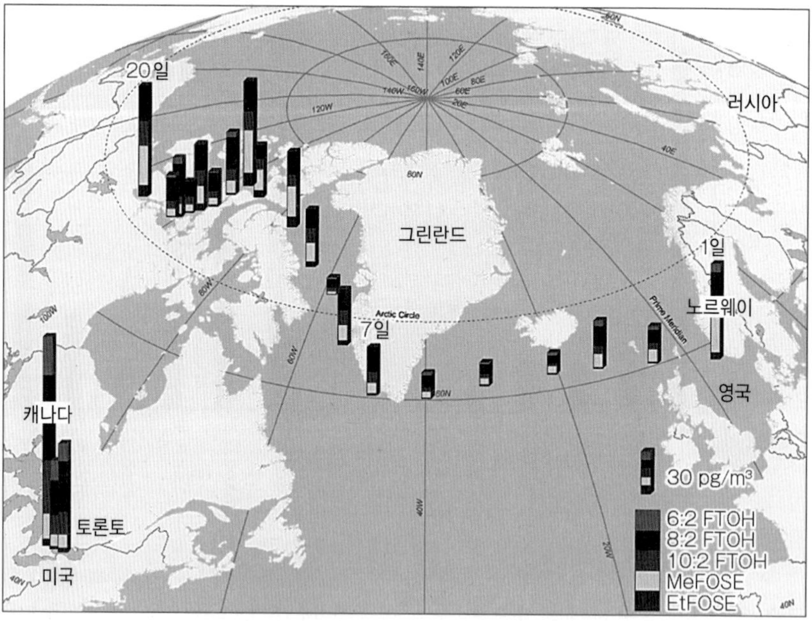

그림 8.5. 대기의 PFOS 및 PFOA 전구물질 농도

M. Shoebi, T. Harner and P. Vlahos, *Environ. Sci. Technol.*, **40**, 7580(2006)

8.4. 환경에서의 거동

평면적 및 직접·간접 기원을 가진 불소계 계면활성제는 환경에서 어떠한 거동을 하고 있을까. 하천으로 하수 처리수나 도로배수로부터 불소계 계면활성제가 유입되고 있는 것은 그림 8.2에서 나타낸 그대로 이며, 하천수는 최종적으로 바다에 도착한다. 불소계 계면활성제는 대량의 해수에 의해 희석되면서도 난분해성 때문에 근해까지 운반될 것으로 예상된다. 한편으로 수용성이 높지만 소수성도 높은 것이 불소계 계면활성제의 특징으로 일부는 퇴적물에도 존재하고 있다. 불소계 계면활성제는 물 속의 칼슘 농도가 높아지면 전하의 차이에 의해 입자로 쉽게 분배되는 것이 밝혀져 있어[17], 해양환경에서는 퇴적물에 쉽게 축적되는 것으로 생각된다.

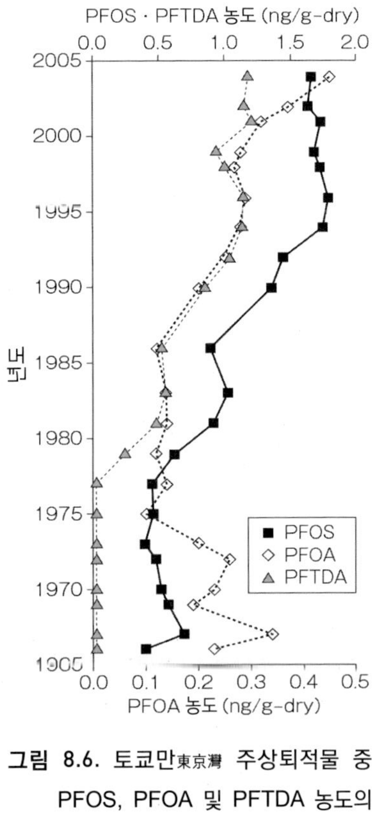

그림 8.6. 토쿄만東京灣 주상퇴적물 중 PFOS, PFOA 및 PFTDA 농도의 연직분포

Y. Zushi *et al.*, *Environ. Pollut.*, 158, (2010)을 바탕으로 작성

퇴적물의 불소계 계면활성제의 예로서 토쿄만東京灣 주상 퇴적물의 PFOS, PFOA, PFTDA 농도를 나타내었다(그림 8.6). 1970년대 이후부터 PFOS·PFOA의 사용량 증가와 최근의 PFOS의 업계 자율규제 효과에 의한 농도의 정체와 감소가 반영되어 있으며, 불소계 계면활성제의 연간 농도변화 양상을 확인할 수 있다[18]. 그리고 퇴적물에서는

하천에서 중요했던 PFOS와 PFOA 보다도 탄소사슬이 길고, 소수성이 큰 PFTDA(log K_{OW}: 8.2)[6] 쪽이 고농도로 검출되고 있다. 이것은 소수성이 큰 성분이 입자에 보다 잘 흡착되기 때문이다.

입자로의 흡착도 일어나는 한편으로 불소계 계면활성제는 토양을 침투하여 지하수에서도 검출되고 있다(그림 8.3). 불소계 계면활성제가 가진 높은 수용성이면서 난분해성이라고 하는 물리·화학적인 성질에 의해 토양으로 침투하기 쉽고, 미생물분해를 받지 않고 지하 대수층까지 도달하기 때문일 것이다. 한편으로 토양에서 전구물질이 미생물에 의해 분해되어 불소계 계면활성제가 생성될 수도 있다.

하수처리장에서 제거되지 않고, 더욱이 지하수에도 들어있다고 하면 수돗물에서의 불소계 계면활성제의 농도가 우려된다. 정수처리에서 침전처리나 모래여과, 오존처리, 염소처리 등으로 PFOS 및 PFOA를 제거하는 효과는 한정되어 있지만 분말활성탄과 나노여과막, 역침투막으로는 90% 이상의 제거율이 확인되었다[11]. 그러나, 비용 면에서 이러한 처리시설이 도입되어 있는 정수장은 한정되어 있고, 수돗물은 사람에게 불소계 계면활성제의 노출원이 될 수 있다. 그 때문에 2009년 이후는 일본에서 수도수질기준의 필요검토항목에 PFOS 및 PFOA가 추가되어 있다.

불소계 계면활성제에 사람이 노출되는 것은 수돗물만이 아니다. 불소계 계면활성제는 가정에서 사용되고 있는 제품에 들어 있기 때문에 제품으로부터 휘발된 불소계 계면활성제와 그 전구물질이 실내환경에도 존재하고 있는 것이 보고되어 있다. 예를 들면 일반가정의 실내먼지(house dust)에서 PFOS, PFOA를 비롯한 불소계 계면활성제, 그리고 실내의 공기에서는 전구물질이 검출되고 있다[19]. 또 다른 연구에서는 실내공기의 전구물질 농도와 사람 혈청의 PFOA 농도 사이에 의미 있는 상관관계가 있어 불소계 계면활성제에 사람이 노출되는 것을 나타내고 있다[20].

8.5. 생물농축

실내환경으로부터 사람으로의 노출에 대한 연구보고와 이 장의 서두에서 소개한 역학조사에서는 혈액의 불소계 계면활성제 농도를 측정하고 있다. PCB와 PBDE 등의 소수성이 큰 물질의 경우는 생물의 지방조직에 축적하기 쉬운 물질이기 때문에 지질의 비율이 높은 모유 등이 모니터링 매체로서 사용되어 왔다. 그러나, 수용성이 큰 불소계 계면활성제의 경우는 체내에서의 분포가 그것들과는 다른 경향을 나타낸다. 그림 8.7은 무지개송어 조직의 불소계 계면활성제 농도를 나타낸 것이지만 수용성이 큰 불소계 계면활성제는 혈액에 녹을 수 있기 때문에 혈장이나 신장에서 농도가 높다[21]. 그러한 성질로부터 전 세계 각 나라의 사람 혈청의 PFOS·PFOA를 측정하여 각 나라의 노출 경향을 비교하는 것도 가능하다(그림 8.8). 1988년부터 2004년 사이에 채취한 사람 혈청의 PFOS·PFOA 농도는 북아메리카에서 높은 경향이 있지만 자릿수가 바뀔 정도는 아니고, 사람이 모든 곳에서 불소계 계면활성제에 노출되고 있는 것을 나타내고 있다[22]. 그리고 노르웨이에서 사람 혈청의 PFOS 농도의 연간 변화를 조사한 결과 2000년 이후는 더 이상 증가하지 않는 것이 보고되어, 규제의 효과가 확인되고 있다[23].

사람이 불소계 계면활성제에 세계 규모로 노출되는 것처럼 PFOS는 세계 각지의 야생동물(해양포유류와 바다새 등)의 간과 혈장에서도 검출된 것이 2002년에 보고되었다(그림 8.9)[24]. 입자 흡착성만 높은 물질이라면 발생원 근처에 입자로 머물러 있지만 수용성이 크기 때문에 해류에 실려 근해까지 운반되는 것이 예상된다. 게다가 휘발된 전구물질에 의해 지구 규모로 오염이 확산되는 것도 원인일 것이다. 어류뿐만 아니라 생태계의 높은 단계에서도 검출되기 때문에 불소계 계면활성제는 생물증폭을 하는 물질로 예상된다. PFOS와 먹이사슬 사이의 관계를 살펴보면

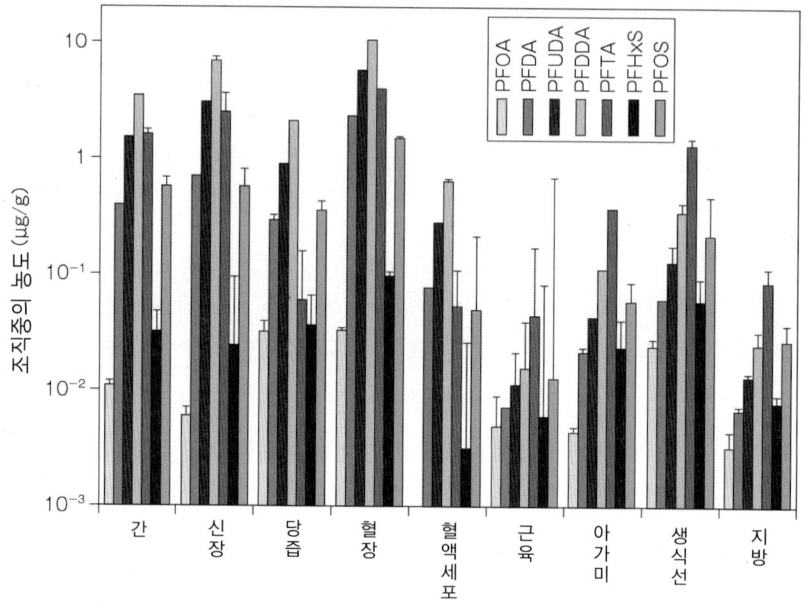

그림 8.7. 무지개송어 조직의 불소계 계면활성제의 분포

J.W. Martin *et al., Environ. Toxicol. Chem.*, **22**, 200(2003)

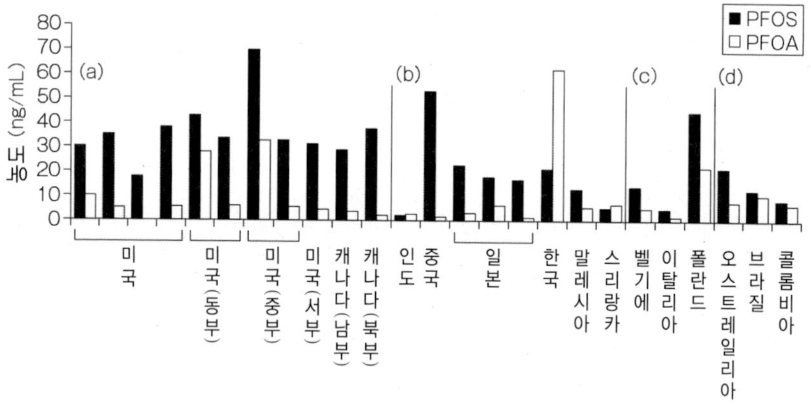

그림 8.8. 세계 각국의 사람 혈청 중 PFOS 및 PFOA 농도

(a) 북미, (b) 아시아, © 유럽, (d) 남반구

M. Houde *et al., Environ. Sci. Technol.*, **40**, 3467(2006)

영양단계가 높아짐에 따라 불소계 계면활성제 농도가 높아지고 있다(그림 8.10). 단, 이 생물증폭을 상세히 살펴보면 조류藻類로부터 어류에 걸친 증폭은 일어나지 않고, 생물증폭은 어류로부터 바다표범이나 북극곰

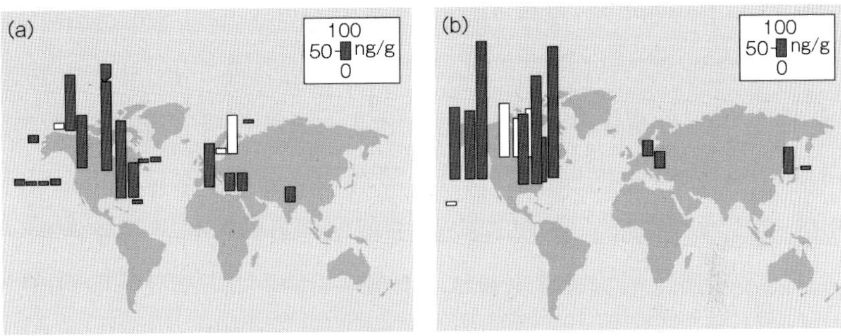

그림 8.9. 세계의 야생생물 중 PFOS 농도

(a) 해양포유류, (b) 어식성 조류, 진한 색은 간장을, 백색은 혈장을 나타낸다.

J.P. Giesy and K. Kannan, *Environ. Sci. Technol.*, **36**, 151A(2002)

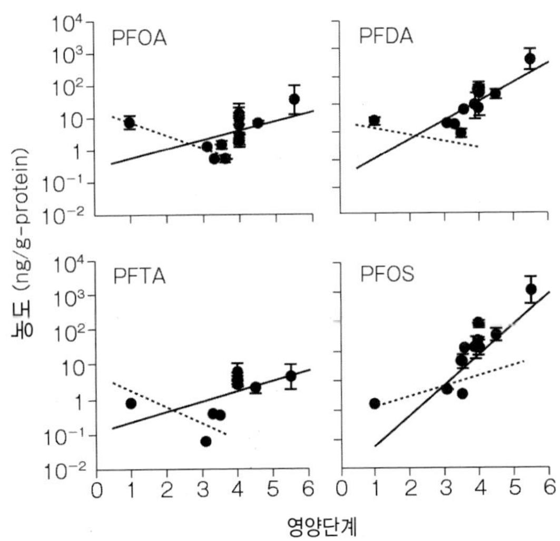

생 물	영양단계
해 조	1
어 류	
연어	3.1
천광어	3.3
극지대구	3.5
둑중개	3.6
조 류	
King Eider	3.5
Melaniffa fusca	3.9
포유류	
호사북방오리	4
고리무늬물범	4.5
북극곰	5.5

그림. 8.10. PFOS 및 PFCA의 생물증폭

B.C. Kelly *et al.*, *Environ. Sci. Technol.*, **43**, 4040(2009)

등의 해양포유류에 걸쳐서만 확인되고 있다[25]. 어류는 아가미 호흡을 통하여 주위의 물과 혈액 사이에서 분배평형이 일어나기 때문에 어류의 체내에 들어간 불소계 계면활성제도 분배의 결과 체외로 배설되기 쉬운 것이 요인으로 생각된다.

더욱이 주목해야 할 것은 이 생물증폭을 나타낸 그림에서 불소계 계면활성제 농도의 단위이다. 2장 「유기염소화합물」과 4장 「브롬계 난연제」에서 나타낸 생물증폭은 지질중량당의 농도와 영양단계와의 관계였다. 그러나 불소계 계면활성제에서는 단백질 중량당의 농도로 표시되어 있다. 불소계 계면활성제 농도와 영양단계의 관련성은 지질 중량당의 농도보다도 단백질 중량당의 농도로 나타내는 쪽이 보다 명료하게 나타난다[25]. 최근, 이와 같이 지질과의 분배만으로는 설명할 수 없는 생물농축에 대한 연구도 주목되고 있다[26].

불소계 계면활성제와 같은 소수성과 친수성을 함께 가진 물질의 환경과 생물에서의 거동은 단순히 소수성만이 큰 물질 및 수용성만 큰 물질과도 다르다. 이와 같은 독특한 거동은 환경오염화학의 개념으로서 기억해 두어야 하는 중요한 포인트의 하나이다.

참고문헌

1) C. Lau *et al., Toxicol. Sci.*, 99, 366(2007).
2) J.P. Giesy and K. Kaman, *Environ. Sci. Technol.*, 35, 1339(2001).
3) M.-J. L.-Espinosa *et al., Environ. Sci. Technol.*, 45, 8160(2011).
4) A.G. Paul, K.C. Jones and A.J. Sweetman, *Environ. Sci. Technol.*, 43, 386(2009).
5) K. Prevedouros *et al., Environ. Sci. Technol.*, 40, 32(2006).
6) U.S. Environmental Protection Agency, "EPI-suite™ ver.4.11"(2012).
7) M.J.A.D.-Panililio and S.A. Mabury, *Environ. Sci. Technol.*, 40, 1447(2006).

8) M. Murakami *et al., Environ. Sci. Technol.*, 42, 6566(2008).
9) M. Murakami *et al., Environ. Sci. Technol.*, 43, 3480(2009).
10) M. Murakami, H. Shinohara and H. Takada, *Chemosphere*, 74, 487(2009).
11) 村上道夫, 滝沢 智, 水環境學會誌, 33, 103(2010).
12) M. Schlummer *et al., Environ. Int.*, 57-58, 42(2003).
13) L. Ahrens *et al., Environ. Sci. Technol.*, 75, 8098(2011).
14) D.E. Ellis *et al., Environ. Sci. Technol.*, 38, 3316(2004).
15) D.E. Ellis *et al., Environ. Sci. Technol.*, 37, 3816(2003).
16) M. Shoeib, T. Harner and P. Vlahos, *Environ. Sci. Technol.*, 40, 7577(2006).
17) C.P. Higgins and R.G. Luthy, *Environ. Sci. Technol.*, 40, 7251(2006).
18) Y. Zushi *et al., Environ. Pollut.*, 158, 756(2010).
19) L.S. Haug *et al., Environ. Sci. Technol.*, 45, 7991(2011).
20) A.J. Fraser *et al., Environ. Sci. Technol.*, 46, 1209(2012)
21) J.W. Martin *et al., Environ. Toxicol. Chem.*, 22, 196(2003).
22) M. Houde *et al., Environ. Sci. Technol.*, 40, 3463(2006).
23) L.S. Haug, C. Thomsen and G. Becher, *Environ. Sci. Technol.*, 43, 2131(2009).
24) J.P. Giesy and K. Kannan, *Environ. Sci. Technol.*, 36, 147A(2002).
25) B.C. Kelly *et al., Environ. Sci. Technol.*, 43, 4037(2009).
26) S. Endo, J. Bauerfeind and K-U. Goss, *Environ. Sci. Technol.*, 46, 12697(2012).

09

내분비장애 화학물질

9.1. 내분비장애 화학물질이란?

내분비장애 화학물질에 대한 사회적 관심이 높아진 것은 1996년에 Theo Colborn의 저서 「도둑맞은 미래(원제: Our Stolen Future)」[1]가 출판된 것이 계기였다. 물론 그 이전부터 생물에 관련된 이상 현상은 일어나고 있었고, 학술적으로 연구는 되고 있었으며, 메커니즘도 조사되고 있었다.

당시 다양한 나라나 장소에서 생식에 관한 이상 현상이 발생하고 있었다. 발암, 유전자의 손상, 기형의 유발 등으로는 설명할 수가 없어, 이와 같은 이상 현상은 체내로 들어온 화학물질이 내분비계를 장애하기 때문은 아닐까 하고 의심하기 시작하게 되었다. 그 때문에 이들 물질을 총칭하여 내분비장애 화학물질(endocrine disrupting chemicals)라고 부르게 되었다. 환경호르몬이라고 하는 명칭은 일반인을 위해 만들어진 말이며, 사회에 널리 침투되어 있다. 이 책에서는 내분비장애 화학물질이라는 용어를 사용하지만 양자는 같은 뜻이다.

내분비장애 화학물질은 넓은 의미로는 환경에 존재하는 화학물질 중 생체내로 들어갔을 때 호르몬의 작용을 장애하는 물질이다. 생식뿐만 아니라 생물의 내분비계에 관계하는 물질의 총칭이다. 「도둑맞은 미래」가 출판되었던 당시는 성과 생식 등에 관한 이상 현상을 일으키는 물질, 특히 체내에서 여성호르몬의 수용체와 결합하여 여성호르몬처럼 역할하는 것이 주로 연구되고 있었다. 그 때문에 내분비장애 화학물질은 여성호르몬 같은 작용을 나타내는 것으로 인식되는 경우가 많았지만 이것은 어디까지나 좁은 의미이다. 예를 들면 PCB나 PBDE는 갑상선 기능 장애를 일으키는 것이 보고되어 있다. 그 때문에 최근에는 넓은 의미로 취급되는 경우가 많다.

내분비장애 화학물질을 알기 위해서는 우선은 생물에서 호르몬의 역할을 알아야 한다. 생물 세포에서 화학물질이 작용하기 위해서는 DNA에 작용하여 신호를 보낼 필요가 있다. 그 중에서 호르몬은 수용체(receptor)와 결합함으로써 비로소 핵에 신호를 보낼 수 있다. 호르몬 수용체는 열쇠와 열쇠구멍과 같은 관계를 하고 있다. 호르몬(열쇠)은 수용체(열쇠구멍)에 분자적으로 적합한 구조를 가지고 있으며, 여성호르몬에는 여성호르몬의 수용체가 존재하고 있다. 여성호르몬은 항상 분비되고 있는 것은 아니며, 생물 개체의 특정 성장단계에서 보다 특정 시기에 생합성되어 체내로 방출(분비)되는 물질이다. 분비된 것이 여성호르몬 수용체와 결합하여 여성호르몬이 도착한 것으로 신호가 DNA에 보내짐으로써 작용이 일어난다. 한편 좁은 의미의 내분비장애 화학물질은 분자구조의 일부가 여성호르몬과 닮아있기 때문에 그 화학물질이 여성호르몬의 수용체와 결합하여 생체가 여성호르몬이 도착한 것으로 착각하여 교란이 일어나는 것이다. 그러면, 실제로 여성호르몬과 그것을 교란하는 내분비장애 화학물질이 어떠한 구조를 가지고 있는가를 살펴 보겠다.

9.2. 내분비장애 화학물질의 종류와 구조

9.2.1. 내분비장애 화학물질의 종류

내분비장애 화학물질에 의한 내분비의 교란은 독성 발현의 한 형태이다. 결코 1990년대에 새로운 화학물질이 등장한 것은 아니며, 오염과 그 영향 자체는 1950년대부터 일어나고 있었다. 일본에서는 1998년에 여성호르몬 같은 작용이 의심되는 약 70종의 화학물질 목록을 만들어 국가 차원의 연구가 추진되었다. 여성호르몬 작용을 하는 것으로 의심되었던 물질을 종류별로 분류하면, ① 과거에 사용되었지만 현재 사용이 금지된 물질: PCB, 유기염소계 농약, ② 현재 사용되는 농약(규제·감시 중): 시마진, 아트라진, ③ 현재 연소 활동 등에 의해 생성되는 물질(규제·감시 중): 다이옥신, 벤조[a]피렌, ④ 계면활성제 관련 물질: 알킬페놀, ⑤ 플라스틱 첨가제 등: 비스페놀 A, 알킬페놀 등과 같이 대략적으로 구분할 수 있다.

내분비장애 화학물질의 독성은 그 구조의 일부가 여성호르몬과 닮았기 때문에 발생한다. 그 때문에 그 구조를 구체적으로 살펴보기 전에 우선 여성호르몬의 구조를 살펴보겠다. 여성호르몬은 총칭하여 에스트로겐(estrogen)으로 불리지만 주요한 것은 에스트론(estrone: E1), 에스트라디올(17β-estradiol: E2), 에스트리올(estriol: E3)의 3종류이다(그림 9.1(a)~(c)). E2는 벤젠 고리에 하이드록시기가 붙은 페놀을 가진 구조이고, E2의 「2」는 하이드록시기가 2개 있는 것을 의미하고 있다. E2의 17위치의 하이드록시기가 케톤으로 변화한 것이 E1이고, E2의 16위치가 수산화되어 E3로 된다. 여성호르몬의 활성에 대해서는 또 뒤에서 서술하겠지만 가장 활성이 강한 것은 E2이다.

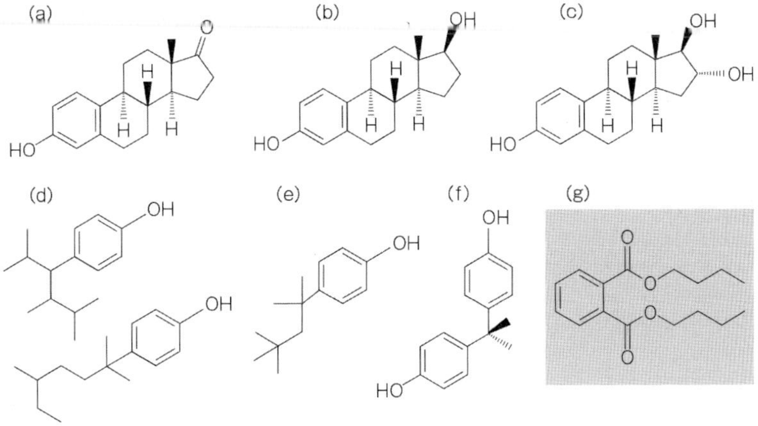

그림 9.1. 여성호르몬과 내분비장애가 의심되는 물질의 구조식

(a) Estrone(E1), (b) Estradiol, (c) Estriol(E3), (d) Nonylphenol, (e) octylphenol, (f) Bisphenol, (g) Dibutyl phthalate*. *현 시점에서는 명확한 내분비장애작용은 확인되지 않았다.

한편, 내분비장애 화학물질의 일종인 노닐페놀(nonylphenpol: NP)은 분자 전체의 구조는 E2와는 다르고, 벤젠고리와 하드록시기도 하나씩 밖에 없다(그림 9.1(d)). 그러나, 내분비장애 화학물질은 본래의 호르몬과 닮은 구조를 가지고 있는 것이 중요하다. E2와 그 수용체에서 열쇠와 열쇠구멍의 구조로 되어 있는 것이 페놀기이다. 즉, 노닐페놀 분자의 페놀 부분이 열쇠에 해당하여 여성호르몬 수용체의 열쇠구멍 부분에 결합하는 것으로 생각된다. 마찬가지로 노닐페놀과는 탄소사슬의 길이가 다른 옥틸페놀(octylphenol: OP, 그림 9.1(e))과 페놀 구조를 가지고 있는 비스페놀 A(bisphenol A: BPA, 그림 9.1(f))도 유사한 구조로 여성호르몬 수용체의 열쇠구멍 부분에 결합한다. 단, 열쇠(페놀 구조)만 있으면 되는 것이 아니며, 주변 부분의 구조도 관계하고 있다. 예를 들면, 노닐페놀에는 노닐기의 구조가 다른 많은 종의 이성체가 존재하지만, 내분비장애작용을 가진 이성체와 가지지 않은 이성체가 존재한다. 또한, 페놀구조 뿐만 아니라, 벤젠고리에 헤테로 원자가 1개 치환된 구조도 내분비장애작용을 가지는 것이 밝혀져 있다. 2장 「유기염소화합물」에서 소개한 DDT나 DDE는 벤젠고리에 헤테로 원자인 염소가 1개 치환되어 있다. 프탈산에스테르(예: 프탈산디부틸(dibutyl phthalate, 그림 9.1(g))는 DDT만큼 단순하진 않지만 헤테로인 관능기를 가짐으로써 유사하게 작용하고 있다고 의심되었다.

7장까지 설명한 화학물질은 그 물질의 물리·화학적 성질로 한 묶음으로하여 환경거동 등을 논의하여 왔지만, 내분비장애 화학물질은 독성의 발현 형태로 묶은 총칭이기 때문에 물성으로 일률적으로 묶을 수는 없다. 그림 1.9의 K_{OW}의 표에서 내분비장애작용이 확인된 것은 DDT와 같이 소수성이 큰 것으로부터 log K_{OW}가 3~4 정도의 노닐페놀과 비스페놀 A와 같이 소수성이 비교적 작은 성분까지 소수성의 범위가 넓다. DDT에 대해서는 지금까지의 장에서 설명한 물질이기 때문에 이 장에서는 페놀계의 내분비장애 화학물질, 즉 알킬페놀과 비스페놀 A에 초점을 두겠다. 이들 페놀계 내분비장애 화학물질은 지금까지 설명한 소수성의 물질보다 물에 녹기 쉬운 특징이 있다.

9.2.2. 알킬페놀

알킬페놀의 1종인 노닐페놀은 노닐기(탄소사슬 9의 알킬기)가 치환하고 있는 페놀이다. 피로피렌을 삼합체[1)]한 노넨을 페놀과 결합시켜 합성한다. 피로피렌의 삼합체 조합은 여러 개 존재하기 때문에 노넨과 노닐페놀에는 이성체가 여러 개 존재한다.

환경에 존재하는 노닐페놀은 공업용 세정제에서 유래하지만 노닐페놀 자체는 세정제로서의 작용을 가지고 있지는 않다. 비이온계 계면활성제

1) 삼합체 : 에틸렌 결합, 아세틸렌 결합, 카르보닐 결합 등을 가진 화합물 세 분자가 중합해 생성하는 화합물을 말한다. 3합체의 분자량은 물론 최초의 단위체의 3배가 된다. 예를 들면 파라알데히드는 아세트알데히드의 3합체이다(출처 : 화학대사전).

의 일종인 노닐페놀 에톡시레이트(nonylphenol ethoxylate: NPEO)가 미생물에 의해 분해되어 노닐페놀이 생성된다(그림 9.2). NPEO는 7장 「합성세제」에서 소개한 알킬페놀 에톡시레이트(APE, 그림 7.3(f))의 일종이며, 친수기로 3~18개의 에톡시기를 가진다. 호기적인 분해에 의하여 에톡시기가 짧아져 최종적으로 1개가 되어 노닐페놀 모노에톡시레이트(nonylphenol monoethoxylate: NP_1EO)가 생성되고, 그 후 그것이 혐기적인 환경에서 에톡시기가 하이드록시기로 되면 노닐페놀이 된다. 하수처리과정은 기본적으로 호기적인 과정이지만 활성오니의 질산화 처리 등의 혐기적인 처리도 이루어져 그것에 의해 노닐페놀 생성이 촉진된다[2]. 또한, 하수처리에서 생성된 NP_1EO가 환경수로 방류되어 퇴적물에 들어가면 그 장소의 혐기조건에서 노닐페놀이 생성될 가능성도 있다. NPEO는 1998년까지는 가정용 합성세제로 시장에 나도는 경우도 있었지만 업계의 자율규제 등에 의해 현재는 가정용 합성세제로서는 시판되지 않는다.

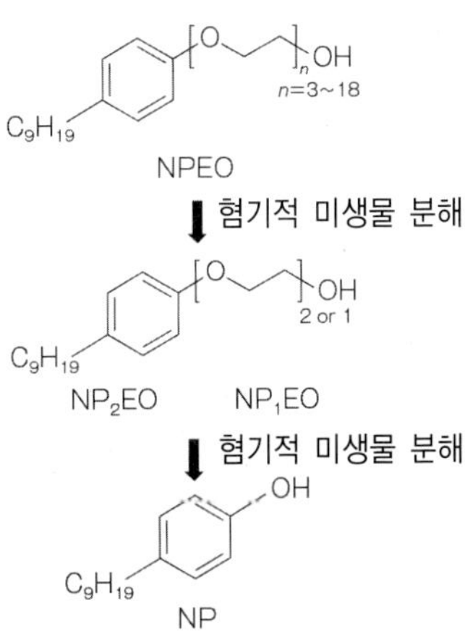

그림 9.2. Nonylphenol ethoxylate (NPEO)로부터 nonylphenol(NP)의 생성과정

W. Giger, P.H. Brunner and C. Schaffner, *Science*, 225, 623(1984)를 근거로 작성

알킬페놀에는 옥틸페놀도 포함된다. 옥틸페놀은 탄소사슬이 8개인 알킬기가 페놀에 결합되어 있는 화학물질이다. 노닐페놀과는 탄소사슬이 하나 다르지만 둘 사이의 합성 방식은 서로 다르다. 옥틸페놀의 옥틸기는 단일 화합물로 페놀에 결합하고 있기 때문에 이성체는 1종류밖에 존재하지 않는다. 옥틸페놀은 노닐페놀과 같이 옥틸페놀 에톡시레이트

(octylphenol ethoxylate: OPEO)가 분해되어 생성된다.

노닐페놀과 옥틸페놀은 함께 계면활성제의 원료로 사용되며, 플라스틱 첨가제나 원료로도 사용되고 있다. 플라스틱 산화방지제로 사용되고 있는 트리스노닐페놀포스파이트(tris-(nonylphenol)phosphite: TNP)는 호기적인 분해와 가수분해가 되면 노닐페놀이 생성된다. 그 때문에 TNP가 포함되어 있는 플라스틱에서는 노닐페놀도 동시에 검출된다. 또한 플라스틱들끼리 들러붙지 않게 하기 위한 박리제剝離制로서 계면활성제가 첨가되는 경우도 있으며, 이러한 용도에도 노닐페놀과 옥틸페놀 및 그 유도체가 사용될 수 있다.

9.2.3. 비스페놀 A

폴리카보네이트는 헬멧과 자동차의 차체, 급식 식기 등에 널리 사용되는 딱딱한 플라스틱이다. 그 폴리카보네이트의 구성단체構成單体가 비스페놀 A이다. 비스페놀 A와 호스겐이 교차로 연결되면 폴리카보네이트가 된다. 「bis」는 2를 표시하는 접두어이고, 비스페놀 A는 2개의 페놀이 결합한 구조를 갖는다는 의미이다. 「A」는 아세톤(acetone)에서 유래한다. 아세톤과 페놀을 반응시켜 비스페놀 A가 합성된다. 소수성은 낮고, log K_{OW}는 3.32[3]로 노닐페놀보다 더 친수성이 크다.

비스페놀 A는 폴리카보네이트 외에 에포시수지로서 코팅제, 수지樹脂(resin), 도료의 원료에도 사용되어 그것들로부터도 용출된다. 또한 폴리염화비닐 등의 다른 플라스틱의 첨가제로서의 용도도 있다.

9.2.4. 프탈산에스테르

프탈산에스테르는 현재 내분비장애작용은 인정되고 있지 않지만 내분비장애 화학물질을 이야기하는 이상 소개하여 두고 싶은 물질의 하나이다. 1998년에 일본 환경성이 내분비장애 화학물질에 대한 대응방침으로

「환경호르몬 전략계획 SPEED '98」을 책정했을 때에는 프탈산에스테르도 조사대상물질의 하나였다. 그러나, 그 후의 조사에서는 내분비장애작용은 인정되지 않는다고 판단하였다. 한편, 생식·발생독성과 발암성을 고려하여 일본과 유럽 및 미국에서는 프탈산에스테르가 일부의 어린이용 장난감에 사용이 규제되고 있다[4]. 일본에서는 일부가 PRTR법(화심법)에서 제 1종 지정화학물질에 지정되어 있다[4]. 내분비장애 화학물질의 일종一種은 아닌 것으로 과학적으로 판단되었지만 그 외의 생물 영향이 우려되고 있는 물질이다.

프탈산에스테르는 주로 폴리염화비닐의 가소제(플라스틱에 유연성을 주기 위한 첨가제)로 이용되고 있지만 그 외 플라스틱의 원료, 도료, 접착제 등 폭 넓은 용도가 있다. 프탈산에스테르는 무수 프탈산과 알콜을 축합시켜 합성한다. 알킬기의 종류에 따라 여러 개의 프탈산이 존재하며, 물리·화학적 성질은 결합시키는 알콜의 종류에 의존된다. 예를 들면 프탈산디부틸(dibutyl phthalate: DBP)은 알콜에서 유래하는 알킬기가 짧기 때문에 소수성이 낮지만(log K_{OW} = 4.5), 프탈산 디사이클로헥실(dicycrohexyl phthalate: DCHP, log K_{OW} = 6.2)와 같이 고리모양의 구조를 가지거나 프탈산디(2-에틸헥실)(di-(2-ethylhexyl)phthalate: DEHP, log K_{OW} = 7.6)과 같이 알킬기가 길어지거나 하면 소수성은 높아진다[5]. 이러한 물리·화학적 성질의 차이가 첨가제로서 광범위하게 사용될 수 있게 한다.

9.3. 내분비장애작용의 검출

내분비장애작용이 이와 같이 다양한 물질에 의해 일어날 수 있음이 어떻게 밝혀졌을까? 초래될 수 있음이 어떻게 명확하게 되어 왔는가. 1990~2000년경에 이루어진 대표적인 연구사례를 살펴보겠다.

9.3.1. 생물과 내분비장애 화학물질

1980년대부터 영국에서는 담수어에 자웅동체 등의 생식이상이 문제가 되었다. 1994년 환경에서 생식이상의 원인을 밝히기 위해 야외조사와 실내실험을 조합한 연구가 수행되었다[6, 7]. 영국 남동부의 에어강에서 수컷의 무지개송어를 케이지 내에서 3주간 사육하여, 그 혈액을 조사하는 실험이다. 혈액검사는 몸의 형태학적인 이상이 발생하기 전에 생화학적인 이상의 발생여부를 알기 위해서 한다. 생식이상의 징후를 검지하기 위해서는 비테로제닌을 측정하는 것이 유효하다. 비테로제닌은 난황단백질로 수컷에는 존재하지 않거나 존재하더라도 극미량이다. 혈액에서 비테로제닌이 검출된 경우 여성호르몬이 작용한 증거가 된다. 그러면, 3주 후의 수컷 무지개송어 혈액의 비테로제닌 농도는 어떻게 되었을까. 그림 9.3은 가로축에 상류(M1)와 하수처리장의 하류측 측정지점(M2–M4), 세로축에 무지개송어 혈장의 비테로제닌 농도를 나타낸 그림이다. 각 지점의 왼쪽이 노출 전, 오른쪽이 노출 후의 값이다. 지점 이름 밑의 숫자는 하수처리장으로부터의 거리를 표시하고 있다. LC는 laboratory control의 약자이고, 실험실에서 사육하고 있던 무지개송어를 대조구로서 사용하고 있다. M5는 하수처리장의 방류구이지만, 이쪽은 3주의 실험 도중에 무지개송어가 사망해버렸기 때문에 데이터를 얻을 수 없었다. 하수처리수의 노닐페놀도 포함한 화학물질의 급성독성에 의해 무지개송어가 사망한 것으로 추정된다.

3주간 사육한 결과 하수처리장의 하류 측에서 암컷에만 존재해야하는 비테로제닌이 수컷의 혈액에서 고농도로 검출되었다. 당시, 영국의 에어강에는 양모羊毛공장의 폐수가 하수처리장으로 유입되고 있었다. 그 양모공장에서는 NPEO를 양모세정제로서 사용하고 있었고, 그것들이 하수처리장에서 노닐페놀로 된 것이 원인으로 생각할 수 있다. 이들 지점의 하

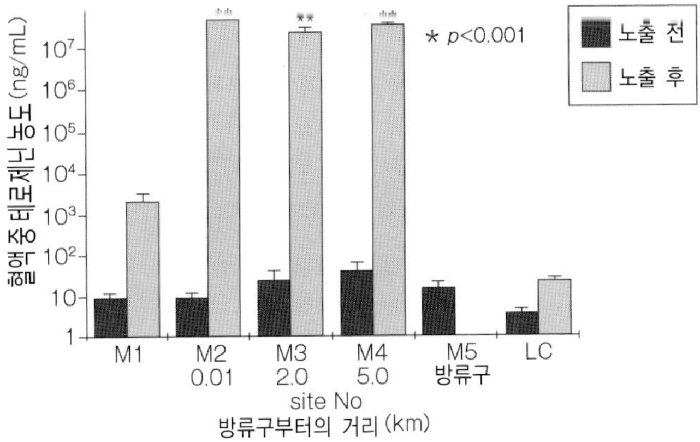

그림 9.3. 에어강에서 송어 혈장의 vtellogenin 농도

J.E. Harries *et al., Environ. Toxicol. Chem.*, **16**, 538(1997)

천수에서 검출된 노닐페놀 농도는 82~330μg/L였다. 이러한 농도가 비테로제닌 농도의 상승을 일으킨 것일까? 따라서 그 때문에 다음에 아래와 같은 실내실험을 하였다.

농도가 서로 다른 노닐페놀을 첨가한 물을 각각 준비하여 유리 수조에 넣고, 그 안에서 무지개송어를 사육하여 비테로제닌 농도의 상승여부를 조사하였다. 노닐페놀 농도가 5μg/L 까지 저농도의 실험구에서는 대조구와 차이가 없었지만, 노닐페놀 농도가 20.3μg/L 이상 실험구의 무지개송어 혈액에서는 비테로제닌 농도가 증가하였다. 에어강 하수처리장 하류의 하천수 중 노닐페놀 농도(82~330μg/L)는 이 값을 초과하고 있었고, 물 속의 노닐페놀이 수컷 무지개송어의 비테로제닌 농도 상승을 일으키는 물질로 특정되었다. 이 연구는 모니터링과 실내실험을 조합하여 원인물질을 특정할 수 있었던 중요한 연구이다. 또한, 이 실내노출실험의 결과로부터 노닐페놀 농도 10μg/L가 담수어에 대한 생식 이상을 일으키는 한계치로 생각되며, 그것에 안전계수인 0.1을 곱한 농도인 1μg/L가 노닐페놀 규제의 국제적인 기준으로 고려되었다[8].

9.3.2. 환경에서 내분비장애 화학물질과 여성호르몬

환경에 존재하는 내분비장애 화학물질이 생물에 작용하는 지의 여부를 조사하기 위해서는 내분비장애 화학물질만을 측정해서는 밝힐 수 없다. 동시에 여성호르몬류가 환경에서 어떻게 분포하고 있는지를 알아야 한다.

1990년대 일본에서도 동경의 타마천多摩川에서 생식 이상이 일어나고 있는 잉어가 발견되었다. 그림 9.4는 타마천多摩川의 하수처리장 방류구 부근에 서식한 수컷 잉어 정소의 사진이다. 그림 9.4(a)는 정상적인 정소지만, 그림 9.4(b), (c)와 같이 정소가 위축되거나 파열된 개체도 존재하고 있었다. 그 당시 타마천多摩川 물 속의 노닐페놀(NP), 옥틸페놀(OP), 프탈산에스테르의 프탈산부틸벤질(BBP)와 DCHP, 비스페놀 A(BPA), E1, E2의 농도를 측정하면 확실히 노닐페놀과 옥틸페놀이 높은 농도로 검출되었다(그림 9.5)[9]. 이것만 보면 노닐페놀이 생식 이상의 원인처럼 생각된다. 그러나, 이 500ng/L(0.5μg/L)라고 하는 노닐페놀 농도는 다른 내분비장애물질과 비교하면 확실히 높지만, 에어강에서 검출된 농도뿐만

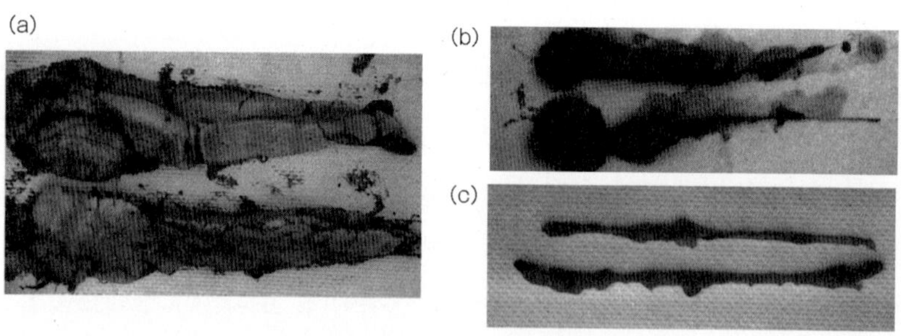

그림 9.4. 타마천多摩川 하수처리장의 방류구 부근에 서식하고 있는 수컷 잉어의 정소精巢

a) 정상개체, b)와 c) 이상개체

中村 將, 井口泰泉, 科學, 68, 566(1998)

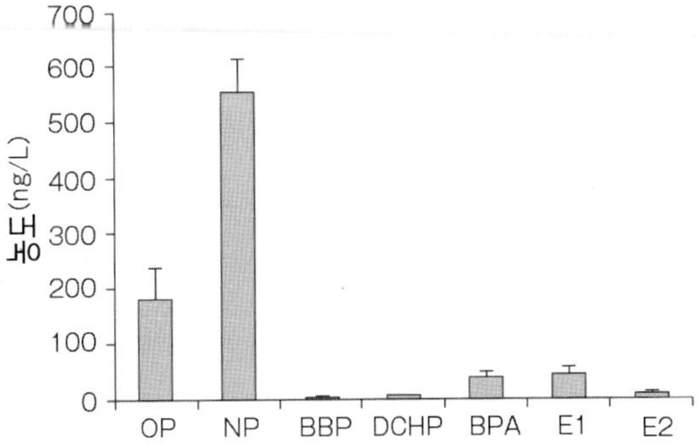

그림 9.5. 하수처리수 중 내분비장애가 의심되는 물질 및 여성호르몬류 농도

N. Nakada *et al., Environ. Toxicol. Chem.*, **23**, 2812(2004)를 근거로 작성

아니라 노닐페놀이 담수어에 생식 이상을 일으킬 수 있는 농도인 10μg/L 보다는 매우 낮다.

한편, 여성호르몬인 E2나 E1의 농도는 각각 2.25ng/L, 20.8ng/L로 노닐페놀에 비하여 1~2 자리수 낮다. 그러나, 실내실험에서 여성호르몬이 담수어에 생식 이상을 일으키는 농도는 E2는 1ng/L, E1는 25ng/L로 보고되고 있고, 타마천多摩川 물 속의 여성호르몬 농도는 이것을 초과하고 있거나 가까운 값을 나타내었다. 이것으로부터 타마천多摩川 잉어의 생식이상은 페놀계 내분비계장애 화학물질이 아니라 여성호르몬에 의해 발생한 것으로 생각된다. 이와 같이 생식 이상의 원인물질 평가에는 그 물질의 농도뿐만 아니라 내분비장애의 활성을 고려하여 평가해야 한다.

화학물질에 의한 내분비장애의 활성은 여성호르몬 수용체(리셉터)와 결합하는 능력으로 정량적으로 평가·비교된다. 그것은 이 장의 서두에서 설명한 것처럼 화학물질이 여성호르몬 리셉터와 결합하여 내분비장애가 시작되기 때문이다. 노닐페놀 등의 내분비계장애 화학물질은 여성호르몬의 리셉터와 결합하는 능력은 있지만 그 결합능력은 진짜의 여성호르몬에는 미치지 못하기 때문에 그 활성에는 차이가 생긴다. 정량적으로 평가하기 위하여 여성호르몬 중 가장 활성이 높은 E2의 활성을 1로 하였을 때, 그 외 화합물의 활성(비활성比活性)으로 비교한다. 그리고, 이 비활성과 각 성분의 농도를 곱한 것을 여성호르몬 등량농도(estradiol equivalent concentration: EEQ)라고 부른다. 표 9.1은 그림 9.5에서 나타낸 각 성분의 농도로부터 EEQ를 구한 것이다. 비활성이 E2의 4,700분의 1인 노닐페놀의 타마천多摩川 물 속의 EEQ는 1/4,700×561ng/L=0.12ng/ L-EEQ가 된다. 한편, E2의 경우는 1×2.25ng/L=2.25 ng/L-EEQ가 된다. 이렇게 계산한 페놀계 내분비계장애 화학물질과 여성호르몬의 EEQ를 각각 합계하면 페놀계 내분비계장애 화학물질의 EEQ는 0.14ng/L-WWQ, 여성호르몬의 EEQ는 5.40ng/L-EEQ가 된다[9]. 여성호르몬의 EEQ 쪽이 페놀계 내분비계장애 화학물질의 EEQ보다 1 자리수 높아 내분비장애에는 여성호르몬의 기여가 보다 큰 것으로 계산된다. 환경에서의 농도가 낮아도 비활성이 높으면 상대적인 기여는 여성호르몬 쪽이 높을 것이다. EEQ는 3장에서 나타낸 TEF×농도= TEQ와 유사한 개념이고, 어디까지나 복합적인 영향을 1+1=2라고 하는 상가적相加的(additive)인 것으로 가정한 것이다. 그러나, 독성영향은 1+1>2와 같이 상승적(synergetic)인 경우도, 1+1<2의 길항적(antagonistic)인 패턴도 생각할 수 있다.

표 9.1. 여성호르몬 비활성과 등량 농도의 산출 예

	여성호르몬 비활성	하천 중 농도	여성호르몬 등량 농도
Nonylphenol(NP)	1/4,700	561	0.12
Octylphenol(OP)	1/12,000	155	0.01
Bisphenol A(BPA)	1/5,400	38.8	0.01
Estron(E1)	1/6.6	20.8	3.15
Estradiol(E2)	1	2.25	2.25

N. Nakada *et al., Environ. Toxicol. Chem.*, 23, 2807(2004)를 근거로 작성

체내의 E1, E2는 대사되어 소변을 통해 배설되고, 하수처리장으로 들어간다. 여성호르몬은 내부기인성의 물질이긴 하지만 인위적기원의 물질이다. 하수처리장에서 물의 체류시간이 길어지면 당연히 제거되지만 큰 도시의 경우는 하수처리장에서 하수의 체류시간이 짧아서 여성호르몬이 충분히 제거되지 않은 채 배출되어 버린다. 오존처리 등의 보다 고도의 방법을 이용하면 E1과 E2를 분해할 수 있지만[10], 비용과의 균형 조절이 밸런스가 어려운 것이 현재 상황이다. 이상으로부터 1990년대의 타마천多摩川은 노닐페놀의 농도는 높지만, 여성호르몬의 활성을 고려하면 내분비계장애 화학물질의 영향은 받고 있지 않았다. 그러나, 만 안쪽의 운하[11]나 쓰레기처분장의 침출수[12]와 같이 노닐페놀의 농도가 매우 고농도인 경우 EEQ로 환산하더라도 노닐페놀이 탁월할 경우도 있다는 점을 잊지 말았으면 한다.

9.4. 환경의 내분비계장애 화학물질

지금까지는 페놀계 내분비계장애 화학물질에 의한 내분비장애에 대하여 설명하였지만, 이 절에서는 이들 물질이 환경에서의 존재나 거동에 촛점을 맞추겠다.

9.4.1. 환경거동

노닐페놀을 필두로 하는 내분비계장애 화학물질이 환경으로 확신되고 있는 것은 이미 설명하였다. 그것들이 어디까지 확산고 있는지를 농도와 함께 나타낸 그림이 그림 9.6이다. 그림 9.6은 하수, 하수처리수, 하천 표층수, 토쿄만東京灣 표층 해수, 토쿄만東京灣 저층 해수의 노닐페놀 농도를 나타내고 있다. 소수성이 큰 화합물의 경우는 절반 이상이 현탁입자에 흡착되어 이동하고 있고, 입자는 육지로부터 비교적 가까운 곳에 침강·

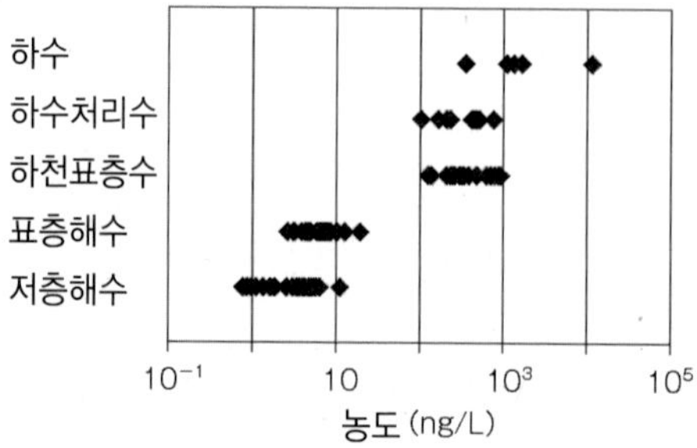

그림 9.6. 하수(n=5), 하수처리수(n=11), 하천 표층수(n=7), 토쿄만東京灣 표층 해수(n=28), 저층 해수(n=25) 중 Nonylphenol 농도 범위

「環境ホルモン·水産生物に對する影響實態と作用機構」編集委員會 編, "環境ホルモン·水産生物に對する影響實態と作用機構", p.22, 恒星社厚生閣(2006)

퇴적되기 때문에 물을 통한 장거리운반은 일어나기 어렵다. 한편, 노닐페놀은 중간 정도의 소수성을 가지며 log K_{OW}는 4.48로, 하천수에서는 약 90%가 물에 용해되어 존재한다. 그 때문에 물을 통해 이동되기 쉽기 때문에 토쿄만東京灣의 해수로부터도 검출된다.

또한, 노닐페놀은 소수성이 중간 정도이기 때문에 일부는 입자에 흡착된다. 하천수에서는 약 10%가 입자에 흡착하고 있고, 퇴적물에서도 노닐페놀이 검출된다. 토쿄만東京灣의 만 안쪽 퇴적물에서는 1g 당 μg 정도의 농도로 노닐페놀이 검출되는 장소도 있었다(그림 13.2(b)). 하수처리장과 펌프장 가까이에서 높은 농도를 나타내고 있고, 같은 하수 유래의 화합물인 LAB의 농도가 높은 지점과 일치하고 있다(그림 13.2(a)). 결국, 하수 특히 우천시 월류 하수로부터 유래하는 것으로 생각해도 좋을 것이다. 앞에서 설명한 것처럼 하수처리수와 하천수에서 여성호르몬 당량농도가 가장 높은 성분은 E2였지만, E2는 노닐페놀 보다도 소수성은 낮다(log K_{OW} = 4.01)[5]. 그 때문에 입자에 노닐페놀이 분배하여도 E2는 노닐페놀만큼 입자에 분배할 수 없다. 상대적으로 보면 퇴적물 중 노닐페놀의 여성호르몬 당량농도가 여성호르몬의 그것을 초과하는 지점도 나타날 것이다[11]. 더욱이, 퇴적물은 혐기적인 환경이기 때문에 완전히 처리되지 않은 NPEO가 노닐페놀로 환원되는 것도 생각할 수 있다. 퇴적물은 물속 보다도 여성호르몬 당량농도에서 페놀계 내분비계장애 화학물질의 기여가 높아지는 장소인 것이다.

9.4.2. 역사적 변천

페놀계 내분비계장애 화학물질은 최근까지 환경오염물질로서 주목되지 않았기 때문에 모니터링 데이터도 적고, 환경오염의 역사적인 경향에 관한 정보가 한정되어 있다. 이와 같은 정보의 공백을 매우기 위하여 주상퇴적물이 이용되는 경우가 있다. 그림 9.7(a)는 토쿄만東京灣 주상퇴적물의 수직분포이다[13]. 왼쪽은 일본에서의 생산량 변화, 오른쪽은 주상퇴적물의 노닐페놀 농도이다. 노닐페놀은 1950년 이전에는 검출되지 않았지만 1960년대에 농도가 급증하여 1970년대 중반에 피크를 나타내고, 그 후 현재까지는 농도가 감소하는 경향에 있다.

노닐페놀이 검출되기 시작하는 시기와 농도의 증가는 노닐페놀 생산의 개시·증가와 일치하고 있다. 그러나 노닐페놀의 생산량 자체는 증가하고 있음에도 불구하고 퇴적물에 보존되어 있는 양이 감소하고 있는 이유는 무엇일까? 그 해답은 하수처리장 보급률의 향상에 의해 유역으로부터 토쿄만東京灣으로 유입되는 노닐페놀이 감소했기 때문으로 생각된다. 하수처리에서 노닐페놀은 70% 정도 제거되기 때문에[14], 유역에서의 하수도 보급에 의해 유역으로부터의 노닐페놀 유입량이 감소한 것으로 생각된다. 대조적인 것은 비스페놀 A이다(그림 9.7(b)). 왼쪽에 폴리카보네이트와 에폭시수지의 생산량, 오른쪽에 비스페놀 A 농도를 나타내고 있다. 비스페놀 A는 도장塗裝 등에도 사용되고, 강우로 씻겨진 도로배수등의 도시표면 유출에 의해 토쿄만東京灣으로 공급되는 비율이 많은 화

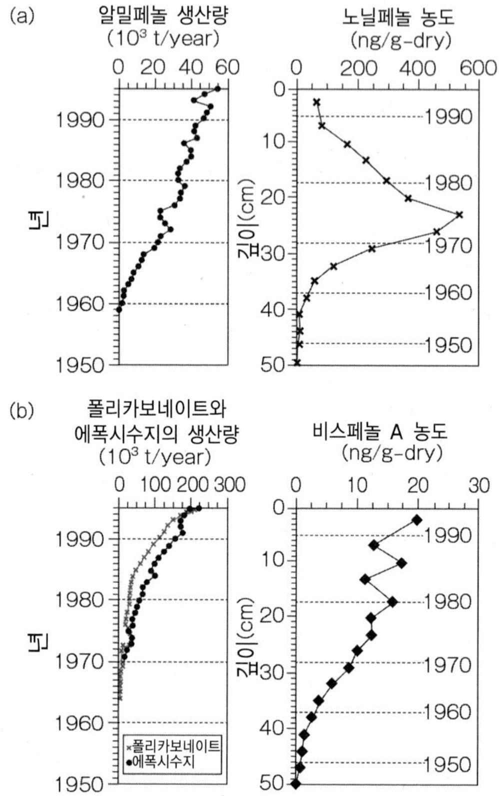

그림 9.7. 토쿄만東京灣 퇴적물에서 Nonylphenol(a)와 Bisphenol A(b)의 농도와 생산량 변화

奧田啓司ほか, 沿岸海洋研究, 37, 101, 102(2000)

학물질이다. 즉 하수처리장을 통하지 않고 공급되는 비율이 높기 때문에 하수도의 보급과 관계없이 생산량의 증가에 따라 수역으로의 공급이 높아진 것으로 생각된다.

그리고 주상퇴적물에서는 폴리카보네이트와 에폭시수지의 생산 개시 연대에 대응하는 층보다도 깊은 층에서 비스페놀 A가 검출되고 있다. 비스페놀 A는 소수성이 비교적 작기 때문에 간극수로 용출되어 수직적으로 이동하였을 가능성도 생각되어 주상퇴적물에서의 수직분포를 해석할 때에는 주의할 필요도 있다.

9.4.3. 생물농축

내분비장애 화학물질인 노닐페놀의 소수성은 지금까지 설명한 PCB 등과 같은 소수성 물질보다도 낮다. 그렇다고 해서 생물농축되지 않는 것은 아니다. 토쿄만東京灣에서 채취한 지중해담치에서 PCB보다도 높은 농도로 노닐페놀이 검출되었다[15]. 즉 생물농축이 일어나고 있는 것이다. 그러면, 생물증폭은 일어나는 것일까? 지금까지 여러 번에 걸쳐 영양단계의 지표인 질소안정동위원소비를 가로축, 화학물질의 농도를 세로축으로 한 그림을 제시하였다(그림 2.10, 그림 4.9, 그림 5.10). 실험에 이용한 생물은 이매패, 갑각류, 그리고 어류이다. 먹이사슬을 통한 농도 증폭이 PCB에서는 일어나며, PBDE는 대사 정도에 따라 동족이성체별로 다르고, PAH는 농도 증폭이 일어나지 않았다. 알킬페놀의 경우 갑각류와 어류에서 노닐페놀 농도는 이매패보다도 낮고, 먹이사슬을 통한 농도의 증폭이 아닌 감소 경향을 나타내는 것이 밝혀졌다(그림 9.8)[16]. 이경향은 5장에서 설명한 PAH와 유사한 대사되기 쉬운 물질 특유의 패턴

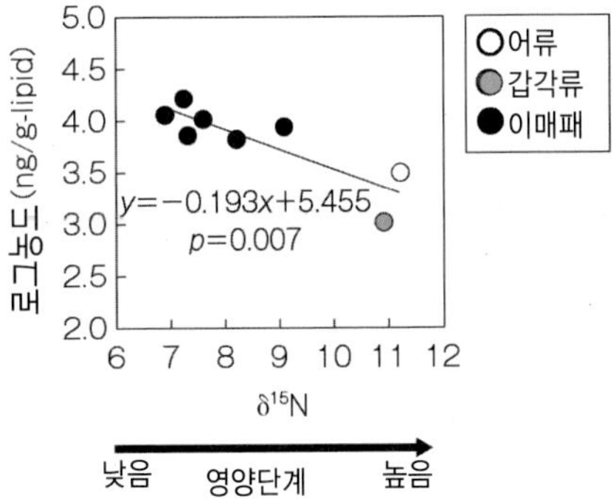

그림 9.8. Nonylphenol의 생물증폭

I. Takeuchi *et al., Mar. Pollut. Bull.*, **58**, 663(2009)를 근거로 작성

이다. 알킬페놀은 체내에 흡수되어도 하이드록시기가 붙어있어 수용성이 매우 높기 때문에 수용성을 높이기 위한 제1상반응第1相反應을 체내에서 일으킬 필요가 없이 그대로 배설되거나 바로 제2상의 포합반응抱合反應에 의해 체외로 배설되거나 하기 때문에 높은 영양단계의 생물에는 축적되기 어려울 것으로 생각된다. 이매패보다도 높은 영양단계의 생물인 갑각류나 어류의 높은 대사능력이 관계하고 있을 것이다.

참고문헌

1) T. Colborn, D. Dumanoski and J.P. Myers, "Our Stolen Future: Are We Threatening Our Fertility, Intelligence, and Survival? A Scientific Detective Story", Dutton(1996); 邦訳: 長尾力譯, "奪われし未來", 翔泳社(1997).
2) W. Giger, P.H. Brunner and C. Schaffner, *Science*, **225**, 623(1984).
3) M. Ahel and W. Giger, *Chemosphere*, **36**, 1474(1993).
4) 環境省, "PRTRインフォメーション廣場"
http://www.env.go.jp/chemi/prtr/risk0.html
5) U.S. Environmental Protection Agency, "EPI-suite^{TM} ver.4.11"(2012).
6) J.E. Harries *et al., Environ. Toxicol. Chem.*, **15**, 1993(1996).
7) J.E. Harries *et al., Environ. Toxicol. Chem.*, **16**, 534(1997).
8) R. Renner, *Environ. Sci. Technol.*, **31**, 316A(1997).
9) N. Nakada *et al., Environ. Toxicol. Chem.*, **23**, 2807(2004).
10) N. Nakada *et al., Water Res.*, **41**, 4373(2007).
11) 東京灣海洋還境研究委員會 編, "東京灣-人と自然のかかわりの再生", 恒星社厚生閣(2011).
12) E.L. Teuten *et al., Phil. Trans. R. Soc. B*, **364**, 2027(2009).
13) 奥田啓司ほか, 沿岸海洋研究, **37**, 97(2000).
14) N. Nakada *et al., Water Res.*, **40**, 3297(2006).
15) T. Isobe *et al., Envirn. Monit. Assess.*, **135**, 423(2007).
16) I. Takeuchi *et al., Mar. Pollut. Bull.*, **58**, 663(2009).

10

플라스틱 오염

10.1. 플라스틱과 첨가제

내분비교란 화학물질인 노닐페놀은 플라스틱의 첨가제로서도 사용되고 있다. 노닐페놀이 내분비교란작용을 가진 것을 최초로 알아낸 사람은 미국 보스톤의 타후트대학 의학부의 Dr. Ana Soto였다. 그녀는 유방암세포의 이상증식 메커니즘 해명을 위하여 불철주야 연구하고 있었다. 여성호르몬이 있으면 유방암세포가 이상증식하기 때문에 여성호르몬의 농도를 바꾸어 세포를 배양하는 실험을 하고 있었다. 그러나 1989년에 대조구인 여성호르몬을 첨가하지 않은 실험계에서 유방암세포가 이상증식하는 현상이 일어나 실험을 하면서 매우 곤란한 사태가 되었다. 이 원인이 노닐페놀이었다. 실험에 사용한 플라스틱 시험관으로부터 첨가제에서 유래한 노닐페놀이 용출된 것이다. 그리고 노닐페놀이 사람의 유방암세포를 증식시키는 것도 동시에 밝혀졌다. 이것은 노닐페놀에 의해 호르몬이 교란되어 자궁내막증과 유방암 등이 유발되는 것을 의미하는 아주 충격적인 보고였다.

이 보고서에 의해 1998년~2000년대 초반에 일상생활에서 사용하는 플라스틱으로부터 노닐페놀이 나오는지의 여부에 대해 조사가 이루어졌다[1]. 조사 대상으로는 사용하고 버린 플라스틱 제품의 컵과 접시 등이다. 그 결과, 몇 개의 제품에서 노닐페놀이 고농도로 검출되었다(그림 10.1). 9장에서 설명한 노닐페놀은 세정제 기원이 주된 것이었지만 플라스틱의 경우는 산화방지제로 첨가되는 트리스노닐페놀포스파이트(tris(nonylphenol)phosphite : TNP)가 주된 기원이며, 제조 후의 산화와 가수분해에 의해 노닐페놀이 쉽게 생성된다. 또한, TNP는 노닐페놀을 원료로 만들어지기 때문에 TNP에 노닐페놀이 그대로 남아 있는 경우도 있다. 또한, 플라스틱의 박리제로 사용되고 있는 노닐페놀 에톡시레이트(nonylphenol ethoxylate : NPEO)도 노닐페놀이 기원인 물질의 하나이다. 식품포장용 랩과 그 랩으로 싼 주먹밥에서의 노닐페놀 검출도 보고되었다. 이것은 1998년에 수행된 조사이지만, 2003년부터 2004년에 걸쳐 토쿄도東京都가 같은 조사를 실시하였다[2]. 조사 대상은 과자와 냉동과자의 식품포장용기 15개 시료이다. 시험은 식품유사용매(food simulant)인 n-헵탄, 20% 에탄올, 4% 아세트산, 물 90℃ 등 4가지 조건에서 실시되었다. 노닐페놀은 중간정도의 소수성을 가지고 있는 화학물질이기 때문에 기름에 녹기 쉬운 성질이 있다. 식품포장용기로부터는 아세트산과 물 90℃에서는 거의 용출되지 않았지만, n-헵탄과 에탄올에는 용출되었다. 특히, 유지성식품 유사용매인 n-헵탄의 용출액에서는 과자·빙과 등의 식품포장용기 15개 제품 중 10개 제품에서 노닐페놀이 검출되었다[2]. 그러면, 포장용기에서 노닐페놀이 검출된 식품자체에는 노닐페놀이 포함되어 있을까? 식품포장용기 중 가장 고농도로 검출된 것은 락토아이스크림[1])의 포장용기에서 2,800ng/cm^2 이었다. 이 용기에 포장되어 있던 락토아이스크림에서는 140ppb의 노닐페놀이 검출되었다[3]. 이와 같은 제

1) 우유고형분이 3% 이상인 아이스크림

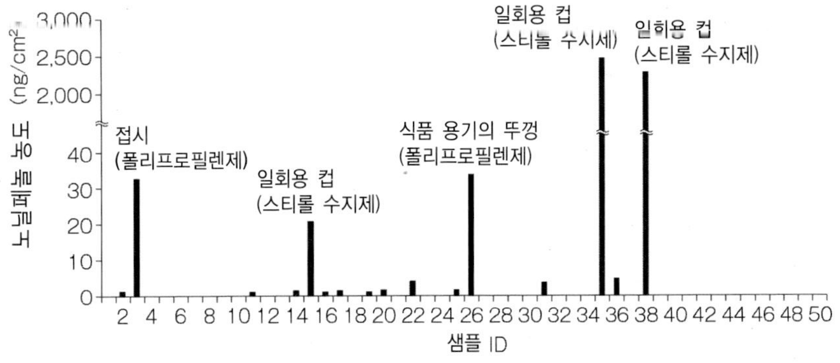

그림 10.1. 플라스틱제질 식기·컵 등에서의 노닐페놀 검출(1998년 조사)

磯部友彦ほか, 環境化學, 12, 624(2002)를 근거로 작성

품에 대해서는 행정지도에 의한 대응이 이루어졌다. 일본 경제산업부도 자율규제하도록 유도하고 있어 일본내에서도 플라스틱 제품에서 노닐페놀의 사용은 감소하고 있다.

한편, 플라스틱 제품의 노닐페놀에 대하여 전 세계적으로 이와 같은 규제·지도가 이루어지고 있는 것은 아니다. 따라서 해외의 플라스틱 제품에는 노닐페놀이 포함되어 있을 가능성은 충분히 있을 수 있다. 최근 값싼 수입 플라스틱 제품도 판매되고 있기 때문에 저자들의 연구그룹에서 2009년에 독자적으로 조사를 수행하였다. 그 결과, 지퍼가 달려 있는 식품용 보존봉지, 일회용 장갑 등에서 노닐페놀이 의미 있는 농도로 검출되었다. 검출빈도는 일본제품 : 2/25, 중국제품 : 9/25, 태국제품 : 6/7이다. 일본제품은 식품용 보존봉지와 일회용 장갑에서 검출되었지만, 모두 $1cm^2$ 당 1ng으로 저농도였다. 한편, 중국제품은 식품용 보존봉지와 장갑 외에 커피용 인서트 컵(일회용 플라스틱 컵)과 푸드커버(food cover)에서도 검출되었고, 그 농도는 $1cm^2$ 당 수~40ng으로 일본보다도 약간 높았다. 더욱이 태국의 6개 제품은 모두 식품용 보존봉지로 수 ng부터 100ng을 초과하는 농도까지 폭 넓게 검출되었다.

흥미 있는 점은 1998년의 조사에서는 폴리프로필렌(PP)제질의 플라스틱에서 검출이 많이 되었지만, 2009년의 조사에서는 폴리에틸렌(PE) 제품에서 검출되는 것이 많았던 점이다. 어떤 제품에 노닐페놀을 첨가하는지는 시대에 따라 변화하고 있을 가능성이 있다. 그러나 제품자체만 살펴봐서는 판별할 수 없다.

10.2. 페트병 뚜껑

플라스틱 제품에 첨가제 유래의 노닐페놀이 포함되어 있는 것이 밝혀져서 주목 받은 것이 있다. 바로 페트병의 뚜껑이다. 페트병 본체는 그 이름대로 폴리에틸렌텔레프탈레이트(PET)이다. PET에는 유기계의 첨가제는 거의 들어있지 않다. 한편, 뚜껑은 PE제질의 것이 많다. 그리고 거기에는 첨가제가 포함되어 있는 것도 있다. 그래서 전 세계 19개국에서 구입한 미네랄워터(일본만 탄산음료·차 종류 음료 포함)의 페트병 뚜껑을 저자들의 연구실에서 분석하였다(그림 10.2). 그 결과, 케냐, 한국, 미국 등 12개국의 뚜껑에서 의미 있는 농도로 노닐페놀이 검출되었다[4]. 또한, 같은 나라의 제품이라도 검출되는 뚜껑과 검출되지 않는 것이 혼재하고 있었다. 이것들은 산화방지제 혹은 박리제로 첨가되어 있는 노닐페놀 유도체에서 유래하는 것으로 생각되었다. 일본의 미네랄워터병 뚜껑에서 노닐페놀은 검출되지 않았지만, 탄산음료 병의 뚜껑에서는 의미 있는 농도로 노닐페놀이 검출되었다. 내압이 높기 때문에 뚜껑에 밀착성을 가지도록 보다 많은 첨가제가 배합되었기 때문으로 생각된다.

제품에 들어있다고 하는 것은 이것이 폐기된 것에도 노닐페놀이 포함될 가능성이 있다. 페트병의 뚜껑은 해안에서 흔히 보이는 플라스틱 쓰레기이다. 그래서 해안에 표착되어 있는 페트병 뚜껑의 노닐페놀을 분석하였다. 시료는 오키나와현沖縄県이시가키섬石垣島과 나가사키현長崎県 나

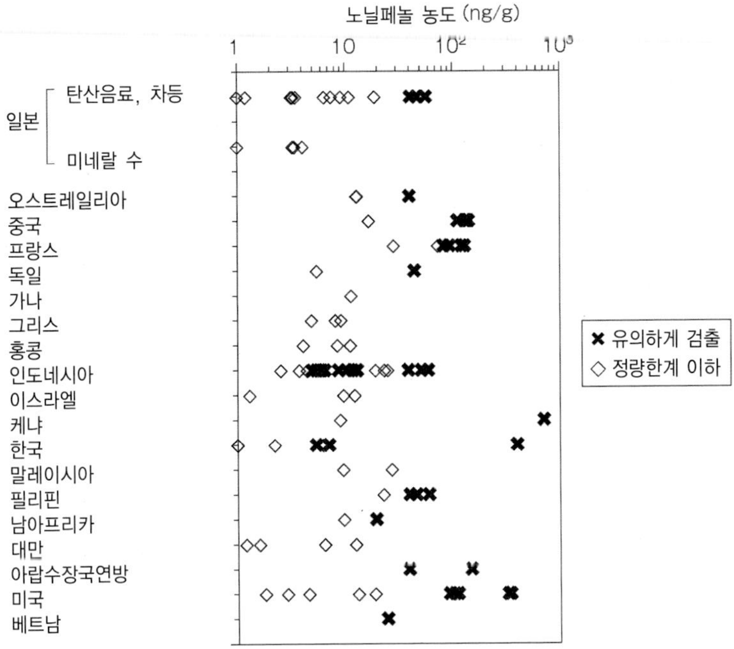

그림 10.2. 페트병 뚜껑에서 노닐페놀의 용출

高田秀重ほか, 海洋と生物, 215, 580(2014)

루섬奈留島에서 채취한 뚜껑을 사용하였다. 이들 섬은 중국과 한국 등으로부터 플라스틱 쓰레기가 대량으로 표착하고 있어, 그 중에 페트병과 그 뚜껑도 포함되어 있다. 페트병의 뚜껑에 새겨져 있는 브랜드 명과 로트 번호를 바탕으로 해안에 표착한 중국제품의 뚜껑과, 가까운 로트의 제품을 중국에서 구입하여 함께 분석하여 노닐페놀 농도를 비교하였다. 비교 결과, 해안에 표착한 뚜껑의 노닐페놀 농도는 제품에 비해 2자리수 낮아, 바다를 표류하는 사이에 노닐페놀이 해수로 용출된 것을 시사하였다[5].

이 연구로부터 플라스틱 첨가제 중 비교적 소수성이 낮은 성분은 해수에 용출될 가능성이 있는 것으로 밝혀졌다. 바다를 표류하는 플라스틱 쓰레기가 오염물질의 이동 발생원이 되어 플라스틱을 통해 오염물질이 환경에 확산되고 있는 것을 의미한다. 한편으로 플라스틱으로부터 유기화합물의 용출은 그 유기화합물의 소수성이 커질수록 느려진다는 보고도 있다[6]. 바다를 표류하거나 해안에 표착되는 플라스틱에는 소수성이 큰 첨가제가 해수로 모두 다 용출되지 않고 남아 있을 가능성도 있다. 다음 절에서는 플라스틱에 의한 해양오염, 특히 유해화학물질의 공급원으로서의 플라스틱에 대하여 설명하겠다.

10.3. 플라스틱에 의한 해양오염

10.3.1. 플라스틱 쓰레기의 해양 확산

현재 플라스틱에 의하여 해양이 오염되고 있다. 일본뿐만 아니라 전 세계 모든 해안에서도 플라스틱 쓰레기를 발견할 수가 있다(그림 10.3(a)). 해류의 흐름에 따라서는 쓰레기가 표착하기 쉬운 해안도 있고, 대량의 비닐봉투와 플라스틱 용기, 페트병의 뚜껑 등 크기에 관계없이 표착하고 있다. 일본의 경우 대륙으로부터의 표류물이 표착하기 쉬운 일본의 서쪽 해안에서 많이 보이는 광경이다. 플라스틱 쓰레기는 해안에 표착할뿐만 아니라, 바다 위를 표류하고 있는 것도 있다(그림 10.3(b)). 해류의 영향에 의해 표류하고 있는 플라스틱이 모이는 곳이 외양에 있다. Gyre(환류, 소용돌이)로 불리는 해류 흐름의 중심부가 북태평양, 남태평양, 북대서양, 남대서양, 인도양에 각각 존재하고 있다. 북태평양 gyre의 약간 동쪽 지역에서 표류하고 있는 플라스틱이 많이 관측되고 있다(그림 10.4)[7]. 이와 같은 장소는 플라스틱 이외의 물질은 분해되지만, 분해되기 어려운 플라스틱은 그 장소에서 점점 쌓이게 된다.

(a) (b)

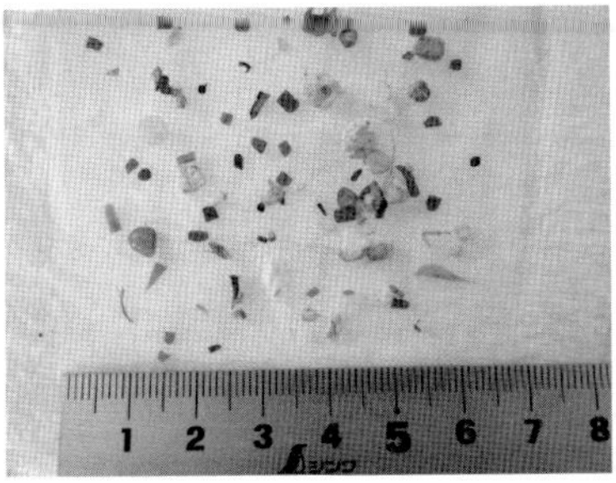

그림 10.3. 표착 쓰레기와 표류 쓰레기

(a) 이리오모테섬西表島해안(2015년), (b) 토쿄만東京湾 표층에 부유하고 있는 플라스틱(2014년)

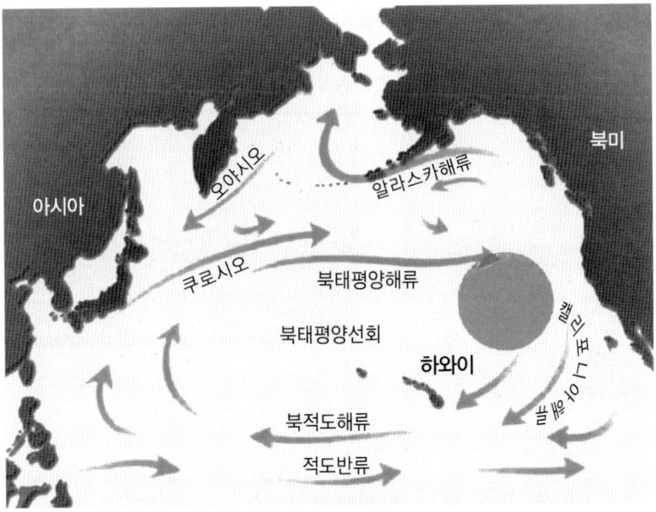

그림 10.4. 외양에서 쓰레기의 집적 장소

C. Moore and C. Phillips, "Plastic Ocean", 口絵, p.7, Avery(2011)

이렇게 해양·해안에 존재하는 플라스틱 쓰레기는 생물이 먹이로 착각하고 섭취하여 소화관 내에 축적되어 있는 경우가 있다. 베링해에서 서식하는 쇄부리슴새의 위 안에서 레진펠릿(resin pellet, 수지 알갱이), 플라스틱의 파편(프래그멘트), 화학섬유, 발포 스티롤, 시트 등 각양각색의 플라스틱이 검출되었다(그림 10.5). 이것은 이 개체에만 해당되는 것이 아니고, 이 해역의 대부분의 쇄부리슴새의 위 안에서 플라스틱이 검출되어 오히려 플라스틱을 먹지 않은 쇄부리슴새를 찾아내는 것이 곤란할 정도이다. 쇄부리슴새뿐만 아니라 고래와 바다거북이 등 200종 이상의 해양생물의 소화관에서 플라스틱이 검출되고 있다. 이렇게 잘못 섭취한 플라스틱은 분해되지 않기 때문에 경우에 따라서는 소화관을 막아버려서 장폐쇄, 영양부족 등이 발생할 가능성이 있다. 또한, 이와 같은 물리적인 장애뿐만 아니라 플라스틱에 포함된 유해화학물질에 의한 화학적인 영향이 우려된다.

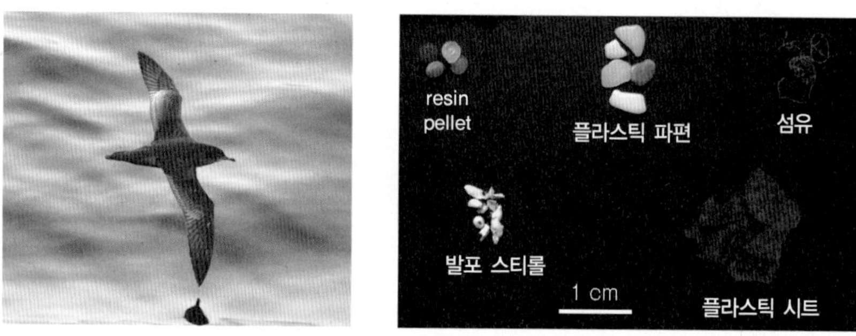

그림 10.5. 쇄부리슴새(short-tailed shearwater) 위 속의 플라스틱

西沢文吾氏, 山下 鹿氏提供.

10.3.2. 플라스틱에 들어 있는 화학물질

해양을 부유하는 플라스틱은 2종류의 유해화학물질이 포함되어 있다. 하나는 지금까지 설명한 것처럼 플라스틱 제품에 원래부터 첨가되어 있는 첨가제와 분해생성물이다. 또 하나의 종류는 주변의 해수로부터 흡착된 소수성의 환경오염물질이다. 저자들은 해양에 부유하는 플라스틱에 소수성의 환경오염물질이 흡착되는 것을 2001년에 미국의 과학잡지에 발표하였다[8]. 새로 만들어진 PE제질의 펠릿(pellet)을 토쿄만東京湾 연안에 부유시켜 시간차를 두고 채취한 것을 분석하면, 플라스틱의 PCB 농도가 날이 갈수록 상승하였다. 2장에서 소개한 오염 지도는 이 현상을 거꾸로 이용하여 모니터링을 한 것이다. 그로부터 10년 이상이 경과한 현재 플라스틱의 화학물질에 의한 환경오염에 대한 관심이 증가하고 있다. 왜 플라스틱에 화학물질이 흡착되는가 하면, 탄화수소의 골격으로 구성된 폴리머(polymer, 고분자)이기 때문에 소수성이 커서 소수성의 화학물질을 해수로부터 흡착한다.

실제로, 해안에서 줍거나 외양에서 그물로 끌어서 채취한 플라스틱의 화학물질을 측정하면 앞 장에서 소개한 많은 소수성의 화학물질이 검출되고 있다. 플라스틱은 퇴적물과 현탁물질과 마찬가지로 소수성의 오염물질을 운반하는 매체가 되는 것이다. 특히, 비중이 작은 플라스틱은 물에 뜬다는 점에서 현탁물질 및 퇴적물과는 차이가 있으며, 오염물질을 장거리로 운반할 수 있는 특징을 가진다. 자연의 현탁입자는 해양에 유입되어도 발생원으로부터 수십 km 이내에 퇴적되지만, 플라스틱은 수천 km까지 운반되는 것도 있다. 실제로 해안에 표착하거나 해양을 표류하고 있는 수 mm~수 cm의 플라스틱 파편에 들어 있는 오염물질의 분포를 살펴 보자(그림 10.6 (a)). 소수성 오염물질의 대표로서 PCB에 주목해 보자. 전체로서는 토쿄東京와 로스앤젤레스 같은 도시지역의 해안에서 PCB 농도는 높고, 멀리 떨어져 있는 해안에 표착된 것과 외양을 표류하고 있는 것에서 PCB 농도는 낮았다. 즉, 표착·표류해역의 PCB 오염을 반영하고 있었다. 데이터를 상세히 살펴보면, 같은 해안과 해역에서 채취한 플라스틱 파편들 사이의 PCB 농도가 1자리수 이상의 범위로 크게 변화하는 것을 알 수 있다. 같은 해역에서 채취한 시료에서도 농도에 분산이 있는 것은 플라스틱의 크기가 수 mm~수 cm로 퇴적물과 현탁입자와 비교하여 크기 때문인 것으로 생각된다. 퇴적물의 경우 입자의 크기는 약 수 ㎛로 표면에만 화학물질의 흡착이 일어난다. 그러나 플라스틱

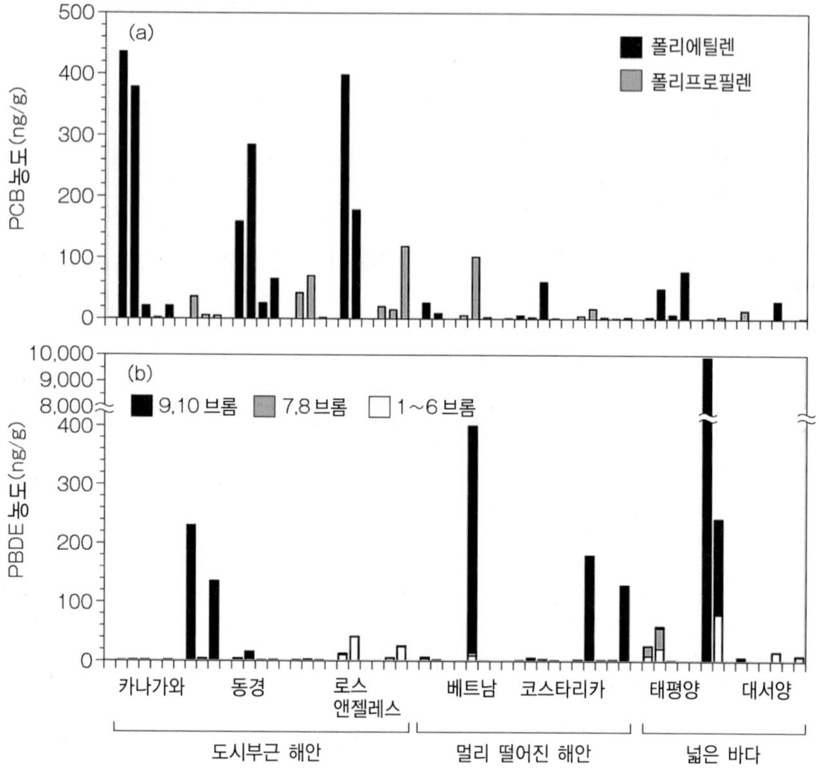

그림 10.6. 표착 및 표류 플라스틱 파편의 오염물질

(a) PCB, (b) PBDE

高田秀重ほか, 海洋と生物, **215**, 580(2014)

의 크기는 수 mm 또는 cm 단위이다. 플라스틱의 내부까지 평형에 도달하기까지는 1년~수년 걸린다고 생각된다. 그리고 플라스틱 파편은 각 파편 하나하나의 수송경로와 수송시간, 즉 체류시간이 달라진다. PCB가 고농도의 도시연안 해역으로부터 PCB 농도가 낮은 원격지로 표류해 가는 경우 체류시간이 길면 탈착(용출)되기 때문에 플라스틱 파편의 PCB 농도는 낮아지지만, 체류시간이 짧으면 탈착되지 않은 채 수송되어 원격지에서도 플라스틱 파편의 PCB 농도는 높다. 그 때문에 비도시 지역의 해안에 표착하고 있는 플라스틱 파편과 외양을 표류하고 있는 플라스틱 파편에서 플라스틱 파편 사이에 농도의 분산이 큰 것으로 생각된다. 퇴적물과 현탁입자인 경우는 입자도 작고 흡탈착의 평형에 필요한 시간도 짧아서 입자와 해수는 평형에 도달해 있기 때문에 오염해역으로부터 운반된 현탁입자에서도 원격지에서는 그 주위의 농도를 반영하여 모든 입자에서 낮은 PCB 농도가 된다. 이와 같이 산발적으로 높은 농도의 오염물질이 검출되고, 부유하면서 오염물질을 외양까지 운반하는 점이 플라스틱의 오염물질 수송매체로서의 특징이다.

앞에서 설명한 것과 같이 플라스틱에 들어 있는 또 한 종류의 화학물질은 첨가제이다. 그림 10.6(b)는 플라스틱의 PBDE 농도를 나타낸 것이지만, 그림 10.6(a)의 PCB와는 또 다른 경향이 확인되었다. PCB는 분산은 있지만 도시지역의 연안에서 채취한 플라스틱에서는 농도가 높고, 외양에 표류하고 있던 플라스틱에서는 아주 낮은 농도로 검출되었다. 한편, PBDE의 경우는 외양을 표류하고 있던 것에서 도시지역 연안의 것 이상의 농도로 BDE209가 검출되었다. 첨가제 유래의 BDE209가 들어 있는 플라스틱이 외양에 존재하고 있다고 생각하는 것이 이치에 맞을 것이다. PBDE 이외에도 노닐페놀과 비스페놀 A도 외양의 플라스틱에서 산발적으로 고농도로 검출되었다. 첨가제는 플라스틱이 바다를 부유하는 도중에 용출되지만, 플라스틱 파편에 따라서 그 크기와 해류 등의 조건에 의해 짧은 체류시간에 외양에 도달하는 것도 있다. 또한, 소수성이 큰 물질일수록 그 용출속도는 늦어지기 때문에 log K_{OW}도 10 이상으로 큰 BDE209가 모두 용출되기 전에 외양과 비도시 지역의 해안에서도 고농도로 검출되는 플라스틱 파편이 있다. 흡착 유래, 첨가제 유래에 관계없이 산발적으로 높은 농도의 것이 원격지까지 부유하여 운반되는 것이 오염물질의 수송매체로서 플라스틱의 특징이다[9].

10.3.3. 플라스틱 중 화학물질의 생물로 이동

플라스틱에 흡착 또는 첨가제로서 들어 있는 화학물질은 생물로 이동할까? 이와 같은 연구 사례는 매우 적다. 우선 소개하는 것은 그림 10.5에 나타낸 베링해에 서식하는 쇄부리슴새의 조사이다[10]. 이 바다새가 플라스틱 파편을 섭취하고 있는 것은 사진에 있는 그대로이다. 플라스틱에 흡착되어 있는 PCB가 바다새의 체내로 이동하고 있을 가능성을 규명하기 위하여 이 새의 위 속에서 검출된 플라스틱의 중량과 지방의 PCB 농도를 측정하였다. 시료로 한 바다새는 혼획이라고 하여 물고기를 어획하는 어망에 걸려 사망한 것으로 허가를 얻어 해부하였다. 그림 10.7의 가로축은 각각 새의 위 속에 있었던 플라스틱의 무게, 세로축은 염소수가 적은 PCB의 농도이다. 플라스틱의 무게와 PCB 농도 사이에는 상관성이 확인되었다. 즉, 플라스틱을 많이 섭취하면, 지방의 저염소 PCB 농도가 상승하는 것을 나타내고 있다. 이것은 섭취한 플라스틱에 흡착되어 있었던 PCB가 바다새로 이동하여 지방에 축적되는 것을 시사하고 있다. PCB는 저염소로부터 고염소까지 측정하였지만, 고염소 PCB와 저염소 PCB를 합산한 총 PCB 농도에 대해서는 상관성이 나타나지 않았다. 이 이유는 PCB는 이 바다새의 원래의 먹이(물고기 등)을 통해서도 바다새에 노출되고 있어, 먹이에 고염소의 PCB가 많고, 저염소의 PCB가 적었기 때문으로 해석된다. 함유량이 낮지만 저염소 PCB는 먹이에도 들어 있기 때문에 위 속의 플라스틱과의 상관성에 의미가 있어도 그렇게 높

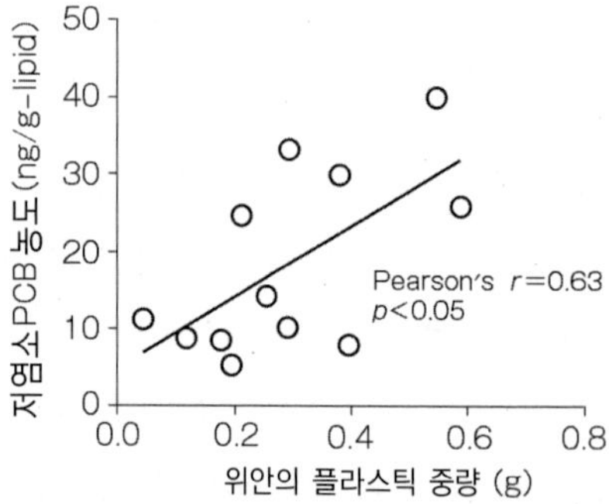

그림 10.7. 쇄부리슴새 위 속의 플라스틱 중량과 저염소 PCB 농도의 상관관계

R. Yamashita *et al., Mar. Pollut. Bull.*, 62, 2848(2011)

지는 않다. 먹이에는 들어있지 않으면서 플라스틱에만 들어 있는 성분을 측정하면 가장 명확한 결과가 얻어질 것이다. 그것을 다음에 소개하겠다.

PCB를 측정한 같은 쇄부리슴새의 지방과 위 속의 플라스틱과 물고기(이 새의 먹이생물)에서 PBDE를 측정하였다(그림 10.8). 12개체 중 4개체의 위 속의 플라스틱에서 브롬의 수가 많은 BDE209와 BDE183이 검출되었다. 난연제로서 플라스틱에 첨가되어 있는 브롬의 수가 많은 PBDE가 검출되었기 때문이다. 그리고 같은 4개체의 지방에서 BDE209와 BDE183이 검출되었다. 그러나 먹이생물인 물고기로부터는 BDE209와 BDE183은 검출되지 않았다. 먹이에서는 검출되지 않는 BDE209와 BDE183가 위내 플라스틱과 같은 개체의 지방조직에서 검출된 것은 이들 화학물질이 플라스틱에서 지방조직으로 이동하는 것을 나타내고 있다[11]. 플라스틱에서 생물로의 화학물질의 이동을 나타내는 획기적인 증거이다. 한편, 어류에서는 BDE47과 BDE99와 같은 저브롬의 PBDE가 검출되었으며, 그것들은 12개체 모든 바다새에서 검출되었다. 먹이사슬, 먹이경유에서의 노출·축적으로 생각된다. 브롬의 수가 작은 BDE47과 브롬의 수가 많은 BDE209가 난연제로서 플라스틱에 배합되고 있음에도 불구하고 왜 이와 같은 차이가 나타나는 것인가? 4장에서 설명한 것처럼 저브롬의 동족이성체는 생물농축되기 쉽고, 그 일부에서는 생물증폭도 일어난다. 그 때문에 BDE47과 BDE99와 같은 저브롬 동족이성체는 어류에도 농축되어 있다. 한편, BDE209와 BDE183과 같은 고브롬 동족이성체는 생물농축되기 어렵고, 생물증폭은 일어나지 않는다. 그 때문에 어류에서는 검출되지 않는 것이다. 생물농축도 일어나기 어려운 BDE209와 BDE183과 같은 고브롬 동족이성체가 바다새의 지방으로 이동하는 메커니즘으로는 정어리 등 유분을 많이 함유하는 어류를 먹이로 하고 있기 때문에 위내에 저장된 기름이 용매로 작용하여 플라스틱에서 고브롬 동족이성체의 용출과 생물로의 흡수를 촉진하는 것으로 생각된다[12].

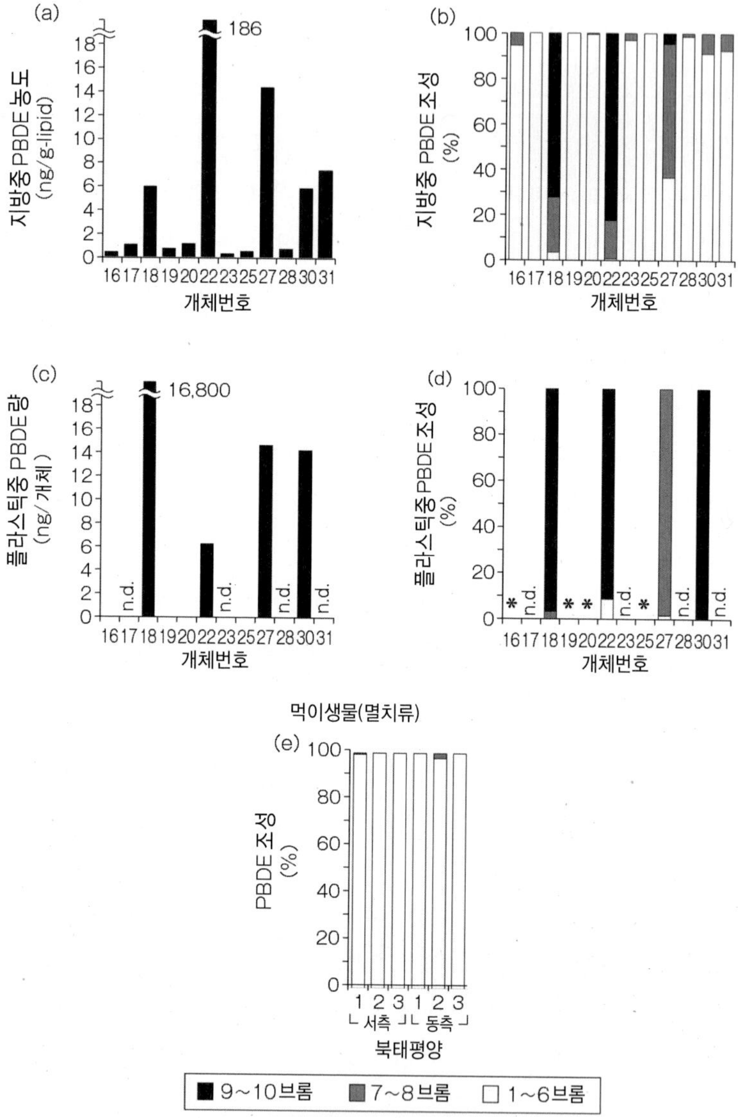

그림 10.8. 섭식 플라스틱에서 쇄부리슴새로의 PBDE의 이동

(a) 쇄부리슴새 지방의 PBDE 농도, (b) 쇄부리슴새 지방의 PBDE 상대조성, (c) 섭식 플라스틱에서 검출된 PBDE 량, (d) 섭식 플라스틱의 PBDE 상대조성, (e) 먹이생물의 PBDE 상대조성

K. Tanaka *et al., Mar. Pollut. Bull.*, **69**, 219(2013)

이와 같이 생물증폭의 유무가 야생생물로의 플라스틱 유래의 화학물질의 노출 차이를 발생시킬 가능성은 PBDE 이외의 화학물질에서도 생각할 수 있다. 먹이사슬과 플라스틱으로부터의 기여를 비교한 것을 그림 10.9에 나타내었다. PCB와 저브롬 PBDE 모두 플라스틱에도 들어 있지만 생물증폭이 되는 물질이기 때문에 먹이사슬 경유(먹이 경유)의 기여가 크다. 한편, 고브롬 PBDE는 생물증폭이 일어나지 않기 때문에 먹이사슬 경유의 기여는 상대적으로 작고, 플라스틱의 기여가 커진다. 실제 생물의 측정에서 확인된 것은 아니지만, 플라스틱에 첨가제로 들어 있는 노닐페놀도 바다새와 같은 높은 영양단계 생물로의 직접 노출 가능성을 생각할 수 있다. 노닐페놀이 생물증폭되지 않기 때문이다. 플라스틱과 생물증폭이 일견 관계가 없는 것 같지만 이런 곳에서 연결되고 있었다. 아무튼 이와 같은 플라스틱을 통한 화학물질 오염의 연구가 바로 지금 수행되기 시작한 것이다.

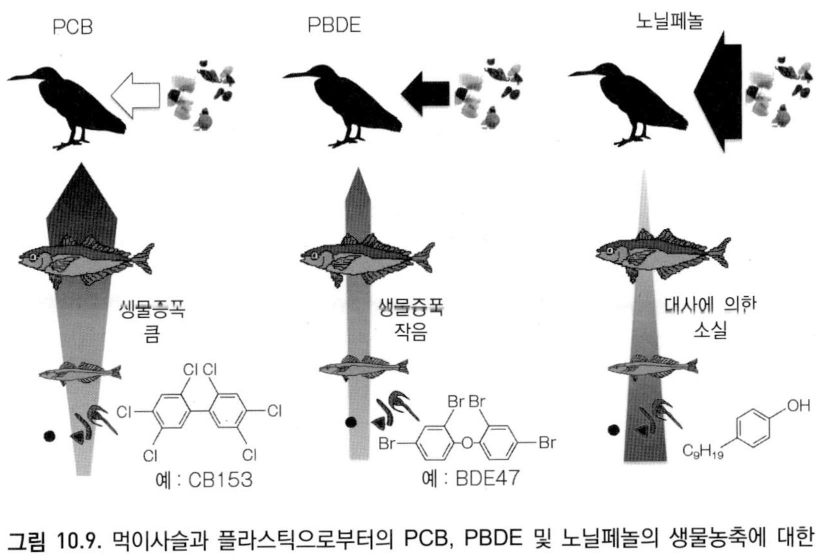

그림 10.9. 먹이사슬과 플라스틱으로부터의 PCB, PBDE 및 노닐페놀의 생물농축에 대한 기여

10.4. 쓰레기 매립처분장의 침출수

플라스틱이 관련하는 오염은 플라스틱이 바다에 도달하지 않으면 괜찮다라고 하는 것은 아니다. 육상에서도 플라스틱이 관련하는 오염원이 있다. 바로 쓰레기 매립처분장이다. [인류가 사라진 세계(원제: The World Without Us)라고 하는 서적이 2007년에 간행되어 베스트셀러가 되었다. 만약 돌연 이 세계로부터 인류가 갑자기 사라진다면 그 후의 세계는 어떻게 변해 가는 지를 과학적으로 고찰한 논픽션이다[13]. 그 중에 플라스틱을 거론하여 해양플라스틱 오염과 함께 열대 아시아의 쓰레기 매립처분장에서의 조사도 언급되고 있다.

열대 아시아의 쓰레기 매립처분장에 대해서는 이 책에서도 지금까지 화학물질의 오염원으로서 소개해 왔다. 경제발전에 동반하여 대량으로 쓰레기가 발생하고 도시에서 발생한 쓰레기는 분리되지 않은 채 처분장에서 쌓여만 있으며, 쓰레기 중의 음식물 쓰레기가 부패하여 혐기적인 환경이 형성되어 거기에는 유기물과 무기물이 혼재되어 있다. 이 중에는 플라스틱도 많다. 열대 아시아 특유의 스콜 등 강우에 의해 침출수가 발생한다.

열대 아시아의 쓰레기 매립처분장의 침출수에서 고농도의 PBDE가 검출되는 것은 4장에서 설명했지만, 그 외에 노닐페놀, 옥틸페놀, 비스페놀 A도 고농도로 검출된다[14]. 그 중에서 비스페놀 A의 농도는 매우 높아서 1L 중에 수 mg의 단위로 검출된다. 이것은 일본의 하수처리장에서 검출되는 농도보다도 몇 자리수 더 높은 농도이다. 노닐페놀과 옥틸페놀은 플라스틱의 첨가제가 용출된 것으로 생각된다. 비스페놀 A도 첨가제의 기여를 생각할 수 있지만, 폴리카보네이트와 에폭시 수지 등의 폴리머(polymer)의 분해에 의해 모노머(monomer)가 생성되어 용출되었을 가능성도 생각할 수 있다. 매립지는 쓰레기의 분해에 의해 발생한 열에 추가하여 압력도 걸리기 때문에 폴리머가 부서지기 쉬운 환경이 된 것으로 생각할 수 있다. 또, 열대 아시아의 쓰레기 매립처분장의 침출수에서는 여성호르몬도 검출되었다(그림 10.10). 쓰레기 매립처분장의 침출수에서 여성호르몬이 검출되는 이유는 쓰레기 매립처분장에는 쓰레기로부터 돈이 되는 것을 채취하여 생계를 유지하는 사람들이 살고 있어, 그 분뇨에서 유래하는 가능성 등을 생각할 수 있다. 페놀계 내분비장애 화학물질과 여성호르몬을 EEQ로 환산하여 비교해 보면, 필리핀과 말레이시아, 태국의 쓰레기 매립처분장의 침출수는 천연의 여성호르몬 보다도 비스페놀 A 쪽이 내분비장애에 대한 기여가 높아진다[14].

주변 환경에 영향을 미치는지의 여부를 조사하기 위하여 말레이시아의 코알라룸푸르 근처의 매립처분장에서 상세한 조사를 수행하였다. 이 매립처분장 가까이에 작은 하천이 흐르고 있어 그 앞쪽에 있는 연못에 침출수가 흘러 들어가고 있다. 고농도의 비스페놀 A(2,900μg/L)를 함유

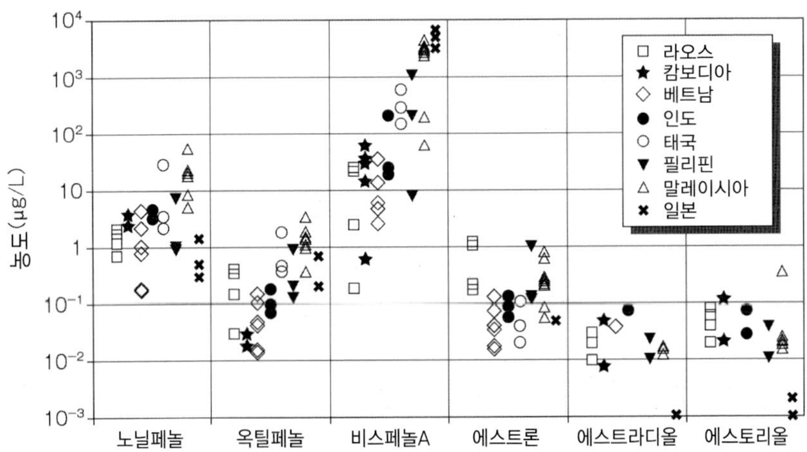

그림 10.10. 동남아시아의 쓰레기 매립처분장 침출수의 노닐페놀, 옥틸페놀, 비스페놀 A 및 여성호르몬 농도

E.L. Teuten *et al., Phil. Trans.R. Soc. B*, **364**, 2031(2009)

하는 침출수도 연못으로 유입되어 희석되지만 비스페놀 A의 농도는 침출수가 유입되기 전의 하천수(0.45㎍/L)보다도 유입된 후의 연못의 물(12㎍/L)에서 농도가 높아져 있었다[14]. 이 12㎍/L라고 하는 숫자는 어떠한 수치일까. 비스페놀 A의 독성시험에서 담수에 서식하는 고둥의 치사율에 대하여 조사한 것이 있다[15]. 그 조사에 의하면 고둥에 비스페놀 A를 노출시키면 유전자의 손상 등은 일어나지 않지만, 그것에 의하여 여성호르몬이 유도된다고 한다. 그 결과 고둥의 산란이 활성화되어 에너지를 과하게 소비하여 치사에 이르는 것이 밝혀져 있다. 그러한 영향이 나타나는 농도는 1㎍/L로 이 연못의 농도는 생물시험에서 영향이 나타난 농도보다도 10배 이상 높은 값이다. 쓰레기 매립처분장의 침출수가 유입되는 연못은 플라스틱 제품 유래로 생각되는 비스페놀 A의 독성영향이 나타날 수 있는 수준에까지 높아진 것이다.

4장에서 설명한 침출수의 이야기도 마찬가지이다. 쓰레기 매립처분장의 침출수에 BDE209와 BDE209로부터 브롬이 떨어져 나간 PBDE가 포함되어 있는 것도 플라스틱 제품에 첨가되어 있던 것이 용출된 것이다. 환경오염에 있어서 플라스틱은 물리적인 영향뿐만 아니라 화학적인 영향에서도 중요한 과제의 하나이다.

참고문헌

1) 磯部友彦ほか, 環境化學, 12, 621(2002).
2) 金子令子ほか, 東京都健康安全研究センタ-研究年報, 57, 273(2006).
3) 安井明子ほか, 東京都健康安全研究センタ-研究年報, 57, 227(2006).
4) 高田秀重ほか, 海洋と生物, 215, 579(2014).
5) J. Gabrys, G. Hawkins and M. Michael, "Accumulation: The Material Politics of Plastic", Routledge(2013).

6) S. Endo, M. Yuyama and H. Takada, *Mar. Pollut. Bull.*, 74, 125(2013).

7) C. Moore and C. Phillips, "Plastic Ocean", Avery(2011).

8) Y. Mato *et al., Environ. Sci. Technol.*, 35, 318(2001).

9) H. Hirai *et al., Mar. Pollut. Bull.*, 62, 1683(2011).

10) R. Yamashita *et al., Mar. Pollut. Bull.*, 62, 2845(2011).

11) K. Tanaka *et al., Mar. Pollut. Bull.*, 69, 219(2013).

12) K. Tanaka *et al., Environ. Sci. Technol.*, in press.

13) A. Weisman, "The World Without Us", Thomas Dunne Books(2007); 邦訳: 鬼澤 忍 譯, "人類が消えた世界", 早川書房(2008).

14) E.L. Teuten *et al., Phil. Trans. R. Soc. B*, 364, 2027(2009).

15) J. Oehlmann *et al., Ecotoxicology*, 9, 383(2000).

11

합성의약품·항생물질류

합성의약품과 항생물질류는 우리가 일상적으로 많이 사용하는 화학물질로 pharmaceuticals and personal care products(PPCPs)로 분류된다. PPCPs에는 합성의약품과 항생물질류 외에도 썬크림, 화장품 등 광범위한 물질이 들어 있지만 이 장에서는 PPCPs 중 합성의약품과 항생물질류에 집중하여 기술하겠다. 합성의약품과 항생물질류가 원래 생리활성을 가진 화학물질이기 때문에 생물영향이 우려되고, 약으로써의 복용·사용이라는 공통의 환경부하 경로를 가지기 때문이다.

우리가 일상적으로 사용하고 있는 약품이 환경에서 넓게 확산되고 있다는 것을 상상한 적이 있을까? 그림 11.1에 합성의약품·항생물질류의 환경 거동 개념도를 나타내었다. 합성의약품·항생물질류는 수용성水溶性이 크고, 경구의약품과 항생물질류는 입을 통하거나 주사로 투여되어도 대사물 또는 미대사물로서 분뇨를 경유하여 하수로 유입된다. 바르는 약과 같이 피부에 도포하는 제품도 일부는 흡수되지만 대부분은 세척되어 배수관을 통해 하수로 흘러 들어간다. 그리고 뒤에서 설명하겠지만 이러한 제품들은 수용성水溶性이 크기 때문에 하수처리장에서 제거율이 낮은 화학물질이 많아 하수처리수에서도 많이 검출되고 있다. 동물용으로 투여되고 있는 항생물질류도 분변 또는 분뇨에 혼입되어 축산폐수용의 하수처리시설로 들어가는 경우도 있지만 항생물질류를 포함한 퇴비로써 토양에 뿌려지는 경우도 있다. 이렇게 환경으로 방출된 합성의약품·항생물질류는 표류수, 지하수, 최종적으로 해양까지 퍼져나간다. 이 장에서는 이러한 합성의약품·항생물질류에 대해 설명하겠다.

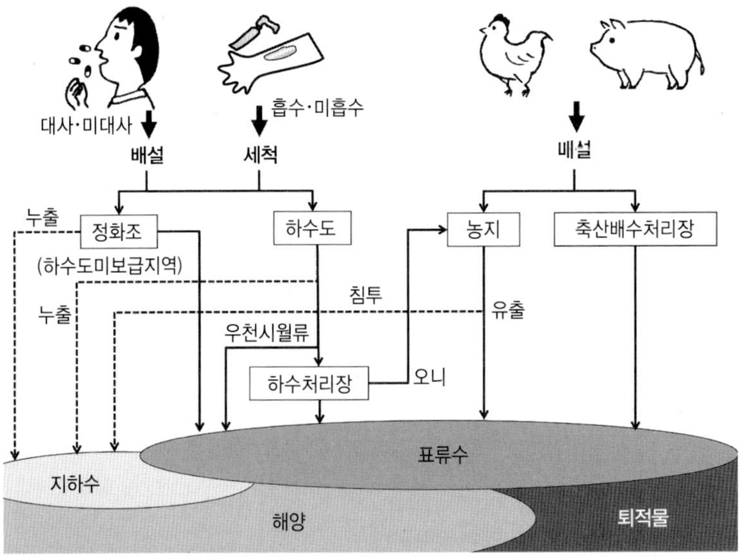

그림 11.1. 합성의약품 및 항생물질류의 환경으로 유입 경로

11.1. 종류와 구조

표 11.1에 이 장에서 설명하는 합성의약품·항생물질류의 일람을 나타내었다. 합성의약품은 해열진통제, 살균제, 항간질약, 진정제, 곤충기피제 등 일률적으로 의약품이라고 하더라도 다양한 종류가 있다. 물론 여

표 11.1. 이 장에서 소개하는 합성의약품 및 항생물질류

일반명칭	구조식	비고	일반명칭	구조식	비고
이부프로펜 (Ibuprofen)	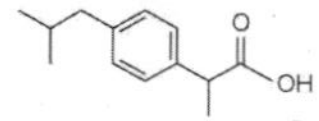	해열진통제	크로타미톤(crotamiton)	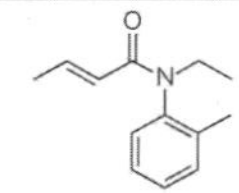	진통제
나프록센(naproxen)	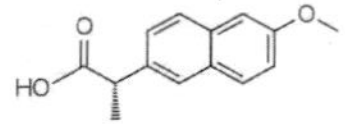	해열진통제			
케토프로펜(ketoprofen)	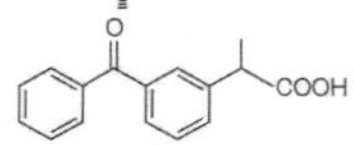	해열진통제	디에틸톨루아미드 (diethyltoluamide)	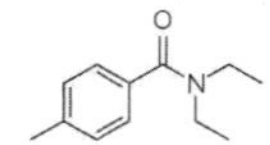	곤충기피제
디클로페낙(diclofenac)	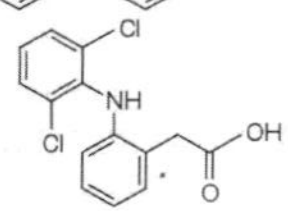	해열진통제	설파메톡사졸 (sulfamethoxazole)	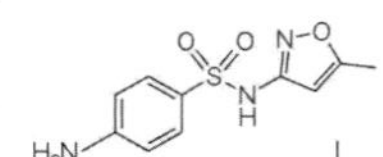	설파제
메페남산 (mefenamic acid)	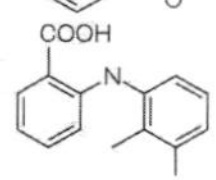	해열진통제	설파메타진 (sulfamethazine)	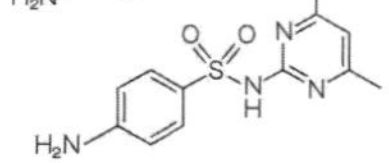	설파제
티몰(thymol)	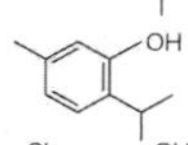	살균제			
트리클로산(triclosan)	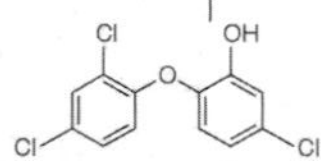	살균제	에리슬로마이신 (rythromycin)	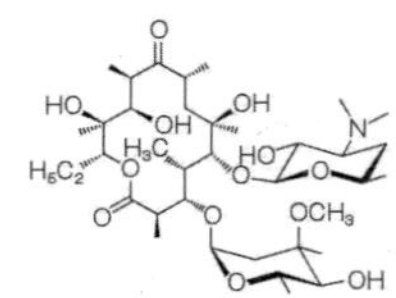	마크로라이드계 항생물질
트리클로카반 (triclocarban)	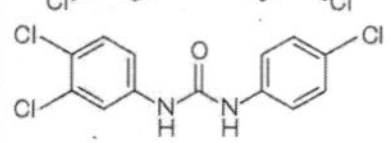	살균제			
칼바마제핀 (carbamazepine)	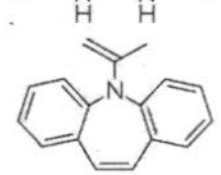	항간질약	클래리스로마이신 (clarithromycin)	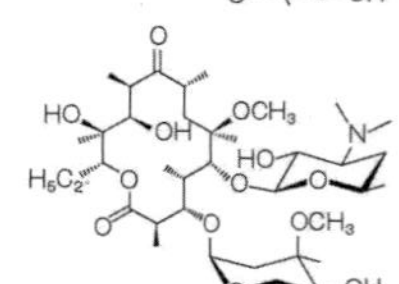	마크로라이드계 항생물질

기서 나타낸 의약품은 수많은 의약품 중 극히 일부이다. 작용기로 살펴보면 이들 화합물은 카르복실기와 페놀기, 아미드기를 가지고 있다. 카르복실기를 가진 화합물은 수용성이 클 것으로 예상될 것이다. 페놀기는 벤젠고리에 하이드록실기가 치환된 것이다. 하이드록실기가 극성을 가지기 때문에 하이드록실기를 가지지 않는 것에 비하면 친수성이 높아진다. 아미드기는 아주 극성이 강한 반응기로 수용성水溶性이 크고, 화학적으로 안정하기 때문에 환경에서 분해되기도 어렵다. 카르복실기와 하이드록실기를 가진 합성의약품의 안정성은 작용기 이외의 부분에서도 결정된다. 합성의약품의 log K_{ow}는 성분에 따라 다르지만 2~5로 PCB에 비하면 작고, 수용성水溶性이 매우 큰 것이 많다(그림 11.2). 의약품은 체

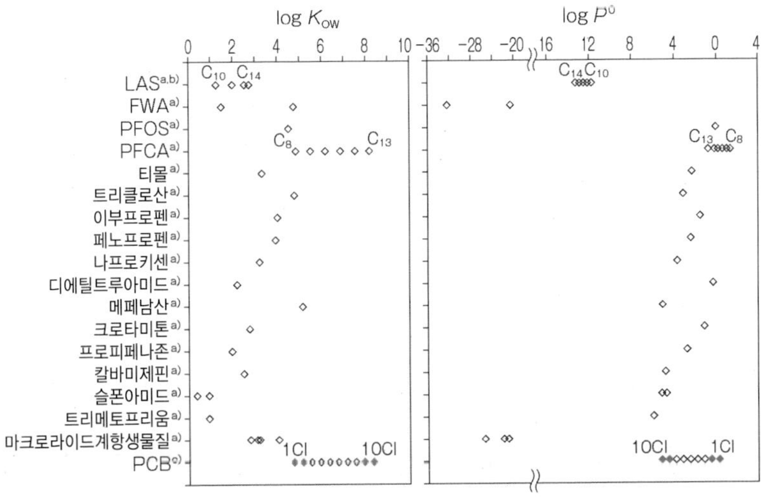

그림 11.2. 친수성화합물의 옥타놀-물 분배계수(K_{ow})와 증기압(P^0)

LAS : 연성알킬벤젠 설폰산기(C10~C14), FWA : 형광표백제, PFOS·PFCA : 불소계 계면활성제, 티몰카르바마제핀 : 합성의약품, 설폰아미드 매크로라이드계 항생물질 : 항생물질류

a) U. S. Environmental Protection Agency, "EPI-suite™ ver.4.11"(2012). b) V. C. Hand and G. K. Williams, *Environ. Sci. Technol.*, **21**, 370(1987). c) H. P. H. Arp, C. Niederer and K. Goss, *Environ. Sci. Technol.*, **40**, 7298(2006). d) M. D. Erickson, "Analytical Chemistry of PCBs, 2nd edition", CRC Press (1997)

내에서 혈액과 함께 순환하면서 작용 부위로 이동할 필요가 있기 때문에 전반적으로 수용성水溶性이 크다. 이 수용성水溶性 때문에 체내로부터 배출되어 물 환경으로 유출될 경우 입자에 흡착되는 것보다도 물에 녹아서 움직이는 물질이 많다.

항생물질류는 미생물에 의해 만들어져서 다른 미생물 등의 생체세포의 증식과 기능을 저해하는 물질이다. 1928년 푸른곰팡이 주변에 포도구균의 증식을 방해하는 물질이 생성된 것으로부터 페니실린이 발견되었다. 특정 생물의 작용을 억제하는 것이 가능하기 때문에 그 이후 감염증 등의 치료와 예방에 사용되게 되었다. 최근에는 합성된 항생물질류(합성항균약)도 나와 있다. 항생물질류의 종류는 다양하지만 이 장에서 소개하는 것은 설파제, 매크로라이드계 항생물질로 비교적 옛날부터 사용되어 온 항생물질류이다. 이중 설파제는 합성항균약이지만 이 장에서는 합성항균약과 항생물질을 항생물질류로 총칭하겠다. 설파제는 설폰아미드를 공통부위로 가진다. 항생물질류는 사람 뿐만 아니라 가축에도 사용되며, 항생물질류 전체의 사용량은 사람용의 2배 이상이나 된다. 매크로라이드계 항생물질은 매크로라이드 고리라는 고리구조를 가지고 있는 점이 특징이다. 설파제보다도 가격이 높고, 사람에게 많이 사용된다. 항생물질류는 일반적인 의약품류 보다도 친수성이 더 크고, log K_{ow}는 –1~2이다[1]. 합성의약품·항생물질류 중에는 물 속에서 이온화하는 성분도 있어 입자로의 흡착은 소수성의 상호작용뿐만 아니라 전기화학적 친화력도 작용하여 복잡하게 된다. 중성에서의 옥타놀-물 분배계수로부터 예상되는 것보다도 입자로의 분배계수가 크고, 입자와의 전기화학적 친화성에 의해 흡착되는 것 같은 경우도 있다[2].

11.2. 합성의약품·항생물질류와 하수처리장

하천과 해역에서 합성의약품·항생물질류의 분포는 하수처리에 의한 제거과정과 제거효율에 크게 지배된다. 따라서 하수처리에 의한 합성의약품·항생물질류의 제거에 대해 조사한 결과를 나타내었다[3, 4]. 토쿄도東京都 내의 4개 하수처리장의 하수처리장 유입수 및 2차 처리수를 1시간 간격으로 24시간 채수한 것을 혼합한 시료(혼합시료)를 분석하여 제거율을 계산한 것이 그림 11.3이다. 제거율이 100%인 경우는 그 성분이 완전히 하수처리 과정에서 제거된 것을 의미한다. 티몰(thymol) 등 휘발성이 높은 물질과 이부프로펜(ibuprofen) 등 미생물분해가 되기 쉬운 성분의 제거효율은 100%에 가깝다. 그러나 크로타미톤(crotamiton)과 케토프로펜(ketoprofen), 항생물질류 대부분의 제거율은 10~80% 정도로 하수처리에서 화학물질의 제거율로서는 낮은 편이다. 하수처리장에서 1차 처리는 고형물과 입자를 침전시키는 곳이기 때문에 소수성이 낮은 합성의약품·항생물질류의 제거는 이 단계에서는 거의 이루어지지 않는다. 2차 처리에서는 호기적인 환경에서 미생물분해가 되기 쉬운 성분은 제거되지만 미생물분해 되기 어려운 성분은 제거되지 않는다. 그리고 마이너스 제거율이 된 것은 하수처리장 유입수보다도 2차 처리수에서 농도가 높아진 것을 의미하고 있다. 생체내로 흡수된 합성의약품·항생물질류의 일부는 수용성水溶性을 높여서 소변으로 배출하기 위하여 대사에 의해 포합체화抱合体化된다. 이와 같은 포합체抱合体는 유입하수에 들어있어도 단체로서는 검출할 수 없다. 그러나 하수처리 과정에서 탈포합체화가 일어나면 단체의 화합물로 측정할 수 있게 된다. 따라서 그 화합물의 농도가 하수처리에 의해 증가한 것처럼 보이는 것이다.

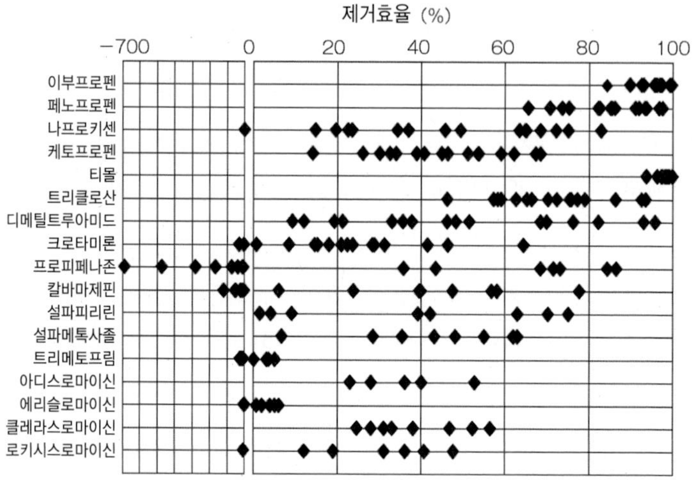

그림 11.3. 합성의약품 및 항생물질류의 하수처리장의 일차 및 2차 처리에서의 제거효율

N. Nakada *et al., Water Res.*, 40. 3300(2006) : 森本拓也 用水と廃水, 53, 635(2011)를 바탕으로 작성

11.3. 하천에서의 합성의약품·항생물질류

합성의약품·항생물질류는 실제로 하천수에 어느 정도 존재하고 있을까? 필자들의 연구실에서는 전국의 109개 1급 하천 중 37개 하천을 대표로 선정하여 조사를 수행하였다[4, 5]. 측정한 성분은 합성의약품과 설파제·매크로라이드계 항생물질류이다. 그림 11.4에 1급 하천의 합성의약품·항생물질류 농도를 나타내었다. 쯔루미가와鶴見川, 타마천多摩川, 쇼우나이가와庄内川, 야마토가와大和川 등 대도시권의 하천에서는 크로타미톤(crotamiton)과 칼바마제핀(carbamazepine) 등의 합성의약품과 클래리스로마이신(clarithromycin), 에리슬로마이신(erythromycin) 탈수체脱水体의 농도가 높은 경향이 있다. 타마천多摩川의 중류·하류는 흐르고 있는 하천수의 절반 정도가 하수처리수인 것처럼 대도시권의 하천은 하수처리수를 많이 포함하고 있다. 따라서 유역의 하수도 보급률이 100% 이더라도

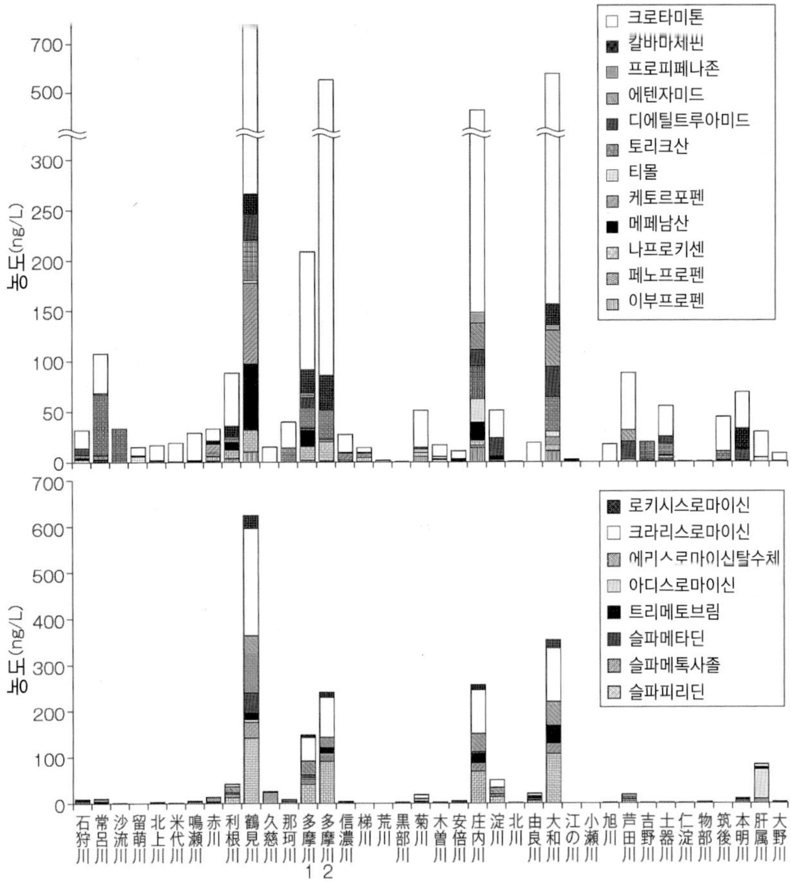

그림 11.4. 일본 전국 1급 하천의 합성의약품·항생물질류 농도 및 조성

N. Nakada *et al., Environ. Sci. Technol.*, **42**, 6349(2008) ; A . Murata *et al., Sci. Total Environ.*, **409**, 5307(2011)

하수처리장에서의 제거효율이 낮은 합성의약품·항생물질류의 농도는 필연적으로 높아지게 된다. 합성의약품·항생물질류 농도가 높지 않은 하천에서도 들어 있는 합성의약품·항생물질류의 종류와 비율은 대도시 하천과 유사하며, 사람이 사용한 하수에 유래한 것으로 추정된다. 그 중에서도 하수처리장에서의 제거율이 낮은 크로타미톤(crotamiton)과 칼바마제핀(carbamazepine)은 많은 하천에서 검출되고 있으며, 각 하천의 크로타미톤(crotamiton)과 칼바마제핀(carbamazepine)의 농도와 유역의 인구밀도와의 상관관계는 높다. 인구밀도가 높아지면 크로타미톤(crotamiton)과 칼바마제핀(carbamazepine)을 사용하는 사람의 비율도 증가하기 때문에 결과적으로 하천의 크로타미톤(crotamiton)과 칼바마제핀(carbamazepine)의 농도도 상승한다. 이러한 것으로부터 크로타미톤(crotamiton)과 칼바마제핀(carbamazepine)은 인간활동의 지표로서 사용할 수 있는 물질이다[4].

그림 11.4에서 의약품의 농도가 낮은데도 불구하고 항생물질류의 농도가 높은 키모츠키가와肝属川라고 하는 하천이 있다. 이 강의 조성은 설파메타진(sulfamethazine)이 대부분을 차지하고 있었다[5]. 설파메타진(sulfamethazine)은 도시 하천수에는 그다지 들어있지 않지만 가축(주로 양돈)에 사용되는 합성항균약이다. 이 하천의 유역에서는 양돈이 활발하며, 가축 유래의 항생물질류가 물 환경으로 유입되고 있는 것을 나타낸 사례이다. 그러나 일본 전체에서 항생물질류는 사람용보다도 가축용이 많이 사용되고 있음에도 불구하고 가축 유래의 항생물질류 기여가 관측되는 것은 일본 전국의 하천 중 키모츠키가와肝属川 뿐이라는 것은 신기한 일이다. 따라서 필자들은 가축 유래 항생물질류의 환경에서의 확산을 조사하기 위하여 양돈이 활발한 다른 지역(아카기야마赤城山 산기슭)의 하천을 조사하였다[5]. 유역에 양돈장이 있는 하천에서는 가축 유래의 설파메타진(sulfamethazine) 등의 설파제가 도시 하천보다도 많이 검출되었다. 그리고 하천수의 항생물질류 농도를 3시간 간격으로 24시간 측정한 결과 항생물질류 농도는 야간에 가장 높았다. 인간 유래의 성분이라면 취침 중인 야간에 하천의 농도가 높아지지 않을 것이기 때문에 축산폐수의 기여가 시사되었다. 항생물질류의 농도와 유량으로부터 하루에 하천을 통해 흘러가는 항생물질류의 양을 계산하면 설파메톡사졸

(sulfamethoxazole)은 하루에 2g으로 계산되었다. 일본 전체의 항생물질류 사용량과 이 유역에 있는 가축수를 고려하면 유역에서 가축용으로 사용되고 있는 설파메톡사졸은 하루에 1,600g으로 추산된다. 이 결과로부터 가축용으로 사용된 항생물질류의 대부분은 하천으로 유출되지 않는 것을 알 수 있다. 그 차이만큼의 양은 비료로서 농지로 환원되어 토양에 보존되고 있다. 그것들은 토양으로 침투되어 지하수로 이동되는 등의 가능성을 생각할 수 있다. 가축용으로 사용된 항생물질류의 대부분이 평상시에 하천으로 유출되지 않는 것은 전국 수준으로 일본의 하천을 관측했을 때 가축용 항생물질류의 기여가 거의 관측되지 않았던 이유이다. 토양에 보존되어 있는 가축용 항생물질류는 우천시에 표면 유출에 의해 하천으로 유출될 가능성도 있다. 우천시도 포함하여 항생물질류의 거동을 보다 상세하게 살펴볼 필요가 있다.

11.4. 독성

여기서 합성의약품·항생물질류의 독성에 대해 확인하겠다. 합성의약품·항생물질류는 원래 특정의 생리활성을 갖도록 분자설계 또는 작용기의 선택이 되어 있기 때문에 생물로의 영향이 우려된다. 특히 항생물질류는 당연히 생물에 작용하는 물질일 것이다. 이 장에서 소개하는 합성의약품·항생물질류 중에서 디클로페낙(diclofenac), 이부프로펜(ibuprofen), 나프록센(naproxen), 칼바마제핀(carbamazepine), 설파메톡사졸(sulfamethoxazole), 에리트로마이신, 클래리스로마이신의 수생생물에 대한 급성독성시험에서 반수치사농도는 모두 10mg/L 이상의 값이 보고되어 있다[6~8]. 하천수의 이들 성분의 농도는 반수치사농도 보다도 5자릿수 이상 낮은 수준이며, 일본 하천수의 농도에서 합성의약품·항생물질류에 의한 급성 영향이 발현될 가능성은 낮을 것으로 생각된다. 그러나 일본의 하천에서 검출된 합성의약품·항생물질류 중 몇몇에서는 μg/L 수준에서도 만성독성이 발현되는 것이 보고되어 있다(그림 11.5). 담수성 녹조의 일종인 *Pseudokirchnerriella subcapitata*의 성장 장해 시험 결과, 트리클로산(triclosan), 클래리스로마이신의 최저영향농도는 각각 400ng/L[9], 2,000ng/L[7]로 보고되어 있다. 이 최저영향농도를 평가계수인 100으로 나누어서 산출한 예측무영향농도(PNEC)는 트리클로산 : 4ng/L, 클래리스로마이신 : 20ng/L가 된다. 일본 전국의 1급 하천 중에서 대도시를 흐르는 하천수에서 관측된 트리클로산 농도(20~40ng/L)와 클래리스로마이신 농도(50~233ng/L)를 PNEC와 비교해 보면 모두 하천수의 농도는 예측무영향농도를 초과하는 값이 되었다.

일본의 도시 하천에서 트리클로산과 클래리스로마이신의 농도가 특별히 높은 것은 아니며, 전 세계의 다른 지역에서도 이 정도 수준의 농도가 관측되고 있다[10, 11]. 이와 같은 오염 상황을 바탕으로 트리클로산에

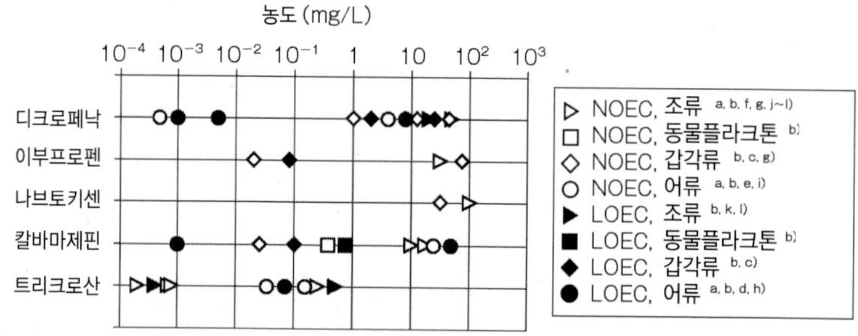

그림 11.5. 합성의약품·항생물질류의 만성독성

NOEC : 무영향농도. LOEC : 최소영향농도

a) D. R. Orvos *et al., Environ. Toxicol. Chem.*, **21**, 1338(2002). b) B. Ferrari *et al., Ecotoxicol. Environ. Saf.*, **55**, 359(2003). c) L. Heckmann *et al., Toxicol. Lett.*, **172**, 137(1007). d) R. Triebskorn *et al., Anal. Bioanal. Chem.*, **387**, 1405(2007). e) B. Hoeger *et al., Aquot. Toxicol.*, **75**, 53(2005). f) B. Ferrari *et al., Environ. Toxicol. Chem.*, **23**, 1344(2004). g) M. Cleuvers, *Ecotoxicol. Environ. Saf.*, **59**, 309(2004). h) J. Schwaiger *et al., Aquat. Toxicol.*, **68**, 141(2004). i) H. Ishibashi *et al., Aquat. Toxicol.*, **67**, 167(2004). j) R. Reiss *et al., Environ. Toxicol. Chem.*, **21**, 2483(2002). k) L. Yang *et al., Environ. Toxicol. Chem.*, **27**, 1201(2008). l) C. Ciniglia *et. al., J. Hazard Mater.*, **122**, 227(2005)

관해서는 그 독성 때문에 업계의 자체규제[12]와 외국에서의 자치단체 단위에서의 규제[13] 등이 시작되고 있다.

독성에서 고려해야 하는 것은 누적효과와 상승효과이다. 하천수를 비롯하여 환경에서는 복수의 합성의약품·항생물질류가 혼재하는 상태이며, 생물은 그것들에 복합적으로 노출되어 있다. 앞서 설명한 담수성 녹조의 성장 장해 실험에서는 트리클로산(triclosan)과 클래리스로마이신의 조합에서 누적효과, 트리클로산(triclosan)과 록시트로마이신(roxithromycin)의 조합에서 상승효과가 관측되었다[9].

항생물질류에 관하여 만성독성 이외에 고려해야 하는 특징적인 문제는 내성균의 유도이다. 내성균은 그 이름처럼 항생물질에 대해 내성을 가진 병원균이다. 최근에는 환경에서 관측될 정도의 낮은 농도에서의 내성 발현이 우려되는 것[14] 외에 고농도의 항생물질류를 포함하고 있는 열대·온대의 하수와 축산폐수가 거대한 내성균 배양기로서 역할을 할 가능성도 생각되고 있다. 홍수·범람에 의한 약물 내성 유전자의 확산과 지구온난화에 따른 감염증의 확대 등도 우려되고 있다[15].

11.5. 열대 아시아에서 합성의약품·항생물질류 오염

합성의약품 및 항생물질류는 선진 공업화 국가에 한정되지 않고, 전 세계에서 사용되고 있다. 그리고 하수도의 보급률이 낮은 아시아의 도시 하천과 시내 운하에는 미처리 하수가 많이 유입되고 있다. 그림 11.6에 열대 아시아 도시부의 물 환경에서 합성의약품·항생물질류 농도의 일람을 나타내었다[16]. 각각, 베트남(하노이 및 호치민 시내 하천), 인도(콜타카 시내 운하), 말레이시아(콸라룸푸르 시내 하천)이다. 국가· 지역에 따라 검출되는 합성의약품·항생물질류의 농도 범위는 다르지만 주목해야 하는 것은 열대 아시아의 도시 하천에서는 일본보다도 1～2자릿수 높은 성분이 많은 것이다. 하수처리에서 제거율이 약 90%로 높은 이부프로펜(ibuprofen)과 티몰(thymol)에 대해서는 하수도 보급률이 높은 일본의 하천수 농도는 낮고, 하수도 보급률이 낮아 미처리 하수의 유입이 많은 열대아시아 하천에서 높아서 인프라의 차이를 반영하고 있는 것으로 생각된다. 또한 국가·지역에 따라 사용되는 의약품류 종류의 차이가 하천수의 검출 상황에 반영되고 있는 성분도 있었다. 특히 지역간에 큰 차이가 있는 항생물질류에 착목해보자. 매크로라이드(macrolide)계 항생물질인 클래리스로마이신(clarithromycin)과 설파제인 설파메톡사졸(sulfamethoxazole)을 비교하면 일본에서는 클래리스로마이신(clarithromycin)의 검출 비율이 높지만 열대 아시아에서는 설파메톡사졸(sulfamethoxazole)의 검출 비율이 높다. 이 경향은 다른 매크로라이드(macrolide)계 항생물질과 설파제에 대해서도 마찬가지로 확인되었다[17, 18]. 세계 각국 하천의 항생물질류 농도와 국민소득과의 관계를 분석한 연구에 의하면 저소득 국가일수록 설파제 농도가 높은 것이 밝혀졌다[19]. 저소득으로 인해 하수도 보급이 진행되지 않고, 설파제의 가격이 낮기 때문이다.

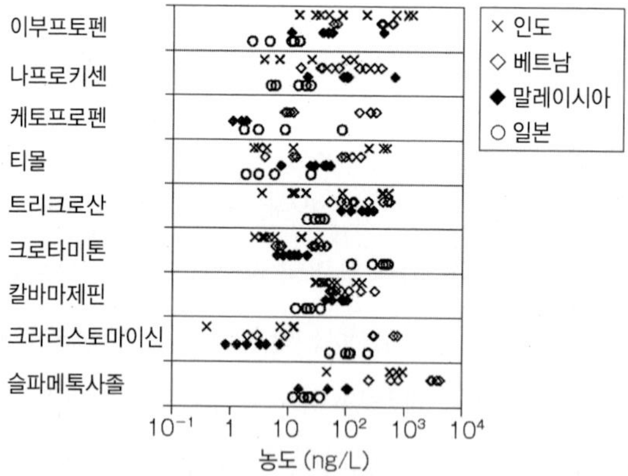

그림 11.6. 일본 및 열대 아시아 국가의 도시수역의 의약품·항생물질농도

타카다 히데시게高田秀重, 물환경학회지, **36**, 311(2013)

위에서 설명한 것과 같이 저소득 국가에서 농도가 높은 설파제는 세계적인 규모에서 물 환경에 어느 정도 영향을 미치고 있을까? 아시아를 대표하는 국제적인 하천으로 메콩강이 있다. 티벳을 원류로하여 중국을 흘러 미얀마와 라오스의 국경, 태국과 라오스의 국경이 되며, 캄보디아와 베트남을 통과하여 남중국해로 흘러 들어간다. 그 거리는 4,350km에 달한다. 메콩강 하류의 하천수에서는 설파메톡사졸이 평균 25ng/L의 농도로 검출된다. 메콩강의 연간 수량은 475m^3이다. 단순 계산으로 12t의 설파메톡사졸이 연간 남중국해로 유입되는 것이 된다. 남중국해의 면적은 350×$10^4$$km^2$이다. 그 표층수(200m 이심)의 총량은 약 700×$10^3$$km^3$이다. 대략 계산하면 남중국해의 설파메톡사졸 농도는 매년 0.02ng/L씩 증가하고, 메콩강으로부터의 공급량이 현재의 농도로 10년간 계속되면 남중국해의 설파메톡사졸 농도는 0.2ng/L가 될 것이다. 설파메톡사졸은 수용성水溶性이 높기 때문에 입자흡착에 의한 제거와 해저로의 퇴적과정은 계산할 수 없다. 태양광이 강한 열대역에서는 광분해에 의한 제거는 생각할 수 있지만 하수처리장에서의 제거율이 낮은 설파메톡사졸은 환경에 잔류하기 쉬운 물질이다.

11.6. 환경에서의 변화

11.6.1. 광분해

하수처리장 등으로부터 하천과 연안해역으로 방출된 합성의약품·항생물질류는 다양한 변화를 받는다. 하수처리장에서는 1차 처리에서 입자에 흡착되기 쉬운 성분이 흡착·침강에 의해 제거된다. 2차 처리에서는 미생물분해되기 쉬운 성분이 제거되기 때문에 처리수에는 기본적으로 미생물분해되기 어려운 수용성 성분만 남는다. 따라서 하천과 연안수역에서의 합성의약품·항생물질류가 받는 과정으로 중요한 것은 광분해이

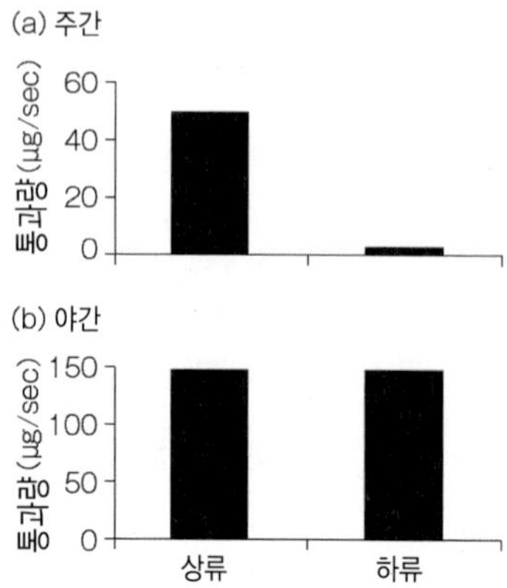

그림 11.7. 도시 하천에서 케토프로펜(ketoprofen)의 통과량

다. 실제로 하수처리수가 주요한 수원이 되는 하천의 흐름(거리 2.9km, 흐르는 시간 3시간)에 따라 광분해를 받기 쉬운 합성의약품인 케토프로펜(ketoprofen)이 90% 정도 제거되는 것이 관측되었다(그림 11.7(a))[16]. 한편 야간에는 거의 제거되지 않았다(그림 11.7(b)). 실내의 광분해 실험에서도 케토프 로펜(ketoprofen)이 빛에 의해 제거되는 것이 밝혀졌고, 하천이 흐르는 과정에서의 제거는 광분해에 의한 것으로 나타났다. 다만 실내 실험 결과로부터 야외에서의 광분해를 예측하기에는 추가적인 연구가 필요하다.

11.6.2. 우천시 월류와 미생물분해

하수도가 100% 보급된 유역에서는 난분해성 수용성水溶性 성분만이 하천·연안역으로 방출되는 것으로 생각되지만 합류식 하수처리구역의 경우는 예외가 있다. 1장과 7장, 9장에서 소개한 우천시 월류이다. 맑은 날에는 하수처리가 되는 분해되기 쉬운 성분이 우천시에 수역으로 공급된다. 예를 들어 합성의약품인 티몰(thymol)은 하수처리에 의해 98% 제거되기 때문에 하수처리수의 농도는 매우 낮아서 20ng/L 이하이다[20]. 난분해성 성분인 크로타미톤(crotamiton)과의 비를 계산하면 0.007이 된다. 이 비 값은 생하수(미처리하수)에서는 0.24로 2자릿수 높다. 우천시 월류가 일어난 경우에 토쿄만東京湾 운하지대의 물을 채취하여 합성의약품·항생물질류를 측정한 결과, 펌프장 가까운 곳에서 0.1~0.3의 티몰(thymol)/크로타미톤(crotamiton) 비가 관측되어 우천시 월류에 의해 분해되기 쉬운 합성의약품·항생물질류가 수역으로 공급되는 것이 밝혀졌다.

우천시 월류는 분해되기 쉬운 성분 이외에도 입자 흡착성이 비교적 강한 성분도 수역으로 공급된다. 예를 들어 비교적 소수성이 높은 살균제인 트리클로산(triclosan, log K_{OW}=4.8)과 트리클로카반(triclocarban, log K_{OW}=4.9) 등[1]이 우천시 월류 하수가 방출되는 펌프장 주변에 퇴적되어 있다(그림 13.2(c)). 우천시 월류로 하수처리가 되지 않고, 수역으로 하수가 유입되어 소수성이 비교적 큰 트리클로산(triclosan)과 트리클로카반(triclocarban)은 입자에 흡착되어 있기 때문에 공급원인 펌프장 주변에 침강 퇴적되어 있는 것이다.

11.6.3. 하구역에서의 제거

앞에서는 수역으로 방출된 후의 합성의약품·항생물질류가 받는 작용인 광분해, 미생물분해, 침강·퇴적에 대해 전형적인 사례를 소개하였다. 그리고 그것들은 복합적으로 작용하고 있다. 그 예를 하구역에서의 연구로부터 살펴보겠다. 하구는 해수와 담수가 혼합되는 기수역이다. 따라서 해수의 비율이 많아지면 염분(salinity)도 증가한다. 그림 11.8은 mixing diagram이라고 하며, 가로축에 염분, 세로축에 합성의약품·항생물질류 농도를 나타낸 것이다. 그림 속의 직선은 염분이 최소와 최대일 때의 합성의약품·항생물질류 농도를 연결한 직선이다. 일반적으로 염분농도의 증가에 따라 화학물질 농도가 이 직선을 따라서 감소하면 그 성분은 보존적, 즉 제거 과정을 받지 않고 단순하게 해수에 의해 바다로 향해 농도가 감소해 간다. 아래 그림과 같이 볼록한 곡선관계가 얻어진 경우는 하구역에서 어떠한 제거가 일어나고 있다고 생각할 수 있다. 즉 볼록한 정도로부터 제거 정도를 알 수 있다. 제거기구로는 1장에서 설명한 것과 같이 화학적 분해(가수분해·광분해), 미생물분해, 입자 흡착·응집 침전,

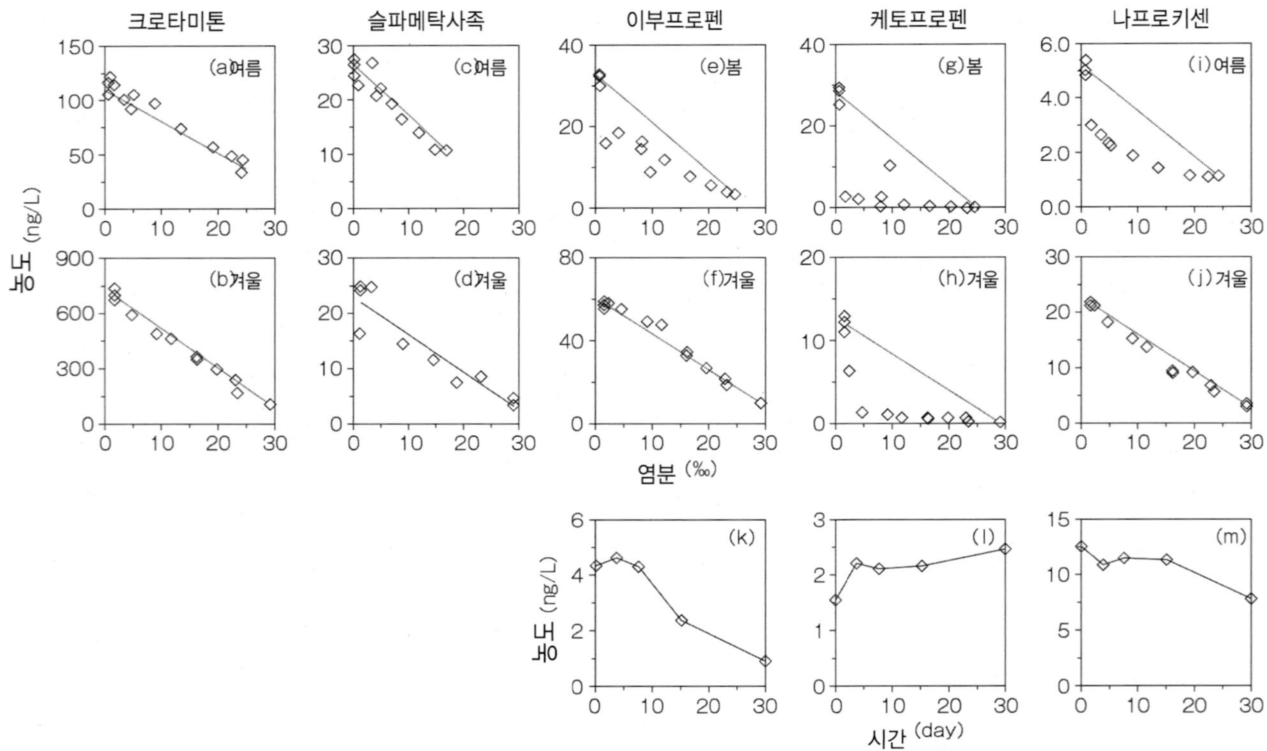

그림 11.8. 의약품·항생물질류의 mixing diagram (a～j) 및 미생물분해 실험(k～m)

N. Nakada *et al., Environ. Sci. Technol.*, **42**, 6350(2008)

휘발 등을 생각할 수 있다. 광분해와 미생물분해 및 휘발은 수온과 일조량에 지배되며, 계절변화하기 때문에 타마천多摩川 하구역에서의 관측은 겨울, 봄, 여름에 이루어졌다[4].

크로타미톤(crotamiton)(그림 11.8 (a), (b))과 설파메톡사졸(sulfametoxazole)(그림 (c),(d))은 모든 계절에서 보존적인 거동을 나타내며, 제거작용을 받지 않는 것으로 나타났다. 그 외에 메페남산(mefenamic acid)과 클래리스로마이신(clarithromycin)도 제거되지 않는 보존적인 성분이다. Mixing diagram에서 아래로 볼록한 그래프, 즉 제거 작용을 받은 성분이 몇몇 관측되었지만 주된 원인은 두 가지가 있다. 하나는 미생물분해이며, 나머지 하나는 광분해이다. 예를 들어 이부프로펜(ibuprofen)은 봄철에 제거가 관측되었지만(그림 (e)), 겨울에는 확인되지 않았다(그림 (f)). 봄철에 이부프로펜(ibuprofen)은 실측치와 이론 혼합 직선의 차이로부터 50% 정도의 제거가 이 하구역에서 일어나고 있는 것으로 추정되며, 그것은 미생물분해에 의해 제거된 것으로 생각된다. 그 근거로서 그림 (k)를 들 수 있다. 그림 (k)는 이부프로펜(ibuprofen)의 미생물분해 실험 결과이다. 2차 처리수를 25℃의 암 조건에서 폭기시켜 경과일수별 이부프로펜(ibuprofen) 농도를 측정한 결과 이부프로펜(ibuprofen) 농도는 일수의 경과에 따라 농도가 감소하였다[4]. 즉 이부프로펜(ibuprofen)은 미생물분해가 되기 쉬운 성분인 것을 의미한다. 겨울철은 수온이 낮기 때문에 미생물의 활성이 낮고, 이부프로펜(ibuprofen)은 분해되지 않고 보존적인 거동을 나타내었다.

그리고 케토프로펜(ketoprofen)(그림 (g), (h))과 여름철의 나프록센(naproxen)(그림 (i))에 대해서도 mixing diagram에서 아래로 볼록한 그림, 즉 제거작용이 관측되었다. 이들 성분은 실내 실험에서 미생물분해가 확인되지 않는 한편(그림 (I), (m)), 그림 11.7에서 나타낸 것과 같이 케토프로펜(ketoprofen)은 광분해를 받기 쉬운 성분이다. 나프록센(naproxen)도 케토프로펜(ketoprofen) 정도는 아니지만 빛에 의해 분해되는 것이 알려져 있다[21]. 이러한 것들로부터 케토프로펜(ketoprofen)과 나프록센(naproxen)의 제거는 광분해에 의해 일어나는 것으로 생각되었다. 다만 나프록센(naproxen)은 빛의 강도가 강한 봄철의 관측에서는 76%가 제거되었지만, 빛의 강도가 약한 겨울철에는 거의 제거되지 않았다(그림 (j)). 한편 케토프로펜(ketoprofen)은 광분해되기 쉽기 때문에 겨울철과 봄철 모두 100%의 제거가 관측되었다.

이와 같이 계절별 환경에서의 관측과 각종 실내 실험을 조합하여 화학물질의 환경에서의 거동을 각각의 작은 과정으로 나누어서 설명할 수 있다. 이 설명은 반정량적인 것이지만 관측과 실험을 궁리하여 이론적인 부분도 추가하여 정량적으로 설명이 가능하도록 하는 것이 환경오염화학의 미래 방향성의 하나이다.

11.6.4. 만 내에서의 거동

난분해성이며, 수용성水溶性인 화학물질은 수평 운반되기 쉽다. 따라서 합성의약품·항생물질류 중 하구에서 제거와 분해도 되기 어렵고, 연안에서 입자에 흡착되기 어려운 성분은 해역으로 널리 퍼져나갈 것으로 예상된다. 그림 11.9는 토쿄만東京湾 전역 9개 지점의 표층수에서 하계·동계의 7종의 항생물질류 농도이다. 하계의 항생물질류 농도는 10~74ng/L, 동계는 16~49ng/L이었다. 표층수에서 동계는 항생물질류가 만 입구까지 퍼져나가 있었지만(그림 11.9 (a)), 하계는 만 안쪽에서 만 입구로 향하여 농도가 감소하였다(그림 11.9 (b)). 항생물질류의 공급원(유역 인구가 많은 하천)이 집중된 스미다강隅田川 하구·아라강荒川 하구로부터의 거리와 항생물질류 농도로부터 하계와 동계의 반감 거리를 계산할 수 있다. 반감 거리는 어떤 성분의 농도가 절반으로 감소할 때까지의 거리를 나타내며, 농도의 감소가 1차 반응적으로 감소하는 것으로 가정하여 계산한다.

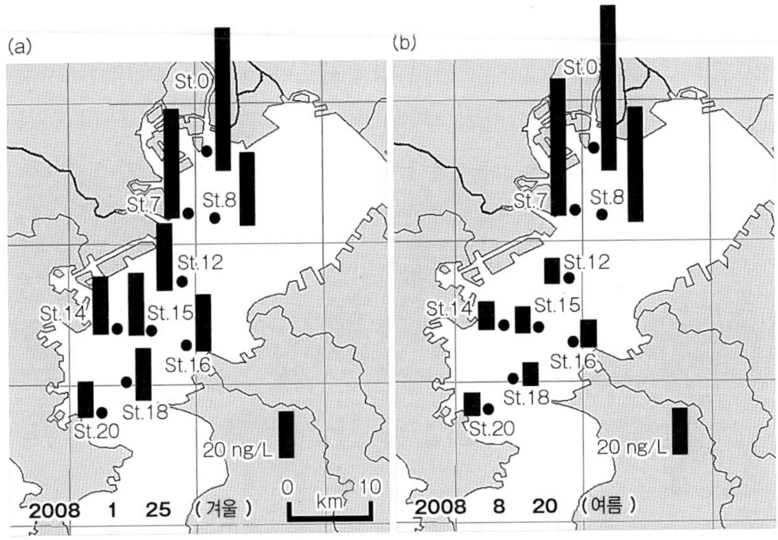

그림 11.9. 토쿄만東京湾 표층수에서의 항생물질류 농도

반감기(농도가 절반으로 감소하기까지의 시간)와 유사한 것이다. 토쿄만東京湾 해수의 항생물질류 반감 거리는 성분에 따라 차이는 있지만 하계에 짧고(4~16km), 동계에 긴(10~65km) 경향이 있다. 하계는 수온이 높고 일사량도 많기 때문에 하구에서 만 입구로 표층을 이동하면서 표층수의 항생물질류가 광분해와 미생물분해를 받은 것으로 생각된다. 그리고 항생물질류는 토쿄만東京湾의 저층수에서도 검출되며, 그 농도는 하계보다도 동계가 높았다. 만과 호수에서 하계는 표층의 수온이 일사 등에 의해 올라가 저층 수온과의 사이에 밀도 차이가 커져 성층이 된다(성층기). 한편 동계는 수면이 냉각되어 표층과 저층의 밀도가 균일하게 되어 해수는 수직 방향으로의 순환이 가능하게 된다(순환기). 하구역의 표층에 공급된 항생물질류는 동계에는 해수의 순환작용에 의해 저층에도 도달했을 것이다. 저층 해수에 항생물질류가 존재한 것으로부터 토쿄만東京湾의 퇴적물을 분석하면 낮은 농도이지만 매크로라이드(macrolide)계의 항생물질류가 유의미하게 검출된다.

이러한 토쿄만東京湾 만내에서의 항생물질류 거동으로부터 육지로부터의 공급에 대한 만내에서의 분해, 체류, 퇴적물로의 침강, 만 외로의 유출이라고 하는 물질수지를 계산하면 모든 항생물질류가 퇴적물로의 침강은 1% 이하였다. 그러나 그 외의 거동은 물질에 따라 크게 달랐다. 예를 들어 매크로라이드(macrolide)계 항생물질인 클래리스로마이신(clarithromycin)은 만내에서 84%가 분해, 16%가 만외로 유출되었다. 한편 설파메톡사졸(sulfamethoxazole)은 만 내에서의 분해는 불과 8%이고, 92%가 외양으로 유출되는 것으로 계산되어 항생물질류가 외양으로 확산되는 것을 시사하였다.

11.6.5. 지하수에서의 거동

수용성水溶性이며, 난분해성 물질의 특징은 수직 방향으로도 오염이 확산된다는 것이다. 수직 방향이란 즉 지하수이다. 친수성이 큰 합성의약품·항생물질류는 입자에 흡착되기 어렵기 때문에 하수가 지하로 누출되면 합성의약품·항생물질류는 토양을 통과하여 지하수로 침투될 가능성이 있다. 도시에서 하수가 누출될 가능성은 주로 3가지이다. 첫 번째는 토쿄東京와 같이 하수도의 보급이 빨랐던 지역에서는 하수관의 노후화에 의한 누출, 두 번째는 개인 부지 내의 하수관(개인관리) 또는 그것과 공용 하수관(자치단체 관리)의 접합부로부터의 누출, 세 번째는 가정용 정화조로부터의 누출이다. 개인 부지 내의 하수관과 정화조는 관리가 충분하지 못한 경우가 많다. 또한 경제적 발전도상국에서는 지면에 도랑을 판 하수구를 하수가 흘러가며, 흘러가는 하수의 일부는 지하에 침투된다. 가축용 항생물질류의 경우는 퇴비에 들어 있던 것이 그것이 뿌려진 농지로부터 지하로 침투된다.

토양에 침투되는 동안 어느 성분이 어느 정도 토양에 포집되는지 또는 포집되지 않고 더욱 깊은 곳으로 흘러들어 가는지를 조사하는 실험을 소개하겠다. 길이 20cm의 원주(칼럼)에 토양을 채워서 그 위에서 하수(2차 처리수)를 흘려 넣었을 때 아래로 흘러나오는 물을 채수하여 그 물의 성분을 분석하는 것이다. 소수성이 높은 퇴적물에서도 검출되는 트리클로산(triclosan)의 경우 토양에 흡착되기 때문에 토양 칼럼을 통과한 물에서는 검출되지 않았다. 이부프로펜(ibuprofen)도 토양으로의 흡착과 토양 미생물에 의한 분해에 의해 칼럼 통과 전후에서 90% 이상이 제거되었다. 한편, 크로타미톤(crotamiton), 디에틸톨루아미드(diethyltoluamide), 칼바마제핀(carbamazepine) 등의 성분은 20% 정도의 제거율밖에 되지 않았으며, 제거율은 화합물 사이에서 큰 차이가 나타났다[22].

이 실험 결과를 바탕으로 실제로 도내 지하수의 합성의약품을 측정한 결과가 그림 11.10이다. 트리클로산(triclosan)과 이부프로펜(ibuprofen)은 지하수에서는 검출되지 않았고, 이것은 토양 칼럼 실험에서 거의 검출되지 않은 것

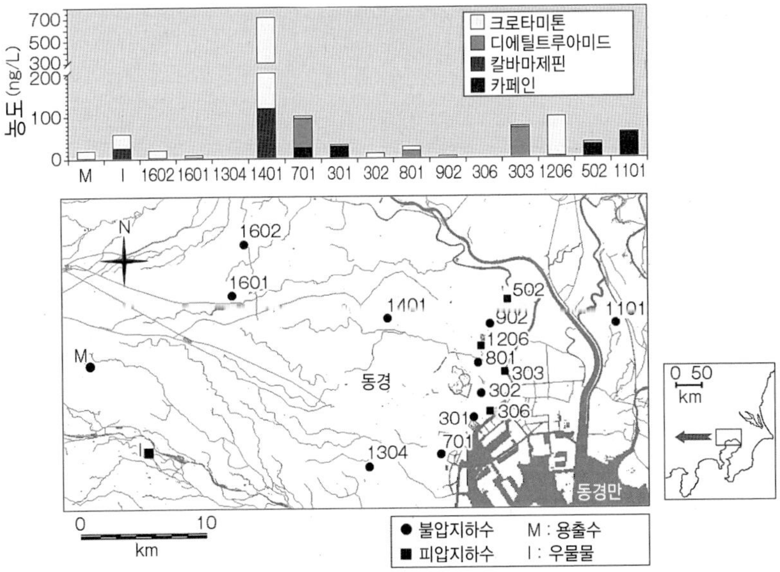

그림 11.10. 토쿄도東京都 지하수에서의 의약품 농도

것과 일치하였다. 한편 크로타미톤(crotamiton)과 칼바마제핀(carbamazepine)과 같이 소수성이 낮은 성분은 낮은 것이 수 ng/L, 높은 것은 하천수와 같은 정도인 수백 ng/L의 농도로 검출되었다. 그 후 같은 지역에서 50개 지점으로 대상 지점을 늘였지만 거의 같은 경향·농도범위로 합성의약품이 검출되었다[23]. 마찬가지로 항생물질류에 대해서는 설파제가 지하수에서 낮은 농도로 검출되었다. 그러나 비교적 소수성이 높은 매크로라이드(macrolide)계 항생물질은 토양에 흡착되기 쉽기 때문에 검출되지 않았고, 이것도 물성과 정합성이整合性 있는 결과가 되었다.

이 장에서는 난분해성으로 수용성水溶性이 높은 합성의약품·항생물질류의 오염이 외양과 지하수까지 퍼져나가는 것에 대해서 설명하였다. 현

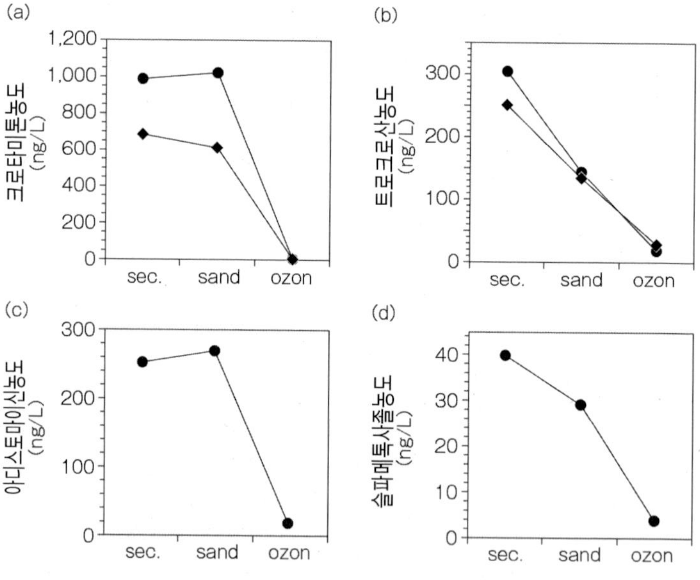

그림 11.11. 합성의약품 및 항생물질류의 고도처리에서의 제거 효율

(a) 크로타미톤, (b)트리클로산, (c) 아지트로마이신, (d)설파메톡사졸
sec. : 2차처리 후, sand : 모래여과 후, ozon : 오존처리 후
N. Nakata *et al., Water Res.*, 41, 4377(2007)을 바탕으로 작성

재 하수처리에서도 제거되지 않고 있어서, 하수도의 보급에 의한 해결은 바랄 수 없다. 한편 합성의약품·항생물질류의 남용도 지적되고 있지만, 병의 치료와 건강에 관련된 것이기 때문에 사용은 줄이더라도 완전히 멈출 수는 없다. 합성의약품·항생물질류 오염대책을 소개하겠다. 일본의 많은 하수처리시설에서는 1차 처리와 2차 처리를 실시하고, 염소처리 등으로 살균한 후 방류하지만 일부 처리장에서는 고도 하수처리법인 모래 여과와 오존처리를 하고 있다. 그림 11.11에 크로타미톤(crotamiton), 트리클로산(triclosan), 아지트로마이신(azithromycin), 설파메톡사졸(sulfamethoxazole)의 2차 처리수, 모래 여과수, 오존 처리수의 농도를 나타내었다. 트리클로산(triclosan)은 2차 처리까지의 제거율은 낮았지만 모래 여과 처리를 한 물의 트리클로산(triclosan) 농도는 2차 처리수의 절반 정도, 오존처리에서는 10% 이하까지 감소하였다. 크로타미톤(crotamiton)과 항생물질류는 모래 여과에서는 그다지 농도는 감소하지 않았지만, 오존처리를 할수록 완전히 분해된다. 항생물질류의 아지트로마이신(azithromycin), 설파메톡사졸(sulfamethoxazole)도 마찬가지 이다[24]. 하나 유의해야할 것은 어디까지나 그 물질이 깨진 것뿐이며, 분해산물이 어느 정도 잔존하고 있을지 또한 그것에는 독성이 없는 것인지 라는 점에 대해서는 충분히 밝혀져 있지 않았다는 것이다. 오존처리는 하수 처리수의 독특한 냄새와 색깔이 동시에 없어지는 것이 특징이다. 오존처리는 화학물질 처리 기술로서는 효과적이지만 많은 전력이 필요하기 때문에 모든 하수처리시설에 오존처리를 도입하는 것은 어렵다. 토쿄도東京都 아키시마시昭島市에 있는 타마천多摩川 상류수 재생센터에서는 처리수의 일부를 오존처리 하여 맑은 물로 타마천玉川 상수와 노비토메용수野火止用水 등의 수로로 방류하고 있다. 이들 수로는 널리 시민의 추억의 장소로 되어 있는 곳이다. 용도에 맞춘 하수 처리수의 이용과 처리를 하는 것이 중요하다.

참고 문헌

1) U.S. Environmental Protection Agency, “EPI--suite™ ver.4.11”(2012).
2) H. Yamamoto *et al., Water Res.*, **43**, 351(2009).
3) N. Nakada *et al., Water Res.*, **40**, 3297(2006).
4) N. Nakada *et al., Environ. Sci. Technol.*, **42**, 6347(2008).
5) A. Murata *et al., Sci. Total Environ.*. **409**, 5305(2011).
6) M. Ishidori *et al., Sci. Total Environ.*. **346**, 87(2005).
7) K. Fent, A.A. Weston and D. Caminada, *Aquat. Toxicol.,* **76**, 122(2006).
8) 山本裕史ほか, 用水と廢水, **50**, 594(2008).
9) H.L. Yang *et al., Environ. Toxicol. Chem.*, **27**, 1201(2008).
10) S.R. Hughes, P.Kay and L.E. Brown, *Environ. Sci. Technol.*, **47**, 661(2013).
11) G. Bendoux *et al., Environ. Sci. Pollut. Res.*, **19**, 1044(2012).
12) Johnson & Johnson, “Our Safety & Care Commitment, Triclosan” http://www.safetyandcarecommitment.com/ingredient-info/other/triclosan
13) J. Marty *et al.,* “SF2192, Status in the Senate for the 88th Legislature (2013-2014)”, Minnesota State Legislature http://www.revusor.mn.gov/bills/bill.php?f=SF2192&y=2014&ssn=0&b=senate
14) E. Gullberg *et al., PLoS Pathog.*, **7**, e1002158(2011).
15) 鈴木 聡, 用水と廢水, **50**, 616(2008).
16) 高田秀重, 水環境學會誌, **36**, 308(2013).
17) S. Managaki *et al., Environ. Sci. Technol.*, **41**, 8004(2007).
18) A. Shimizu *et al., Sci. Total Environ.*, **452**, 108(2013).
19) P.A. Segura *et al., Environ. Int.*, **80**, 89(2015).
20) 森本拓也ほか, 用水と廢水, **53**, 635(2011).
21) A.Y. Lin and M. Richard, *Environ. Toxicol. Chem.*, **24**, 1303(2005).
22) 篠原裕之ほか, 環境科學會誌, **19**, 435(2006).
23) K. Kuroda *et al., Environ. Sci. Technol.*, **46**, 1455(2012).
24) N. Nakada *et al., Water Res.*, **41**, 4373(2007).

12

모닝터링

모니터링(monitoring)이란 즉 감시하는 것이다. 그 종류가 가속도적으로 증가하고, 사용지역이 계속 확대되는 대량의 화학물질과 함께 살아가기 위에서는 모니터링이 필요하다. 인위적 기원의 화학물질에는 인간과 야생동물에 반드시 영향을 미칠 수 있는 것도 있지만 본래는 인간의 생활을 편리, 안전, 쾌적하게 하기 위하여 만들어졌거나, 발생된 것으로 모든 것을 부정하고 살아가는 것은 불가능하다. 그러나 이것들과 공존하며 살아가기 위해서는 어느 정도의 위험이 있는지를 파악하는 것이 필요하고, 그것을 위한 수단이 모니터링인 것이다.

모니터링의 역할은 경찰이나 소방과 같다. 어떠한 일이 일어났을 때를 대비한 준비인 것이다. 아무것도 일어나지 않는 것이 가장 좋겠지만, 유감스럽게도 어떠한 확률로 사고·사건과 화재가 일어나기 때문에 경찰과 소방이 필요하다. 화학물질이 환경으로 누출되지 않는다면 모니터링도 필요하지 않지만, 화학물질을 사용하고 있는 이상 환경으로 방출될 수 있으며, 실제로 이미 일어나고 있다. 우리가 화학물질을 사용하는 이상은 모니터링이 필요하다. 게다가 모니터링은 단순히 감시하는 것 이상의 역할도 가지고 있다. 오염 상황에 대한 파악이 불가능하면 대책을 세울 수가 없다. 오염된 지역과 오염원의 추정이 이루어지면 발생원에 대한 대책을 세울 수 있다. 공간적인 모니터링과 함께 시계열의 모니터링도 반드시 필요하다. 예를 들면 석유 유출 사고, 지진에 의한 쓰나미, 원전 사고 등 어떠한 사고가 일어났을 때, 이전에 상태가 어떠했는지를 모니터링 해 놓지 않으면 지금이 어떠한 상황인지, 그리고 과거와 비교했을 때 어떠한지, 사고와 재해 후에 어떻게 되었는지를 파악할 수 없다. 또한 오염에 대한 대책을 강구할 때에 그 대책의 효과를 평가하기 위해서도 대책 전후에서의 모니터링은 반드시 필요하다. 모니터링을 하는 것은 어떠한 오염을 지배하는 인자를 찾아내는 것에도 연결된다. 화학물질의 환경 거동은 실제로 측정하는 것 이 외에 수식을 사용한 모델링에 의해서도 조사되고 있지만 모델링의 계산결과는 모니터링의 실측 결과와 맞추어서 검증할 필요가 있다(이것을 밸리데이션(validation)이라고 함). 환경오염을 조사하는데 있어 광역적이며, 계속적인 모니터링의 의의는 매우 크다.

일본에서는 환경성이 유해화학물질의 모니터링을 계속적으로 하고 있으며, 그 결과는 1974년 이후 [화학물질과 환경](통칭 : 검은책)에 정리되어 매년 공표되고 있다[1]. 그 내용은 수질·퇴적물 모니터링과 지표생물 모니터링, 인체로의 노출경로(대기, 실내공기, 음식)별 화학물질량의 조사 등이다. 2장에 나타낸 토쿄만東京湾 농어 체내의 PCB 농도 변화(그림 2.9)도 [화학물질과 환경]의 모니터링 결과이다. 한편, 전 세계적으로는 스톡홀름협약에 의한 POPs(persistent organic pollutants, 잔류성유기오염물질)의 세계 규모의 모니터링이 요구되고 있다. 화학물질 모니터링에는 [화학물질과 환경]과 같이 환경을 다수의 조사지점에서 매년 측정하는 것도 있지만, 세계 규모에서 그러한 것들을 실시하는 것은 매우 어렵다.

문제는 환경매체에 미량으로 존재하는 오염물질을 검출하기 위해서는 대량의 시료가 필요하기 때문이다. 이러한 문제를 해결하기 위해서는 대기와 물로부터 오염물질이 농축되어 있는 퇴적물, 생물 등의 환경매체를 이용하는 방법이 효과적이다. 각각의 매체에는 오염물질의 농축에 관한 특징이 있다. 모니터링 결과를 해석할 때에는 이러한 특징을 예를 들어 오염물질이 그 매체에 어떻게 농축되어 있는지, 환경에 어떻게 반영되어 있는지 그리고 평형상태에서의 측정인지 등을 고려할 필요가 있다. 이 장에서는 약간의 궁리가 집약된 여러 가지 모니터링 방법과 그 성과를 소개하겠다.

12.1. International Mussel Watch

이매패류를 이용한 모니터링 방법은 mussel watch(홍합감시)라고 부른다. Mussel은 홍합과의 식용이 되는 패류로서 일반적인 것은 홍합이라고 부르고 있다. 파에야(paella)와 같은 스페인 요리 등에서 먹어본 사람도 있을지 모른다. 아시아권에서도 초록담치(Perna viridis)라고 부르는 다른 종류의 홍합류가 식용되고 있다. 이 mussel을 이용한 모니터링을 앞으로 mussel watch라고 하겠다. Mussel은 물속 오염물질의 모니터링에 사용되고 있다. 그림 12.1은 mussel과 오염물질의 관계를 나타낸 모식도이다. Mussel의 생식지역은 조간대이다. 즉, 썰물 때는 해면 위에, 밀물 때는 해면의 아래에 살고 있다. 해안의 벽면과 부이, 바위 등의 구조물에 부착하고 있다. 먹이는 해수의 플랑크톤과 유기물이며, 주변의 해수를 효율적으로 빨아들여 여과하여 섭취하고 있다. 이 과정에서 해수로부터 소수성의 오염물질이 체내의 지질에 축적된다. 1장에서 설명한 생물농축을 이용한 소수성 오염물질 모니터링의 전형적인 사례이다. 이매패류의 여과속도(1시간에 1개체가 1L 정도)가 열쇠가 된다.

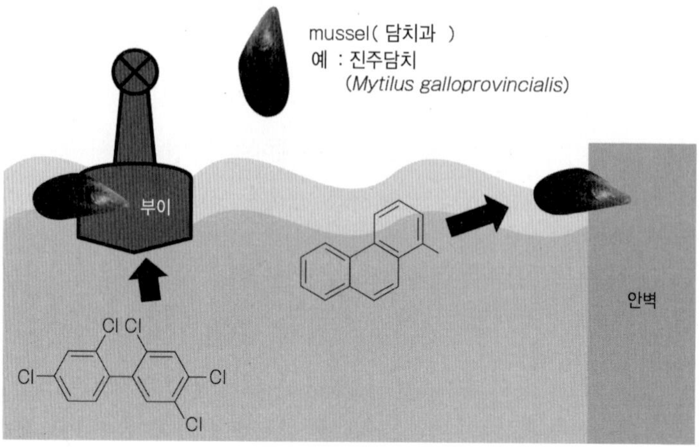

그림 12.1. Mussel watch의 개념도

Mussel을 이용한 모니터링의 장점은 다음과 같다[2]. ① 근연종近緣種을 포함하여 전 세계에 널리 분포하고 있는 점. 종의 차이를 고려해야 하는 경우도 있지만 서식지역이 넓기 때문에 세계 규모에서 오염의 정도를 비교할 수 있다. ② 고착하여 서식하는 생물인 점. 물고기와 같이 유영하여 다른 곳으로 가지 않기 때문에 그 지점의 오염을 반영할 수 있다. ③ 주변의 물속에 비해 100~10만배의 오염물질을 농축하는 점. 농축 배율은 화학물질의 소수성에 의해 변하지만, 대량의 물을 채취하여 연구실로 옮겨서 분석하는 것보다 mussel을 소량 채취하여 분석하는 것이 간편하다. ④ mussel이 오염에 대해 저항성이 있는 점. 오염물질의 농도가 높은 장소에서는 오염에 약한 생물은 죽어버리지만, mussel은 그러한 우려가 없다. ⑤ 오염물질을 대사하는 능력이 낮은 점. 이 때문에 생물에 축적되어도 적극적으로 배설되지 않고, 그 지점의 물과 평형농도로 유지된다. 어류나 갑각류라면 대사될 가능성이 있다. ⑥ 한 지점에 서식하는 개체수가 많은 점. 분석을 위해 채취하더라도 그 개체군을 파괴하지 않고 생태계에 미치는 영향이 적다. ⑦ 지역에 따라서는 식용으로도 하는 점. 식용

의 안전 관점에서도 시민의 관심을 얻기 쉬운 모니터링 매체이다.

Mussel watch는 1970년대 후반에 미국 서해안 스크립스(scripps) 해양 연구소의 Edward Goldberg 박사의 제안으로 시작되었다. 그후 1980년대에 미국, 프랑스, 스페인, 일본 등 선진 공업화 국가에서 국가 규모의 모니터링으로서 전개되었다. 예를 들어 미국의 국가 해양대기국(NOAA, National Ocean & Atmospheric Administration)은 1984년에 "National Status and Trend Program"을 시작하여 전국 200개 지점에서 지중해담치와 굴을 채취하고 오염물질을 분석하는 즉 mussel watch를 그 후 30년 이상 계속하고 있다. 이러한 국가 규모의 mussel watch를 국제적인 모니터링으로 확대하고자 하는 움직임이 1990년대부터 시작되어 유네스코(UNESCO) 산하에 mussel watch 위원회가 설치되었다. 국제 워크숍 등도 개최되어, 개발도상국으로의 기술 이전과 mussel watch의 보급이 진행되었다. 그 결과 1990년대에서는 중남미, 아시아에서도 International Mussel Watch가 이루어졌다.

평면적인 모니터링은 오염이 높은 지점이 어디인지를 파악하는 것이 가능하기 때문에 오염원 추정이 가능하다. 그림 12.2는 토쿄만東京湾의 해상보안청 부이에 부착하고 있는 지중해담치를 이용한 모니터링 결과이다[3, 4]. 해상보안청에서는 2년에 한번 부이에 부착하고 있는 생물을 제거하여 청소를 한다. 그 중에는 지중해담치도 포함되어 있기 때문에 그것을 시료로 제공받아 오염물질을 분석했다. 그 결과 만의 안쪽에서 PCB농도가 높은 것이 밝혀졌다. 이것은 오염원이 어디이며, 어느 곳을 깨끗하게 하면 토쿄만東京湾의 PCB 오염이 해결될 것인지의 지침이 된다. 또한 단순히 「토쿄만東京湾의 어패류가 오염되어 있다」라는 것이 아닌 보다 구체적으로 「만 안쪽의 어패류는 오염되어 있지만, 만 입구의 어패류는 깨끗하다」라고 말할 수 있게 된다.

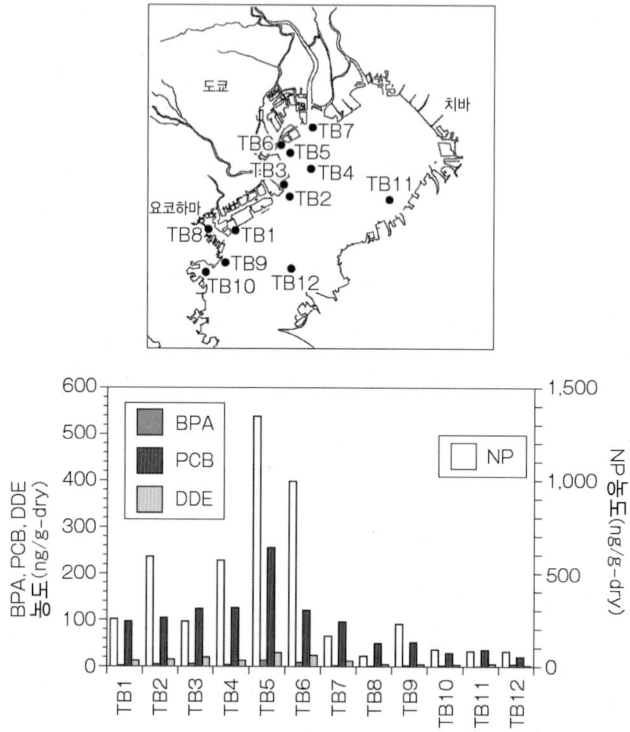

그림 12.2. Mussel watch에 의한 비스페놀(ABPA), PCB, DDE, 노닐페놀(NP)의 공간적 모니터링(2000년)

또한 모니터링으로서는 연간 변화를 살펴보는 것도 중요하다. 그림 12.3에서 토쿄만東京湾의 그림 12.2에 나타낸 해역에서 채취한 지중해담치 중 PCB 농도의 변화를 나타냈다. 1990년대 전반부터 2000년대 전반까지 PCB 농도는 절반 정도까지 감소하여 왔다. 2011년과 2003년의 시료에 대해 같은 부이에서 채취한 것들을 비교하면, PCB농도에 변화가 없는 것을 알 수 있다. 장기간 같은 지점에서 모니터링을 하고 있으면 이러한 것도 알 수 있게 된다. 이 변화를 어떻게 고찰하면 좋을지는 이미 2장의 [유기염소화합물]을 읽어본 사람이라면, 그 열쇠가 PCB의 발생원

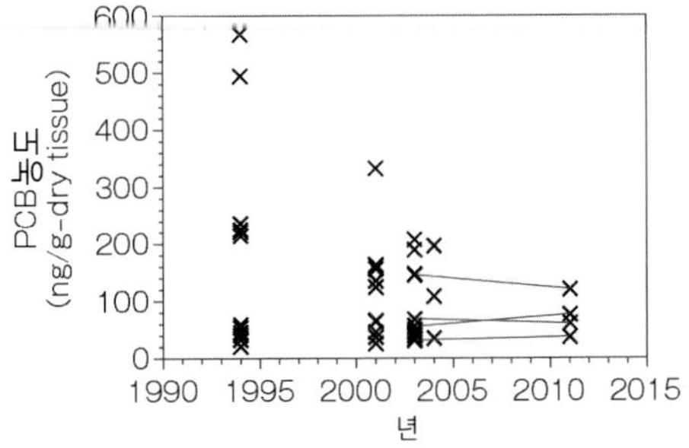

그림 12.3. mussel watch에 의한 PCB의 연도별 모니터링

에 있다는 것을 알 수 있을 것이다. 퇴적물에 축적되어 있는 과거에 사용되었던 PCB가 퇴적물의 재현탁과 용출 등에 의해 해수로 되돌아온 것이 오염원이 되는 레거시 오염이다. 현재 토쿄만東京湾에서는 새로운 누출을 생각할 수 없기 때문에 레거시 오염이 오염원으로 추정된다. 그리고 토쿄만東京湾에서는 레거시 오염의 저감이 최근 완만한 것도 나타나고 있다.

12.2. International Pellet Watch

IPW(International Pellet Watch, 국제 플라스틱 입자 감시)의 모니터링 결과는 이미 2장에서 몇 번이나 소개하였지만, 여기서는 다시 IPW란 무엇인지를 설명하겠다. 해안에서는 만조선(high tide line)이라는 것이 있다. 만조 시 해안선, 즉 파도가 도달하는 가장 높은 곳으로 거기에는 많은 쓰레기가 쌓여 있다. 그 속을 잘 살펴보면 플라스틱의 레진펠릿(resin pellet, 수지 알갱이)이 있다(그림 12.4). 플라스틱 레진펠릿(이하 펠릿)이라는 것은 플라스틱 제품의 중간원료이다. 그림 12.5에 펠릿이 바다에 도달하는 경로를 나타내었다. 플라스틱은 석유에서 합성되지만, 이 세상의 플라스틱 제품은 갑자기 그 제품의 형태로 합성되는 것은 아니다. 우선 화학공장에서 석유로부터 레진펠릿(알갱이)의 형태로 합성된다. 그것을 다른 공장(성형공장)으로 옮겨, 각각의 공장에서 압력과 열을 가해 제품으로 만든다. 이러한 운송과 취급 과정에서는 펠릿 자체가 유해하다는 인식이 없기 때문에 취급에 주의하지 않고 넘쳐 흐르게 된다. 플라스틱 중에 주요한 폴리에틸렌(PE)과 폴리프로필렌(PP)은 비중이 1 이하여서 물에 뜨기 때문에 수로와 하천을 부유하여 흘러내려가 최종적으로 바다까지 운반된다. 그 후 바다를 표류하는 펠릿의 일부가 해안에 표착한다. 펠릿은 탄화수소 골격으로 구성된 폴리머로 매우 소수성이 높은 물질이다. 그 때문에 펠릿이 해양을 표류하는 동안 그 해역에 소수성의 오염물질을 흡착한다. 그 성질을 이용하여 세계 규모의 모니터링을 하고 있는 것이 IPW이다.

IPW의 장점은 채취와 운송이 간편하다는 것이다. 해안의 사구에서 펠릿 입자 5개를 채취하면 약 0.1g이 된다. 여기에는 그 해역의 해수 약 100L분의 PCB가 포함되어 있다[5]. 100L를 운송하거나 분석하는 것은 상당한 노력이 필요하다. 또한 해외로부터 물 시료 100L를 수송하려면 수출입 수속이 매우 곤란하다. 또 하나의 장점은 시민 참가가 쉬운 모니터링 방법이라는 것이다. 펠릿은 해안의 사구에 가면 누구라도 주울 수

그림 12.4. 해안에 표착한 플라스틱 레진펠릿

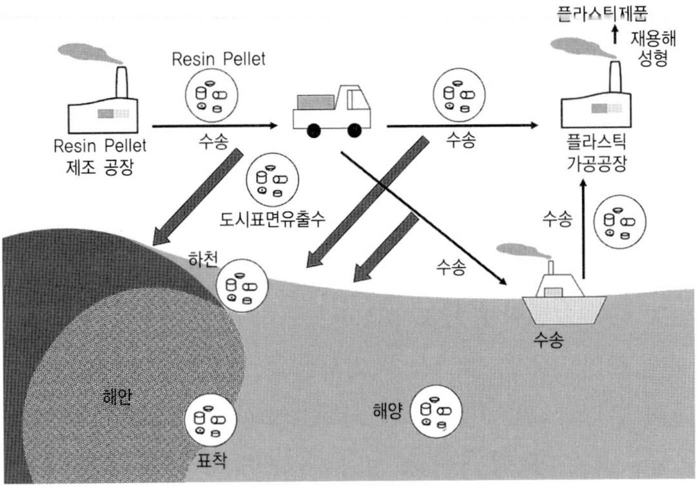

그림 12.5. 레질펠릿이 해안에 표착할 때까지의 이동 모식도

있다. 주운 펠릿은 항공우편으로 누구나 보낼 수 있다. IPW에서는 홈페이지와 학회, 학술지에 호소하여 시민단체와 NPO를 통해 시료가 보내져 오고 있다. 시민이 참가할 수 있기 때문에 모니터링의 범위가 크게 확대 가능한 것이 장점이다.

보내져온 펠릿은 먼저 소재별로 분류한다. PE나 PP 등 폴리머의 종류에 따라 표면의 화학적인 특성이 달라 흡착성이 다르다. 그 때문에 분석에 사용하는 수지를 통일할 필요가 있다. 기존의 연구에서 PE 쪽이 PP보다도 흡착 효율이 높은 것이 밝혀져 있기 때문에 모니터링에서는 PE를 사용하고 있다[6].

다음으로 분리된 PE 펠릿은 어느 정도 노랗게 변한 것을 사용한다. 석유에서 제조된 직후의 펠릿은 흰색이지만, 환경으로 방출되면 점점 노랗게 변색된다. 노랗게 변한 정도는 펠릿의 해양환경에서의 체류시간을 반영하는 것으로 생각된다. 그것은 펠릿에 첨가되어 있는 페놀계의 산화방지제가 환경에서 산화되었기 때문으로 생각된다. 같은 해안에서 주운 펠릿이더라도 한 개의 펠릿에 흡착되어 있는 화학물질 농도는 일정하지 않고 분산되어 있다. 그 해안에서 체류한 시간이 다르기 때문일 것이다. 예를 들어 어떤 해역의 해수 중 PCB 농도가 펠릿과 평형에 도달하기까지는 수개월에서 1년 정도 걸리는 것으로 알려져 있다. 환경에서 오랜 시간 머물렀던 펠릿일수록 산화되었을 것으로 생각되기 때문에 어느 정도의 황색도 펠릿(황색도 40~50)을 분석에 사용하고 있는 것이다.

그렇게 선별된 펠릿은 5알(개)을 1조로 하여 총 5조를 각각 분석하여 그 결과의 중앙값을 그 지점을 대표하는 값으로 사용하고 있다. 분석값은 PCB의 경우에 대략 1~2 자리수 농도범위의 차이가 있다. 펠릿은 각 알갱이마다 다른 경로로 다양한 표류시간을 거쳐 채취된 해안에 표착하기 때문에 그 중에는 표착해역과 떨어진 해역에서 고농도(어떤 것은 저농도)의 POPs에 노출된 경우가 있다. 게다가 표착해역에서 평형에 도달하는데 필요한 만큼의 충분한 시간이 경과하지 않은 상태로 해안에 표착하고 있는 경우도 있기 때문에, 그러한 펠릿은 다른 펠릿보다도 극단적으로 고농도(어떤 것은 저농도)가 된다. 이러한 펠릿에 따른 농도 차이의 영향을 줄이기 위해 궁리하여 중앙값을 취하기로 한 것이다. 이와 같이 단순히 모아서 분석하면 되는 것이 아니며, 분류하여 분석함으로써 대표적인 값을 얻을 수 있는 것이다.

펠릿을 이용한 세계 규모의 모니터링 결과는 이미 그림 2.2, 그림 2.3, 그림 2.5에 나타내었다. PCB의 경우 선진 공업화 국가에서는 레거시 오염을 반영하고 있는 것[7], 동남아시아와 아프리카 등에서는 전반적인 농도는 낮지만, 지역에 따라 e-waste의 영향이 있는 것[8, 9], 인간활동에서 멀리 떨어진 외양의 섬에서도 저농도로 PCB가 검출되고 있는 것[10] 등이 밝혀졌다. 다만, 이 모니터링 결과가 타당한 것으로 판단하기 위해서는 이 모니터링 방법이 신뢰성이 있어야 한다. 여기서 mussel watch와의 비교를 통하여 타당성을 검증하였다. 그림 12.6은 펠릿과 같은 지역에서 채취한 홍합과 펠릿의 PCB 농도를 비교한 것이다. 양자 사이에서 정(+)의 상관관계가 확인되었다[11].

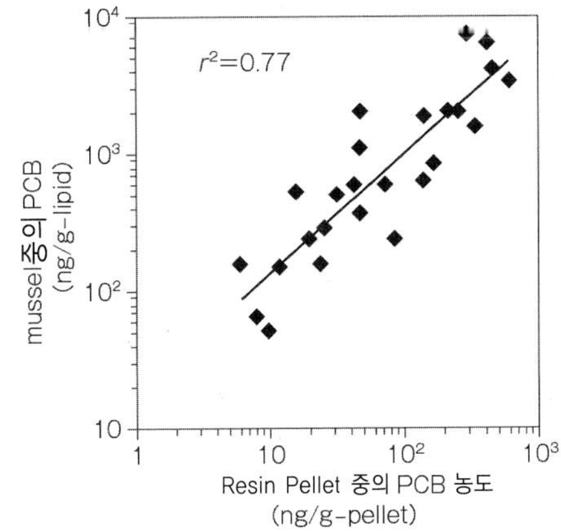

그림 12.6. 펠릿의 PCB 농도와 같은 지점 mussel의 PCB 농도의 상관관계

레진펠릿의 PCB 농도는 각 지점에서 5조 분석의 중앙값
高田秀重, ぶんせき, 1, 33 (2015)

펠릿으로 오염물질의 흡·탈착은 가역적이기 때문에 표착해역 주변을 표류하는 동안 평형을 향해 오염물질의 흡·탈착이 진행되어 펠릿의 오염물질 농도가 그 해안 주변의 농도를 반영하는 것으로 생각된다. 평형이란 새로운 펠릿과 낮은 농도의 지역으로부터 농도가 높은 지역에 들어온 펠릿이 해수로부터 펠릿을 향해 흡착이 일어나 일정한 농도의 상태가 되는 것이다. 동시에 오염지역에서 오염물질을 흡착한 펠릿이 오염이 적은 지역에서 흘러온 경우는 펠릿으로부터 주변해역으로 오염물질이 탈착되어 일정한 농도의 상태가 되는 것을 의미한다. 이 흡·탈착되는 기간이 어느 정도인지는 모니터링으로 시간적인 변화를 파악하기 위해서는 밝혀둘 필요가 있다. 그림 12.7은 미국 서해안 샌디에이고의 연안에 새로 만든 저밀도 폴리에틸렌 제질의 펠릿을 최장 12개월 표류시킨 흡착 실험 결과이다. 염소수 3개의 PCB와 염소수 6개의 PCB에서 흡착량과 흡착 속도에서 차이는 있지만, 이 실험에서는 펠릿으로의 PCB를 비롯한 POPs의 흡착은 수개월~1년정도에 평형에 도달하는 것이 밝혀졌다[12].

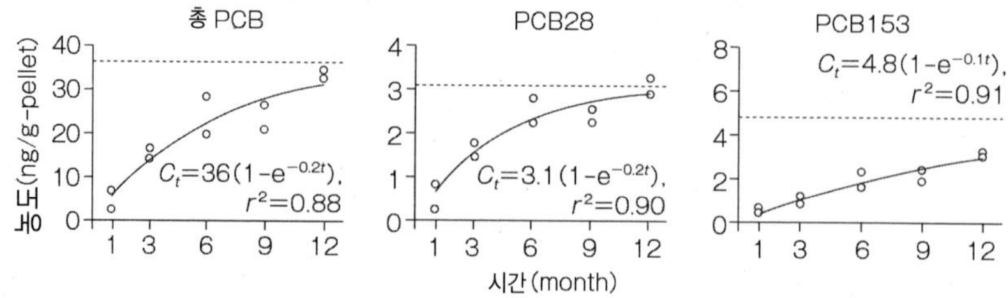

그림 12.7. 저밀도 폴리에틸렌(LDPE)로의 PCB 흡착실험

C. M. Rochman *et al*, *Environ. Sci. Technol.*, **47**, 1649(2013)

IWP는 PCB, DDT, HCH 등의 POPs 만이 아닌, PAH를 사용한 석유 오염의 모니터링 등에도 그 대상을 확대하고 있으며, 보다 많은 문제 제기에 연결되는 모니터링 방법이다. IPW는 채취와 운송이 간단한 것이 이점이라고 설명했지만 그것은 펠릿의 채취에는 특수한 기구와 훈련이 필요 없고, 전문가가 아닌 사람들이 쉽게 참여할 수 있다는 것에도 연결된다. 실제로 IPW에서는 전 세계에서 약 20개의 NGO와 약 100명의 개인이 참가하고 있다. 해양의 플라스틱 오염과 POPs라는 눈에 보이지 않는 오염을 눈에 보이는 형태로 시민의 관심과 이해를 심화한다는 의미에서도 IPW는 유용한 접근 방법이다. 특히 스스로 시료채취자가 되어 환경조사의 추체가 되어있다. 또한 데이터를 통해 전 세계의 다른 지역과 연결되어 세계 규모에서의 조사의 일익을 담당하고 있다. 참가하고 있다는 의식을 갖고 있다는 점이 다른 모니터링과 비교했을 때도 특징이 된다.

12.3. 우지선羽脂腺[1]) 왁스 모니터링

Mussel watch와 IPW는 해역의 해수와 낮은 영양단계의 생물 오염 상

1) 조류가 가진 유일한 피선(皮腺)으로 특히 숨새목이나 펠리컨목 등의 수조류(水鳥類)에서 잘 발달하였다. 꽁지의 기부에 개구(開口)하고, 지방산 등을 포함하는 지성(脂性)의 분비물을 낸다. 깃고르기에 쓰고 방수성(防水性)을 좋게 한다. 미선(尾腺) 또는 지선(脂腺)이라고도 한다(출처 : 두산백과).

태를 알기 위한 모니터링 방법으로 지금부터 야생생물에 어느 정도 오염물질이 축적되어 있는지를 조사하기 위한 모니터링 방법을 소개하겠다. 여기서 소개하는 것은 바다새를 이용한 모니터링이다. 바다새는 해양생태계의 가장 높은 단계에 위치하고, 먹이사슬을 통해 POPs를 고농도로 축적하고 있다. 또한, 극지에서 열대까지 넓게 서식하고 있기 때문에 세계 규모의 모니터링 재료에 적합하다. 게다가 바다새는 멸종위기종을 많이 포함하기 때문에 바다새가 어느 정도 오염물질에 노출되어 있는지를 지속적으로 모니터링 하는 것은 야생생물의 보전을 위해서 필요하게 되었다. 그러나 혈액과 지방조직, 간 등의 조직을 사용하는 살상을 동반한 모니터링 방법으로는 모니터링을 수행하는 것 자체가 바다새에게 손상을 주는 자기모순이 있다.

우지선 왁스는 조류의 우지선(권두삽화 p.3 상단)이라고 불리는 기관에서 분비되는 왁스이다. 바다새는 이 왁스를 깃털에 발라서 깃털에 발수성을 주어 방수·방충·보온 효과를 높이고 있다. 지방, 발수성 이라는 키워드에서 이 우지선 왁스에 소수성의 화학물질이 포함되어 있을 것으로 예상될 것이다. 실제로 우지선 왁스와 체내 지방의 오염물질 농도에서 상관관계가 확인되었다(그림 12.8)[13]. 게다가 우지선 왁스는 조류에 상처를 주지 않고 채취 가능하기 때문에 동일 개체로부터 시간적으로 오염정보를 얻을 수 있는 것이 최대의 장점이다.

아남극에 서식하는 바다새의 우지선 왁스를 이용한 PCB오염 모니터링 결과를 그림 12.9에 나타냈다. 같은 지역에 서식하는 종이라도 종에 따라 오염 농도에 차이가 있는 것을 알 수 있다. 검은눈썹알바트로스(*Thalassarche melanophris*)와 검은머리흰가슴가마우지(*Phalacrocorax Atriceps*)가 상대적으로 고농도인데 비해 아델리펭귄과 수염펭귄이 저농도, 젠투펭귄은 중간정도의 농도로 PCB 농도값에 차이가 있었다. 이 차이는 식성에서 기인하는 것으로 생각된다. 검은눈썹알바트로스와 검은머리흰가

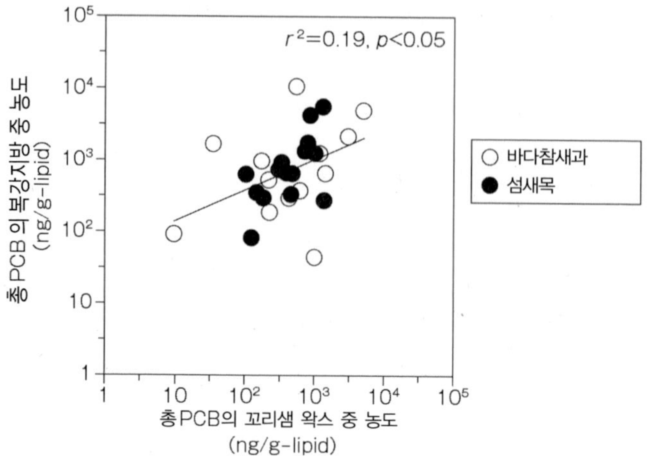

그림 12.8. 우지선 왁스의 PCB 농도와 복강지방의 PCB 농도의 상관관계

R. Yamashita *et al., Environ. Sci. Technol.*, **41**, 4905(2007)

슴가마우지는 주로 어류를 먹이로 하는 종이다. 그것에 반해 아델리펭귄과 수염펭귄은 크릴, 젠투펭귄은 그 때에 잡히는 먹이에 따라 다른 식성의 차이가 있다. 어류는 크릴보다 영양단계가 높기 때문에 크릴 보다 PCB농도가 높다. PCB의 조성에서도 염소수가 많은 동족이성체의 비율이 높은 것으로 생각된다. 그리고 이런 경향은 그것을 먹은 바다새에게도 반영된다고 생각된다. 따라서 이러한 종의 차이와 식성의 차이도 고려해서 지구 규모로의 모니터링도 수행하기 시작했다. Pellet watch와 mussel watch는 낮은 단계 생태계의 오염을 모니터링하고 있는데 비해 우지선 왁스 모니터링은 생태계의 가장 높은 단계 생물 모니터링이다. 이 두 모니터링을 조합하면 3차원적인 모니터링이 가능해진다.

우지선 왁스를 이용한 POPs 모니터링의 구체적인 방법에 관하여는 문헌[13]을 참조하길 바란다.

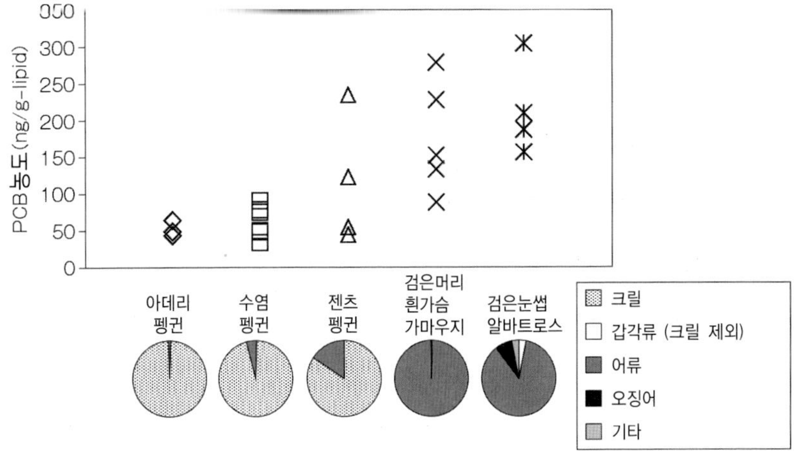

그림 12.9. 우지선 왁스를 이용한 남반구 바다새의 PCB 모니터링과 식성

바다새의 식성 : T.D. Williams and J. N. Davies, "The Penguins", Oxford University Press (1995) : R. J. Casaux and E. R. Barrera-Oro, *Antarctic Science*. **5**, 335 (1993) : H. Weismarskirch *et al.*, *The Conder*, **90**, 214(1988)

12.4. 은행나무를 이용한 자동차 배출가스 모니터링

지금까지 지구 규모의 해역, 주로 물속 오염 모니터링에 관하여 설명하였지만, 유해화학물질은 물속뿐만 아니라 대기에도 존재한다. 그 때문에 대기의 유기오염물질 모니터링도 필요하며, 실제로 여러 가지 방법으로 이루어지고 있다. 이 항에서 초점을 두는 것은 디젤차의 배출가스이다. 디젤차로는 디젤엔진을 탑재한 자동차로, 가솔린 엔진의 자동차와 구조가 달라서 입자상물질(PM)의 배출량이 많다. $PM_{2.5}$ 라는 단어를 최근 많이 듣게 되었지만, 그것은 입자의 직경 2.5㎛ 이하의 입자를 의미하고 있다. 이 입자상물질은 폐 등의 호흡기에 침착하여 만성호흡기질환을 일으키거나, PAH를 함유하고 있어 발암성이 의심되는 등 인간의 건강에 미치는 영향이 우려되고 있다. 이러한 배경에서 디젤차는 행정적으로 운행대책이 세워졌다. 토쿄도東京都에서는 1999년에 디젤차 대책으로

「디젤차 NO 작전」을 개시했다. 2003년에는 토교東京뿐만 아니라 주변의 사이타마埼玉, 치바千葉, 카나가와神奈川에서도 기준을 만족하지 않는 디젤 트럭, 버스의 운행을 금지하였다. 이 조치에 의해 디젤차 배출가스로부터 PM의 배출은 감소하였다. 디젤차 배출가스는 PAH의 발생원이기도 하다. 이 디젤차 배출가스 대책이 PM뿐만 아니라 도로 주변 대기의 PAH 오염 저감에도 이어지는지를 조사하기 위해 수행한 모니터링 사례를 소개하겠다.

대기 시료의 채취는 에어샘플러라는 흡기형의 장치를 이용하는 것이 많지만, 전원을 필요로 하거나 설치장소를 찾는 것이 어렵기도 하다. 여기서 필자들이 제안한 것이 가로수의 잎을 이용한 모니터링이다. 가로수 잎에는 몇 가지 경로로 PAH가 축적된다. 그림 12.10에 PAH와 잎 표면의 모식도를 나타냈다. PAH를 함유한 입자 중 어느 정도의 크기의 입자는 잎의 표면에 침착, 부착한다. 더 작은 입자는 기공을 통하여 잎의 내부에 들어갈 가능성도 생각할 수 있다. 가스상태의 PAH는 잎의 각피층과 그 분비물인 왁스층에 분배한다. 특히 PAH와 비슷한 소수성이 높은 물질은 기름에 분배하기 쉽기 때문에 잎의 기름 성분인 이들 층에 축적되기 쉬운 경향이 있다. 이러한 특성을 살려서 가로수 잎의 PAH를 측정하고, 도로 주변의 환경을 조사하는 모니터링을 수행한 것이다.

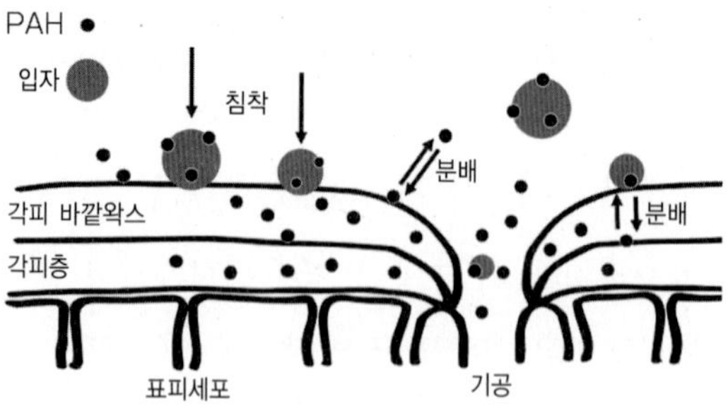

그림 12.10. 나뭇잎의 표면에서 PAH의 거동

사전에 같은 도로 주변에서 몇 종류의 가로수(은행나무, 느티나무, 벚꽃나무, 중국튤립, 목련)에서 잎을 채취하여 그것들의 PAH를 측정한 결과 은행나무 잎이 가장 PAH를 고농도로 축적하는 경향이 있다는 것이 밝혀졌다[14]. 일본에서는 길가에 가로수로서 은행나무가 가장 많이 이용되고 있다. 왜 은행나무의 PAH 농도가 높은지는 완전하게 밝혀지지 않았지만, 은행잎의 물결치는 구조가 표면적이 넓어지게 할 가능성이 있다.

은행을 모니터링 매체로서 이용할 때 또 하나 확인해야 할 점은 그 매체가 그 환경을 반영하고 있는지의 여부이다. 따라서 은행잎을 채취한 지점에 에어샘플러를 설치하여 채집한 대기 시료와 은행잎의 PAH 농도의 관계를 조사한 결과가 그림 12.11이다. 그림에서 나타난 것과 같이 둘 사이에 양호한 상관관계가 확인되어 은행잎의 PAH 모니터링 매체로서의 유용성이 확인 되었다[14]. 게다가 이 모니터링 방법은 시민 참가가 가능하다는 장점도 함께 가지고 있다. 은행잎의 채취에는 연구자 이외의 사람들에게도 협력을 구했다.

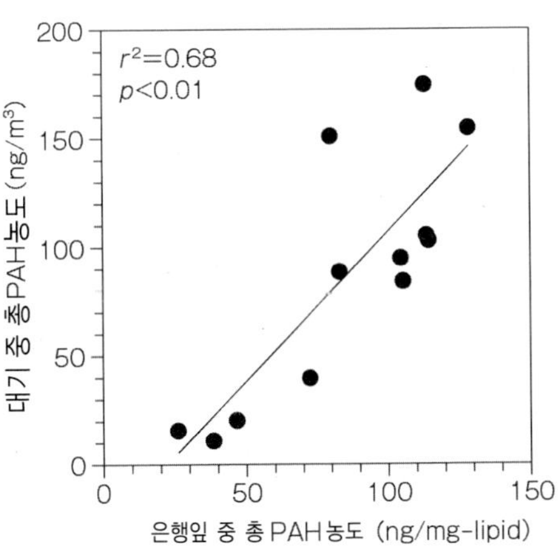

그림 12.11. 은행잎의 PAH농도와 대기 중 PAH 농도의 관계

M. Murakami *et al., Atmos. Environ.*, **54**, 14(2012)

그림 12.12는 2002~2006년까지 5년간 토쿄도東京都내 10개 지점의 은행나무에서 잎을 채취하여 PAH를 측정한 결과이다. 조사기간 동안 도심에 위치한 교통량이 많은 간선도로가의 하쯔다이初台(시부야구渋谷区)와 카미우마上馬(세타가야구世田谷区)에서 PAH 농도는 가장 높았다(그림 12.12(a)). 한편, 동경농공대학東京農工大学 캠퍼스내와 도심에서 떨어진 타카오高尾에서는 PAH 농도가 일관되게 저농도였다(그림 12.12(a)). 이와 같은 지역적인 경향은 대기의 PAH 오염에 자동차 주행의 기여가 있는 것을 잘 나타내고 있다. 한편, 연간변화에 주목하면 2002~2006년에 걸친 PAH 농도의 감소 경향은 확인되지 않았다. 그러나 이것만으로 규제의 효과가 보이지 않는다고 결론지어서는 안된다. PAH의 특징은 발생원에 따라 그 조성이 다르다는 것이다. 디젤차 배출가스와 가솔린차 배출가스의 PAH 조성을 그림 12.13에 나타냈다. 디젤차 배출가스 입자는 저분자의 PAH를 많이 함유하는데 비해 가솔린차 배출가스 입자는 고분자 PAH가 많다[15]. 따라서 은행잎의 PAH에 대해 고분자 PAH에 대한 저분자 PAH의 비율을 계산하여 그것의 시간변화를 살펴보았다(그림 12.12(b)). 자동차 배출가스 중 디젤차 배출가스의 비율이 많으면 저분자의 PAH 비율도 많아진다. 디젤차 배출가스의 비율이 낮아지면, 저분자 PAH 비율이 낮아지기 때문에 저분자/고분자 PAH비도 낮아진다. 그림 12.12(b)에서 은행잎의 저분자/고분자 PAH비가 낮아지고 있는 것은 디젤차 배출가스의 배출 비율 감소를 의미하는 것이다. 디젤 대책 규제의 결과, 2002~2006년 사이에 대기의 저분자 PAH 농도는 30~70% 감소한 것으로 추정되었다[14].

여기서는 확실하게 디젤차 배출가스 규제 효과가 인정되었지만, 이 모니터링 결과에서는 고분자 PAH의 감소는 인정되지 않았다. 그리고 발암성은 저분자 PAH 보다도 고분자 PAH가 높다는 것은 5장에서 설명하였다. 가솔린차 배출가스 등과 같은 디젤차 배출가스 이외의 PAH 기원

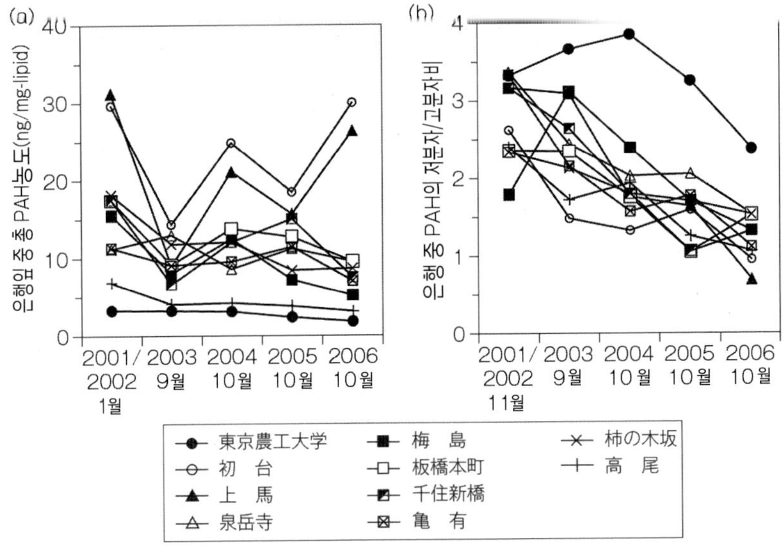

그림 12.12. 토쿄도東京都 내에서 은행잎을 이용한 PAH 모니터링

(a) 은행잎의 총PAH농도, (b) 은행잎의 PAH 저분자/고분자비

저분자 PAH는 안트라센, 페난트렌, 메틸페난트렌, 플루오란텐, 피렌, 고분자 PAH는 벤조[a]안트라센, 크리센, 벤조[b]플루오란텐, 벤조플루오란텐, 벤조[e]페렌, 벤조[a]피렌, 펠리넨, 인데노[1,2,3-cd]피렌, 벤조[ghi]펠리넨, 콜로넨으로 하였다.

M. Murakami *et al., Atmos. Environ.*, **54**, 15(2012)

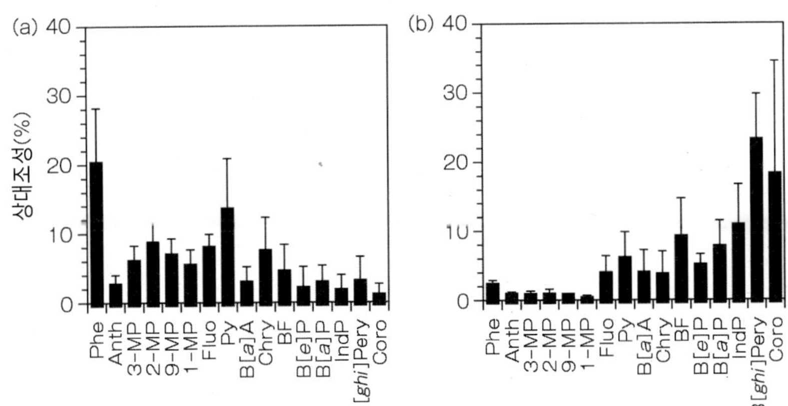

그림 12.13. 가솔린엔진과 디젤엔진 배출가스의 PAH 조성

(a) 디젤차 배출가스 입자, (b) 가솔린차 배출가스 입자, 약어는 그림 5.4 참조

R. Boonyatumanond *et al., Sci, Total Environ.*, **384**, 426(2007)

의 특정과 발생원에 대한 대책이 요망되는 것이다.

12.5. 잠자리 모니터링

지금까지 소수성 오염물질을 소수성의 매체에 농축하여 모니터링 하는 방법에 대해 설명하였다. 마지막으로 계면활성제를 곤충을 이용하여 모니터링한다는 독특한 방법에 대해 설명하겠다. 국립환경연구소가 수행하고 있는 잠자리를 이용한 불소계 계면활성제의 모니터링이다.

불소계 계면활성제는 8장에서 기술한 것처럼 물에 녹기 쉬우면서도 생물농축성도 겸비한 물질이다. 그 때문에 육상에서도 먹이사슬이 높은 단계에 위치하는 생물은 불소계 계면활성제를 체내에 많이 축적하고 있는 경향이 있다[16]. 한 장소에서 여러 개의 시료를 모으기 쉬운 것, 전국적으로 넓게 분포하고 있는 것에서 잠자리를 사용한 모니터링의 검토가 시작되었다. 검토에 의해 산란장소를 찾기 위해서 다양한 장소를 날아서 돌아다니는 암컷 개체와 비행거리가 긴 된장잠자리(Pantala flavescens), 넓은 행동 범위를 가진 산잠자리(Macromiinae)와 왕잠자리(Anax parthenope) 등의 대형종 사이에서는 불소계 계면활성제의 조성과 농도가 다른 것이 밝혀졌다. 이와 같이 암수와 종에 따른 생태의 차이를 고려한 결과 수컷의 깃동잠자리(Sympetrum infuscatum), 밀잠자리(Orthetrum albistylum speciosum)를 제1후보로 하고, 그 외 고추잠자리(Crocothemis servilia mariannae), 노란허리잠자리(Pseudothemis zonata), 여름좀잠자리(Sympetrum darwinianum) 등이 모니터링 매체로 적당한 것으로 판단되었다.

시료의 채취는 연구자 네트워크와 「잠자리 프로젝트」라고 칭한 홈페이지를 통한 호소를 통해서 일반시민의 협력을 얻었다. 홈페이지에 올려져 있는 채집지점 입력시트는 곤충채집을 한 어린이라도 자료 입력이 가능한 사양으로 되어 있다.

이렇게 해서 얻어진 잠자리의 퍼플루오르옥탄슬폰산(PFOS) 농도 분포를 나타낸 것이 그림 12.14이다. PFOS 농도가 높은 지역이 몇 개 있는 것, 산기슭과 전원지대 등 연안역 이외의 오염 상황을 파악할 수 있었던 것 등 흥미있는 결과가 나왔다. 이러한 지점의 가까이에는 폐기물매립처분장과 소각로 등이 있는 비율이 높고, 폐기물 처리에 의한 오염의 확대가 확인되었다. 육상수역에서의 모니터링 방법은 해역에 비해 제한되어 있기 때문에 이 잠자리를 이용한 모니터링을 다른 화학물질에 적용하는 등 이후의 확장성이 기대된다.

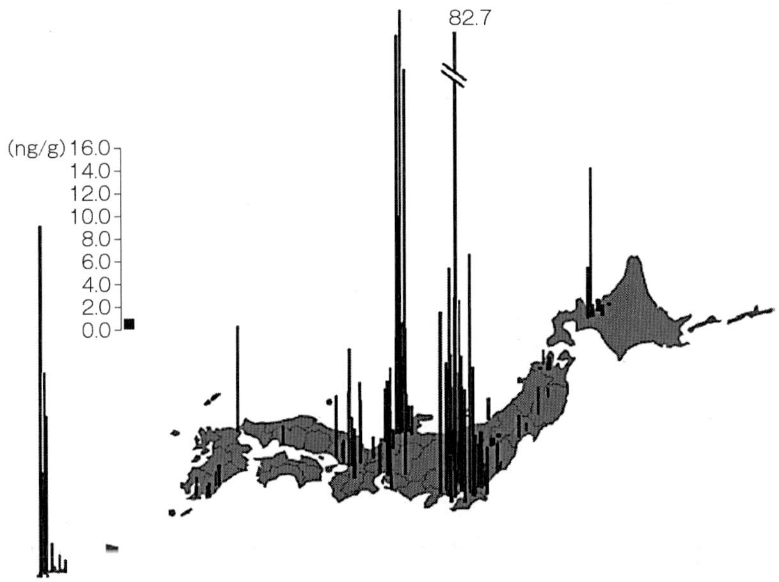

그림 12.14. 일본 전 국의 잠자리의 PFOS 농도분포

柴田康行, 高津蕗一, 地球環境, 19, 159 (2014)

이상, 5종류의 모니터링 사례를 소개하였다. 모두 소수성 오염물질과 계면활성제가 소수성을 가진 모니터링 매체에 농축되는 성질을 이용한 모니터링이다. 최근에는 패시브샘플링(passive sampling)이라고 불리는 플라스틱 시트와 흡착제 등의 모니터링 매체를 물속과 대기 에 일정기간 설치하여 거기에 축적된 오염물질을 측정하는 모니터링 방법의 발전이 물환경과 대기 환경이 함께 두드러진다[17. 18]. 모두 소수성 오염물질을 대상으로 한 것이 많다. 극성이 큰 오염물질 특히 이온성 오염물질을 대상으로 한 모니터링 매체의 개발이 향후 기대된다.

참고문헌

1) 環境性, “化學物質と環境”
http://www.env.go.jp/chemi/kurohon/
2) J.W. Farrington *et al., Environ. Sci. Technol.*, **17**, 490(1983).
3) T. Isobe *et al., Envirn. Monit. Assess.*, **135**, 423(2007).
4) 竹內一郎, 田辺伸介, 日野明德, “微量人工化學物質の生物モニタリング” 恒星社厚生閣(2004).
5) 高田秀重, 地球環境, **19**, 135(2014).
6) S. Endo *et al., Mar. Pollut. Bull.*, **50**, 1103(2005).
7) Y. Ogata *et al., Mar. Pollut. Bull.*, **58**, 1437(2009).
8) J. Hosoda *et al., Mar. Pollut. Bull.*, **86**, 575(2014).
9) C.S. Kwan *et al.,* Sci. Total Environ., **470-471**, 427(2014).
10) M. Heskett *et al., Mar. Pollut. Bull.*, **64**, 445(2012).
11) 高田秀重, ぶんせき, 1, 29(2015).
12) C.M. Rochman *et al., Environ. Sci. Technol.*, **47**, 646(2013).
13) R. Yamashita *et al., Environ. Sci. Technol.*, **41**, 4901(2007).
14) M. Murakami *et al., Atmos. Sci. Technol.*, **17**, 490(1983).
15) R. Boonyatumanond *et al., Sci. Total Environ..* **384**, 420(2007).
16) C.E. Müller *et al., Environ. Sci. Technol.*, **45**, 8665(2011).
17) R.G. Adams *et al., Environ. Sci. Technol.*, **41**, 1317(2007).
18) F.M. Jaward *et al., Environ. Sci. Technol.*, **38**, 34(2004).

13

환경오염화학에서 분자마커의 응용

13.1. 잠재적 리스크 파악 수단으로서의 분자마커

지금까지 다양한 종류의 화학물질에 의한 환경오염에 대해서 설명하였다. 그러나 지금까지 설명한 화학물질은 인류가 사용하고 있는 수많은 화학물질 중에서 극히 일부이다. 또한 지금부터 합성되어 만들어지는 새로운 화학물질과 그 화학물질에 의한 새로운 환경오염도 문제가 될 가능성도 있다. 이와 같은 막대한 종류의 기존 그리고 신규 화학물질에 의한 환경오염에 대응하기 위해 이 책에서는 화학물질의 물성과 환경 거동과의 관련성을 정량적으로 이해하는 것을 목적으로 다양한 환경오염에 대해서 설명하였다. 화학물질의 물성과 환경 거동 사이의 정량적인 관련성은 수치모델로 표현되어 오염 상황의 재현과 미래의 오염 예측에도 이어지기 시작했다. 수치모델은 궁극적으로 실측 없이도 환경오염 상황을 추정할 수 있다는 이점이 있지만, 한편으로 모델을 구성하는 작은 요소 과정에 대한 우리의 이해가 아직 불충분한 것에 의한 불확실성이 동반된다. 이와 같은 모델(연역적인 접근)의 불확실성을 보충하는 실측적(귀납적인) 접근이 분자마커(molecular marker)를 사용한 잠재적인 오염 추정이다. 분자마커는 「어떠한 발생원에 특이적으로 들어있으면서 환경에서 안정한 화학물질」이다. 환경에서 분자마커를 측정하면, 그 마커와 동일한 발생원으로부터 공급되면서 물성이 유사한 화학물질의 분포와 거동을 추정할 수 있다.

13.2. 소수성이 높은 분자마커

13.2.1. 알킬벤젠(alkylbenzene)

분자마커의 일례로서 우선 7장에서 소개한 연성알킬벤젠(linear alkyl benzene, LAB, 그림 7. 3(b))을 들 수 있다. LAB는 연성알킬벤젠설폰산염(LAS, 그림 7.3(a))의 원료이다. 친수기親水基를 가지지 않는 LAB는 입자흡착성이 크고, 하수처리장에서 효과적으로 제거된다[1]. 따라서 LAB는 미처리 하수의 마커가 된다. 그림 13.1과 같이 LAB는 토쿄만東京湾의 스미다강隅田川·타마천多摩川 앞 5km의 해저퇴적물에 2μg/g의 농도로 축적되어 있는 것을 알 수 있다[2]. 이것으로부터 미처리 하수에서 공급된 입자와 소수성이 큰 화학물질이 토쿄만東京湾까지 운반되어 스미다강隅田川·타마천多摩川 앞 5km의 해역에 퇴적되는 것으로 예상된다. LAB의 측정으로 미처리 하수 유래의 화학물질이 어디에 축적되는지를 알 수 있는 것이다. 예를 들어 신규 오염물질 X 및 미처리 하수의 LAB 농도가 각각 5μg/L, 10μg/L이며, X와 LAB의 소수성(K_{OW})이 같은 정도이고, 양쪽 모두 물 환경에서 분해되지 않는 경우 스미다강隅田川·타마천多摩川 앞 5km의 해저퇴적물 중 X의 농도는 1μg/g으로 예상된다. 다만 물 환경에서 X의 분해성이 LAB보다도 높으면, 해저퇴적물의 농도는 1μg/g 보다 낮아진다. 분자마커로서는 통상적으로 분해성이 낮은 화학물질을 사용하고 있기 때문에 다른 물질의 농도와 리스크의 추정이라는 점에서는 최대치의 추정이 된다. 분자마커를 다른 오염물질의 분포·거동 추정에 이용할 경우의 열쇠는 물성의 유사성이다. 여기서 나타낸 사례의 경우는 X가 LAB와 같은 정도로 소수성이 높은 물질이기 때문에 퇴적물로의 축적이 일어나지만 소수성이 낮은 물질의 경우는 입자로의 흡착이 약하고, 퇴적물의 농도는 위의 예측보다도 낮아진다. 극단적인 예를 생각하면 신규 오염물질 Y의 소수성이 극히 낮고, 수용성이 높은 경우에는 그 Y는 입자에 흡착되지 않고, 물에 녹아서 운반되기 때문에 토쿄만東京湾에 퇴적되는 일은 없을 것이다. 수용성 오염물질에는 수용성의 분자마커를 이용할 필요가 있다. 소수성 또는 수용성 마커라고 해도 실제로는 소수성의 정도가 연속적으로 변화하기 때문에 단순하게 소수성과 수용성으로 나눌 수는 없고, 그 사이에 있는 것도 존재한다. 그러나, 이 장에서는 분자마커를 높은 소수성의 분자마커, 중간 정도 소수성의 분자마커, 낮은 소수성(수용성)의 분자마커로 분류하여, 그 대표적인 것에 대해 오염물질의 거동 해석에 응용한 사례를 소개하겠다. 그 전에 분자마커로서 LAB에 대해 조금 더 소개하겠다.

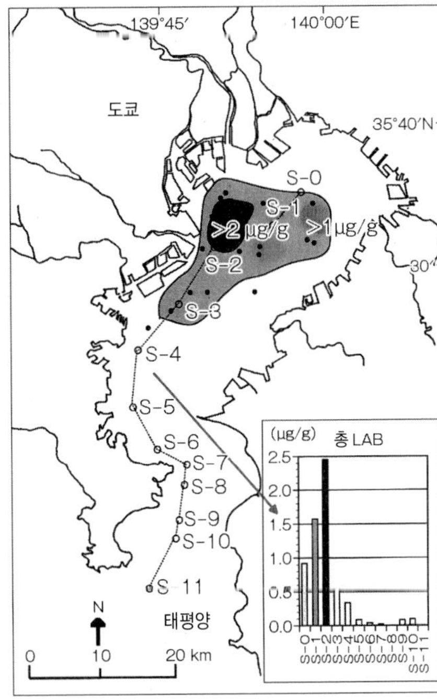

그림 13.1. 토쿄만東京湾 표층퇴적물의 LAB 분포

R.P. Eganhouse Ed., "ACS symposium series: Molecular Markers in Environmental Geochemistry", p.182, ACS publications(1997)

그림 13.1에 나타낸 토쿄만東京湾의 퇴적물 조사는 1980년대 전반에 이루어졌다. 그 당시 토쿄만東京湾 유역의 하수도 보급률은 50% 정도(토쿄도東京都의 23개 특별구만으로는 75%)이며, 미처리 하수에서 유래하는 입자가 하천을 통해 운반되어 토쿄만東京湾에 퇴적되고 있었다. 토쿄만東京湾 유역의 하수도 보급률은 매년 상승하여 토쿄도東京都에서는 1995년에 100%의 보급률에 도달하였다. 그러나 토쿄만東京湾으로 미처리 하수의 유입이 없어진 것은 아니다. 앞에서 설명한 것과 같이 토쿄도東京都의 많은 지역에서 합류식의 하수도를 채용하고 있기 때문에 우천시 월류에 의해 펌프장과 토출구로부터 미처리 하수가 방출된다. LAB를 우천 시 월류 하수 입자의 마커로서 사용하면 2000년대가 되어도 하수 입자가 펌프장 주변에 퇴적되고 있는 것을 알 수 있다(그림 13.2(a))[3]. 그리고 노닐페놀(nonyl phenol)과 트리클로산(triclosan)과 같이 하수 유래의 입자에 흡착되는 오염물질도 LAB와 같은 양상으로 퇴적되고 있으며(그림 13.2(b), (c)), 이들 오염물질이 우천시 월류에 의해 토쿄만東京湾으로 운반되는 것을 시사하고 있다.

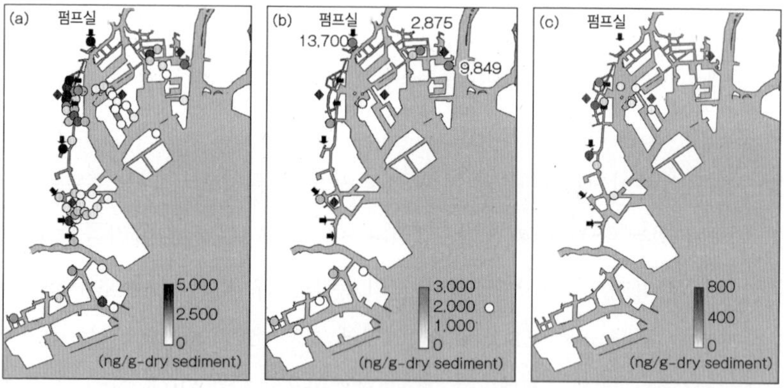

그림 13.2. 토쿄만東京湾 연안역 퇴적물의 LAB(a), 노닐페놀(b) 및 트리클로산(c)의 분포

(a), (b) : 토쿄만東京湾 해양환경 연구위원회 편, "토쿄만東京湾 사람과 자연의 관계의 재생", p.23, 恒星社厚生閣(2011)

LAB는 하수오니에 고농도로 흡착되어 있기 때문에 투기오니의 마커로서도 사용할 수 있다. 대서양의 심해 오니투기해역(deep water dump site 106 : DWDS106)에서 심해저로 오니의 침강·퇴적의 증거로서 LAB의 측정이 이루어졌다[4]. DWDS106은 뉴욕 앞 106해리(약 200km)의 해역에서 1988~1992년까지 뉴욕주와 뉴저지주 등 대도시의 하수처리장에서 발생한 하수오니의 투기가 이루어졌다. 수심이 2,000m 이상이기 때문에 해저로 오니의 축적이 없을 것으로 생각되어 오니의 투기가 이루어졌지만, 실제로 해저의 퇴적물을 채취하여 오니의 마커인 LAB를 측정해보니 확실하게 투기해역과 그 바로 서쪽에서 LAB 농도가 높았다(그림 13.3(a)). 오니가 해류에 의해 서쪽으로 흘러가면서 해저에 도달하여 퇴적된 것이 밝혀진 것이다. 게다가 LAB의 K_{OW}가 PCB의 K_{OW}와 같은 정도이기 때문에 DWDS106의 연구에서는 심해 퇴적물의 PCB에 대

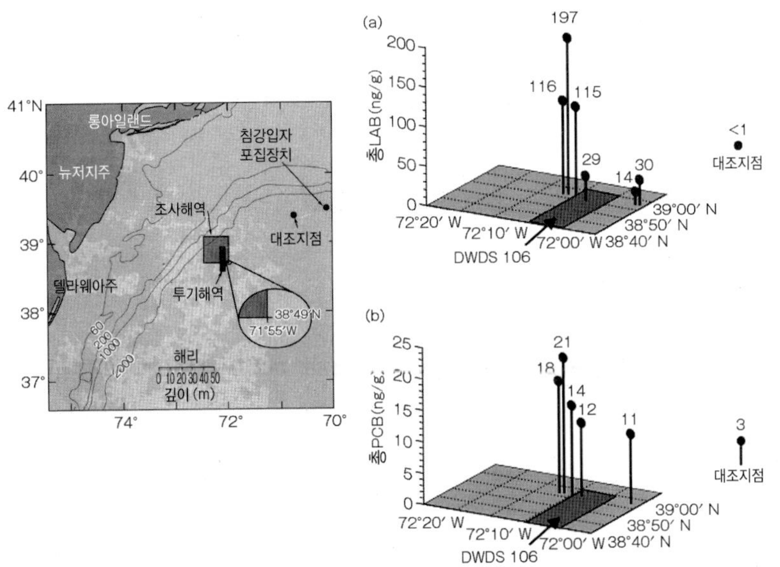

그림 13.3. 뉴욕 앞 DWDS에서 LAB(a)와 PCB(b)의 분포

H. Takada *et al., Environ. Sci. Technol.*, **28**, 1062(1994)를 바탕으로 작성

해 투기오니 유래 PCB와 그 외 기원의 PCB 기여를 추정하는데 응용되었다. 그림 13.3(b)에 나타낸 것과 같이 투기해역과 그 주변 퇴적물의 PCB 분포는 LAB의 분포와 유사하여 투기오니 유래의 PCB의 부하가 시사되었다. 그러나 오니투기 해역에서 떨어진 대조구 지점에서는 LAB는 검출되지 않았지만, PCB가 검출되어 대기 경유의 장거리 운반까지 포함하여 오니투기 이외의 PCB 기여도 시사되었다[2]. 이와 같이 분자마커는 성질이 유사한 오염물질의 기원 해석에 응용할 수 있다.

일본의 주변해역에서도 하수오니의 투기가 이루어진 해역이 있고, 환경성에 의해 이 해역의 모니터링이 이루어졌다. 환경성의 모니터링에서 LAB가 분자마커로서 사용되어 하수오니 입자의 퇴적지역 추정에 활용되었다.

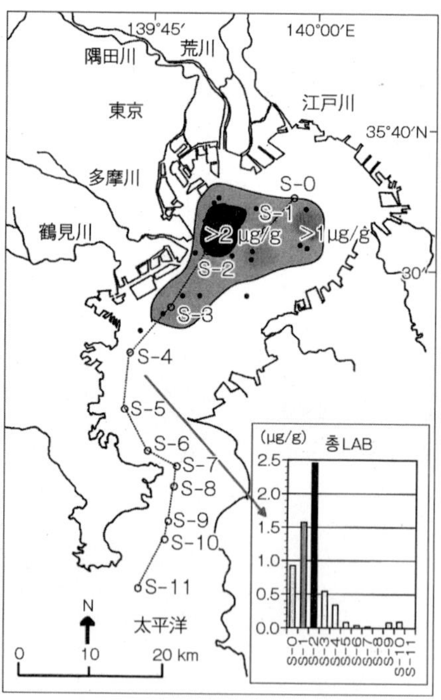

그림 13.4. 토쿄만東京湾 주상퇴적물의 알킬벤젠(alkylbenzene) 수직분포

LAB는 LAS계 합성세제의 생산이 개시된 이후 수역으로 공급되어 그 역사가 연안역의 주상퇴적물 속에 기록되어 있다. LAS의 생산 개시 이전에는 분해성이 낮은 가지형 알킬벤젠설폰산염(ABS, 그림7.3(c))이 사용되었다. LAS의 원재료인 LAB와 마찬가지로 ABS의 원재료로서는 TAB(그림 7.3(d))가 사용되었다. TAB는 주상퇴적물에서 LAB가 검출되는 깊이보다도 깊은 부분에서 검출된다(그림 13.4). LAB와 TAB의 수직분포가 생산의 역사를 반영하고 있기 때문에 LAB와 TAB는 퇴적연대와 퇴적속도의 추정 수단, 즉 지질학적 시계(geochronometer)로서도 이용할 수 있다. LAB와 TAB 뿐만 아니라 많은 분자마커는 인공화학물질이며, 특정 연대에 사용되었기 때문에 지질학적 시계로써 사용할 수 있다.

13.2.2. 코프로스타놀(coprostanol)

코프로스타놀(coprostanol, 5β-cholestan-3β-ol)은 분변성 스테롤로도 불리며, 분뇨오염의 분자마커로 널리 사용되고 있다(그림 13.5). 코프로스타놀(coprostanol)은 고등동물의 장내 박테리아에 의해 콜레스테롤이 환원되어 생성된다. 장내 박테리아의 작용에 의해 5자리의 수소가 입체 선택적으로 β의 방향이 되도록 환원된 것이 코프로스타놀(coprostanol)이다. 콜레스테롤의 환원은 퇴적물 속에서도 일어나지만 그 때에는 입체 선택적이지 않고, α의 방향뿐만 아니라 β방향의 것도 모두 생성된다. 코프로스타놀(coprostanol)은 인간의 분변 속에 높은 농도(mg/g의 수준)로 들어있으며, 하수에서의 농도도 높고 환경에서도 비교적 안정하기 때문에 1960 연대 후반 이후 많은 하천, 호소, 하구 및 연안역에서 분뇨오염의 지표로서 널리 사용되어 왔다[1]. LAB와 마찬가지로 소수성이 크고(log K_{OW}는 7 이상, 그림 1.9), 입자에 흡착되기 쉬워 하수처리에 의해 효율적으로 제거되기 때문에 미처리 하수 특히 수역으로 분변의 부하를 나타내는 마커이다. 또한 LAB와 마찬가지로 우천시 월류와 오니의 해양투기해역 주

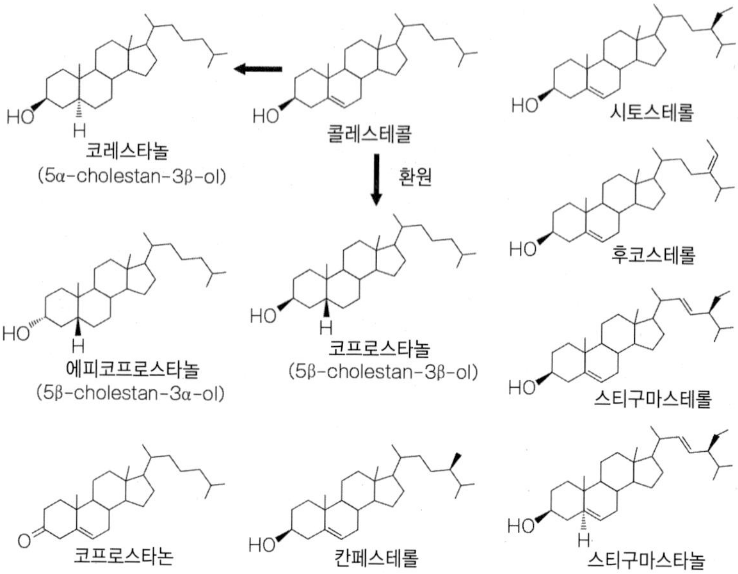

그림 13.5. 주요한 스테롤의 구조식

변에서 투기오니의 마커로서 응용되고 있다. 분뇨 오염의 미생물학적 마커인 분변성 대장균과의 관계도 검토되고 있다[5].

코프로스타놀(coprostanol)은 육상 고등동물과 해양 포유류 등 사람 이외의 동물 분변으로부터의 기여도 있다. 코프로스타놀(coprostanol)뿐만 아니라 스테롤에도 주목하여 인분과 소, 돼지, 닭 등 육상동물의 분변을 스테롤 조성의 차이로부터 구별하는 방법도 제안되고 있다. 식성의 차이로부터 사람과 가축에서는 분변의 스테롤 조성이 다르고, 소의 분변은 코프로스타놀과 함께 콜레스테롤과 시토스테롤의 함유량이 많고, 닭의 분변에는 콜레스테롤과 시토스테롤이 많이 들어 있지만 코프로스타놀(coprostanol)은 미량으로 들어 있다(그림 13.6 상단). 이것을 아시아의 분변오염 기원 추정에 응용한 결과, 캄보디아에서는 닭의 분변, 인도에서는 소의 분변이 분변오염의 주된 원인인 지점이 관측되었다(그림 13.6

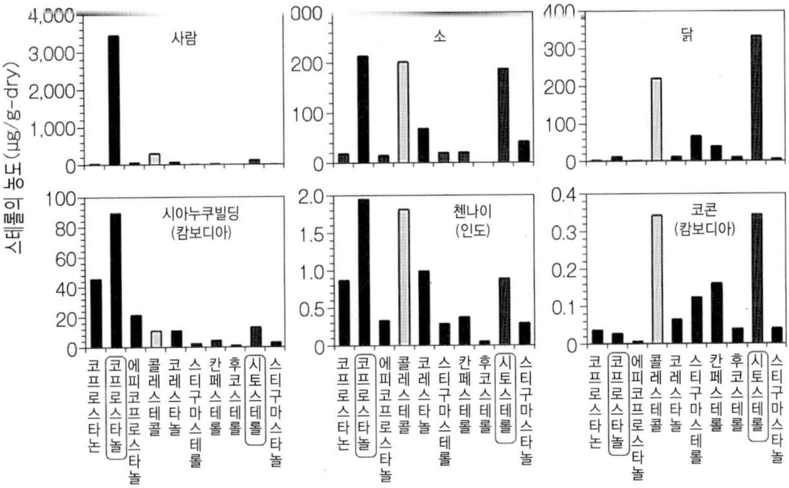

그림 13.6. 아시아 퇴적물 및 동물분변의 스테롤 조성

R. Leeming *et al., Water Res.*, 30, 2896(1996) : 타카오카 히데시게高岡秀重. 月刊海洋, 32, 599(2000)를 바탕으로 작성

하단). 이와 같이 동족화합물의 상대 조성을 비교하여 기원을 추정하는 방법을 핑커프린팅(fingerprinting)이라고 한다. 스테롤의 핑거프린팅은 외국의 조사뿐만 아니라 일본내의 공공용수역에서 위법한 분뇨의 방류를 적발하기 위해 행정기관이 이용하거나 재판의 증거로써 채택된 경우도 있다.

13.2.3. 석유 바이오마커

석유오염의 오염원 조사 등의 분자마커로서 호판(hopane, 그림 13.7)과 같은 바이오마커가 사용되는 경우가 있다. 사실은 바이오마커라는 말은 분자마커라는 말보다도 오래 전부터 사용되어 왔고, 「기원 생물의 고유한 구조를 포함하고 있는 유기화합물」이라는 매우 넓은 의미의 정의를 가지고 있다. 원래 석유 생성 기작 연구와 석유탐사 등의 분야에서 사용

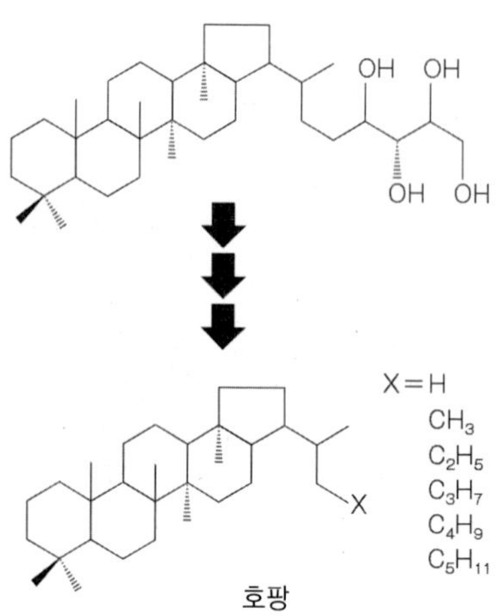

그림 13.7. 박테리오호파네테트롤로부터의 호판생성

되어 왔다. 석유에 들어 있는 유기화합물(주로 탄화수소)로 그 구조와 구조의 일부가 석유 기원으로 되어 있는 생물과 그 서식환경과 관련되는 것이 바이오마커로서 사용되어 왔다.[6] 그림 13.7에 나타낸 호판은 그 일례이다. 호판은 5개의 고리를 가진 트리테르페노이드(이소프렌 골격 6개로 형성된 화합물) 탄화수소이다. 탄소수가 30개인 것을 중심으로 탄소수 28~35(이하, C_{28}~C_{35}로 표기)까지의 동족체와 입체이성체를 포함하는 수십 개의 동족이성체로 구성된다. 박테리아의 세포막에 들어 있는 박테리오호판테트롤이라는 화합물이 지각의 석유 생성 과정에서 숙성작용을 받아 하이드록실기가 떨어져 나가서 호판이 생성된다. 동족이성체의 조성은 석유 생성이 일어난 환경조건과 숙성도를 반영하여 변화하기 때문에 호판의 조성을 상세하게 조사하여 석유의 생성과 숙성도 등이 연구되어 왔다. 호판은 석유의 산지와 숙성도에 의해 특유의 조성을 가지며, 환경에서 분해에 대한 저항성이 있기 때문에 1980년대부터 석유오염 연구에 응용되어 왔다. 예를 들어 석유유출 사고로부터 22년 경과 후에 해안에 잔류하고 있는 기름 속의 호판을 측정하여 유출된 석유를 특정한 사례도 있다[7].

호판을 석유오염 조사에 응용한 사례로서 말라카해협에서의 타르볼 기원 추정을 소개하겠다. 말라카해협은 전 세계적으로 가장 유조선 항행이 많은 해로海路 중 하나이며, 그 대부분은 중동산 석유를 운반하고 있다. 이들 유조선의 항행에 동반되는 일상적인 오염과 사고에 의한 석유 오염이 빈발하고 있다. 한편 해협의 양쪽에 위치하는 말레이시아와 인도네시아 모두 해저유전을 가지고 있으며, 원유의 채굴·정제·운반에 따른 석유오염도 발생하고 있다. 유조선 유래(중동 기원 석유)와 해저유전 유래(동남아시아산)의 석유오염을 구별하는 것은 오염대책에 있어서 중요한 과제이다. 이 구별에 호판 조성의 차이를 이용할 수 있다. 그림 13.8에 중동산석유(아라비안 라이트)와 동남아시아산 석유(밀리) 호판의 크로마토그램을 나타내었다. 원유의 호판에는 C_{29}17α-놀호판과 C_{30}17α-호판이 주요한 성분이며, 그 다음으로 C_{31}~C_{35} 호모호판이 있다. 중동산 석유는 C_{29}17α가 C_{30}17α보다도 많고, C_{31}~C_{35} 호모호판도 상대적으로

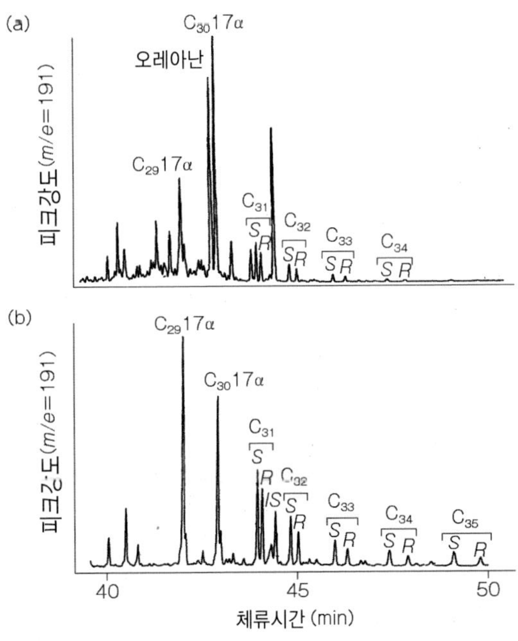

그림 13.8. 중동산 석유(a : 아라비안 라이트)와 동남아시아산 석유(b : 밀리) 호판의 크로마토그램

P. M. Zakaria *et al.*, *Environ. Sci. Technol.*, **34**, 1192(2000)

많은 점이 특징이었다. 이러한 특징은 석유의 생성 환경(중동산 석유의 기암은 탄산염암)에 관련되는 것으로 생각된다. 한편 동남아시아산 원유는 담수(하천 하구와 호수) 환경에서 생성된 것이 반영되어 C_{29}17α가 C_{30}17α 보다도 적고, C_{31}~C_{35} 호모호판도 상대적으로 적다. 이 2개의 특징을 수치로 나타내기 위하여 C_{30}17α에 대한 C_{29}17α의 비율(C_{29}/C_{30}비)과 C_{30}17α에 대한 C_{31}~C_{35} 호모호판 합계량의 비율(ΣC_{31}~C_{35}/C_{30}비)을 계산하여 다이아그램에 나타내면 중동산 석유와 동남아시아산 원유는 그림 13.9의 원으로 둘러싼 2개의 클러스터로 명료하게 구별된다[8]. 이 그림에 말라카해협에서 채취한 타르볼 13개 시료 호판의 C_{29}/C_{30}비 및 ΣC_{31}~C_{35}/C_{30}비를 넣어보면 타르볼 중 4개 시료가 중동산 석유에 유래하고, 나머지 시료는 동남아시아산 석유에서 유래하는 것으로 나타났다[9].

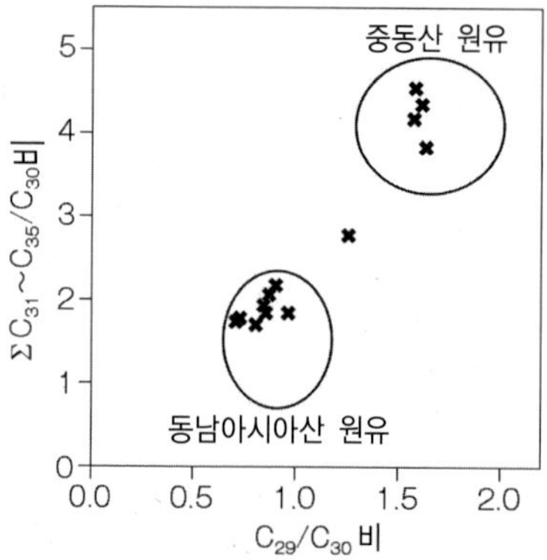

그림 13.9. 말라카해협 타르볼의 C29/C30비와 ΣC31~C35/C30비의 다이아그램

P. M. Zakaria. T. Okuda and H. Takada, *Mar. Pollut. Bull.*, **42**, 1357(2001)을 바탕으로 작성

위에서 설명한 호판 이외의 석유 바이오마커도 석유오염, 주로 기원 추정에 이용되어 왔다. 호판과 같은 트리테르펜(triterpene)인 4개 고리의

스테란(sterane)도 석유의 산지에 의존하여 조성도 다양하며, 환경에서 안정하다. 스테란도 호판과 마찬가지로 기원 추정에 이용되고 있다[10]. 디테르펜(diterpene)의 피탄(phytane, 그림 13.10 (a)), 프리스탄(pristane, 그림 13.10(b)) 등은 클로로필-a의 피틸(phytyl)쪽 사슬에서 유래하는 탄화수소이다. 이들도 석유오염의 마커로서 사용된 사례가 많다[6, 11]. 게다가 석유 바이오마커뿐만 아니라 생체관련으로 기원 특이적이며, 안정한 화합물은 바이오마커로서 사용되고 있다. 예를 들어 리그닌은 고등식물의 목질부를 구성하는 고분자 페놀화합물로 토양에 들어있지만, 리그닌을 해양퇴적물에서 측정하면 육상 기원입자 또는 입자 흡착성 오염물질의 운반을 추정할 수 있다[12].

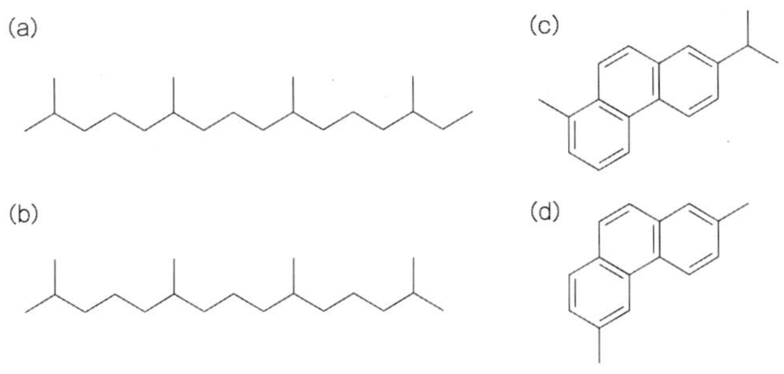

그림 13.10. 바이오마커 사례

(a) 피탄, (b) 프리스탄, (c) 레틴, (d) l1,7 -디메틸페난트렌

또한 분자마커에는 물 환경 오염을 조사하기 위한 것뿐만 아니라 대기를 경유한 오염물질의 운반을 조사하기 위한 것도 있다. 예를 들어 PAH의 이성체인 레틴(retene. 그림 13.10(c))과 1,7-디메틸페난트렌(1,7-dimethylphenanthrene)이라는 화합물이 있다. 이들 물질은 침엽수의 수지성분인 아비에트산(abietic acid)과 피마르산(pimaric acid)이 연소될 때 발생하는 물질[13]로 침엽수림의 산림화재에 의해 생성되는 연기와

PAH의 분자마커로서 응용되고 있다[14, 15]. 바이오마커 중에서 오염물질의 분자마커로서 이용되고 있는 것은 극히 일부이다. 향후 보다 많은 부분으로 응용이 확대될 것으로 기대된다.

13.3. 중간 정도 소수성의 분자마커

13.3.1. 벤조티아졸아민

하수와 함께 도시 수역에 기여가 큰 오염물질 부하원은 도시 표면 유출수, 특히 도로배수이다. N-시클로헥실-2-벤조티아졸아민(N-cyclohexyl-2-benzothiazolamine : NCBA. 그림 13.11 (b))은 도로배수의 마커이다. NCBA는 자동차의 타이어 고무의 가황촉진제(N-시클로헥실-2-벤조티아졸설펜아미드; N-cyclohexyl-2-benzothiazolesulfenamide : CBS, 그림 13.11 (a))에 들어있는 불순물이다. CBS는 타이어의 제조과정에서 가황에 의해 소실되지만 NCBA는 가황에 관여하지 않기 때문에 타이어에 잔류하고, 타이어의 마모에 의해 도로 위의 분진에 혼입된다. 비가 오면 도로분진은 빗물에 씻겨 도로배수가 된다. 도시 지역에서는 하수 등 도로배수 이외의 오염원에는 NCBA가 들어있지 않기 때문에 NCBA는 도로배수의

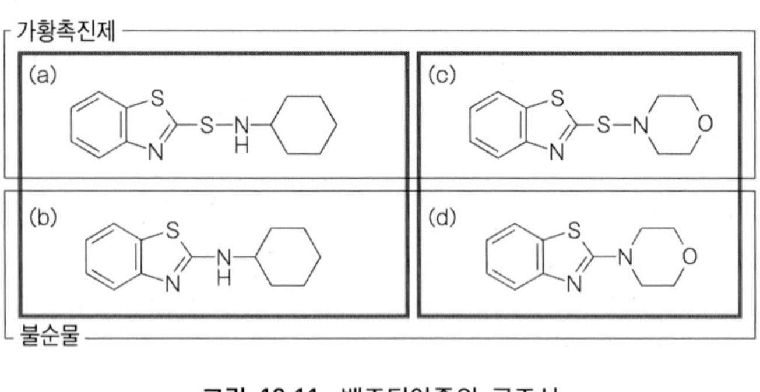

그림 13.11. 벤조티아졸의 구조식

(a) CBS, (b) NCBA, (c) 2-(모르폴리오티오)벤조티아졸, (d) 24MoBT

분자마커로서 사용할 수 있다. NCBA가 타이어 마모 생성물로서 환경에 방출되기 때문에 하천의 퇴적물 등에서 NCBA를 측정하여 도로분진과 도로 배수 입자의 기여를 추정하는 연구가 이루어져 왔다.

예를 들어 일본 황궁 해자의 하나인 치도리가후치千鳥ケ淵에서 주상퇴적물을 채취하여 분석한 결과, NCBA는 1950년대에 해당되는 층에서부터 표층(현재)으로 향해 증가하는 경향을 나타냈으며, 도로분진과 자동차 운행으로부터 유래하는 환경 부하가 해가 갈수록 증가하는 것으로 나타났다(그림 13.12)[16]. 주상퇴적물에서 PAH 수직분포는 1960년대에 피크를 나타내고, 현재로 향해 감소하는 경향을 나타냈다. NCBA의 증가 경향과 함께 생각하면 도로배수 유래의 PAH의 기여가 상대적으로 늘어난 것으로 생각된다.

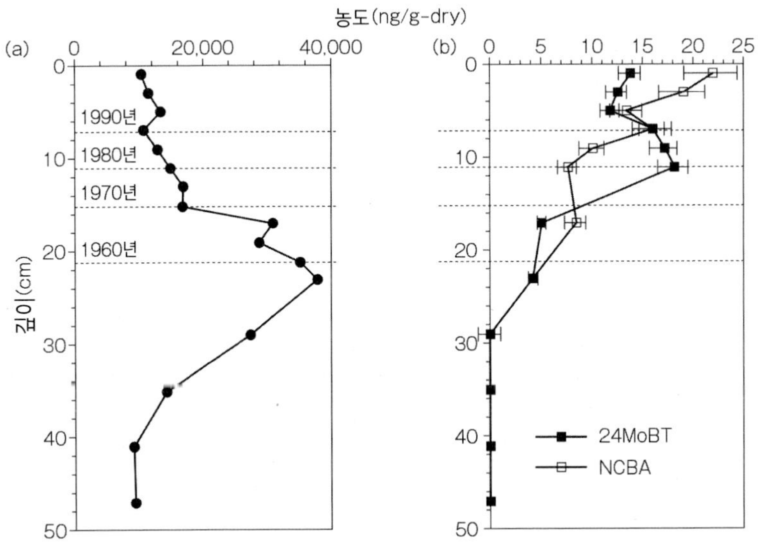

그림 13.12. 치도리가후치千鳥ケ淵 주상퇴적물의 PAH농도(a) 및 벤조티아졸농도(b)

H. Kwnataetal. *et al*, *Environ. Sci. Technol.*, **34**, 250(2000)

또한 토쿄도東京都 내 노천野川의 표층퇴적물과 거기에 유입되는 고속도로배수의 NCBA와 PAH를 동시에 측정하여 노가와野川 퇴적물의 PAH는 도로 배수의 기여가 14~30% 정도인 것으로 추정되었다[17]. 다만 NCBA의 log K_{OW}는 4.83[18](그림 1.9)이며, 도로배수(현탁입자량 : 수십 mg/L)에서는 20% 정도가 입자에 흡착되어 존재하고 대부분은 용존태로서 존재하는 것을 고려하면 NCBA와 PAH의 비율로부터 추정한 도로분진의 기여는 과소평가, 즉 하천 퇴적물의 PAH에 도로배수에서 유래하는 PAH의 기여는 이 추정보다 클 가능성이 있다. 최근에는 NCBA의 용존태로의 분배에 주목하여 도로배수에 들어 있는 수용성 불소계 계면활성제의 기여 해석에 응용된 사례도 있다[19].

또한 2-(모르폴리오티오)벤조티아졸(2-(morpholinothio)benzothiazole, 그림 13.11(c))이라는 또 하나의 가황촉진제로부터 유래하는 2-모르폴리노벤조티아졸(2-morpholinobenzothiazole : 24MoBT, 그림 13.11(d))도 타이어의 마모 생성물, 도로분진 및 도로배수에 들어있어 이러한 것들의 분자마커로서 사용되고 있다. 24MoBT는 NCBA보다도 소수성이 더욱 작고(log K_{OW}는 2.42[20], 그림 1.9), 퇴적물에 적용하는 경우 입자 흡착성 오염물질의 기여를 과소평가해버릴 가능성이 있다.

13.3.2. 스틸벤(stilbene) 형광표백제

7장에서 소개한 스틸벤(stilbene) 형광표백제의 DSBP와 DAS1은 가정배수에 특이적으로 들어있고, 미생물 분해성이 낮기 때문에 하수의 분자마커로도 사용할 수 있다. 하수처리수 및 처리수의 수용성 오염물질의 거동을 추적하는 수단이 된다. 7장의 그림 7.9에 나타낸 토쿄만東京湾 표층 해수의 DSBP 분포에서 하수처리수가 토쿄만東京湾 안쪽에서 앞바다 치바千葉 쪽으로 퍼져나가고 있는 양상을 잘 알 수 있다. 또한 DSBP는 용존태로 존재하는 한편 입자태에도 존재하여(하천수에서 2% 정도, 7장

참조) 퇴적물에서도 검출되기 때문에 연안해역에서 퇴적물의 운반 기작에 관한 연구에도 응용되었다. 토쿄만東京湾에서 만 입구를 통과하여 사가미만相模湾 앞의 태평양에 이르는 해역까지 해저퇴적물의 형광표백제를 조사해보면, 수심 1,000m 이심의 심해까지 포함하여 DAS1이 10~100 ng/g 정도의 농도로 확실하게 검출되었다(그림 13.13). 인간활동의 영향이 하천, 내만을 경유하여 심해저까지 미치고 있는 것을 나타내고 있다. 형광표백제의 유일한 분해 경로는 광분해이지만 수심 10m 이심으로는 빛이 도달하지 않기 때문에 퇴적물에 일단 들어간 형광표백제는 분해되지 않고, 반영구적으로 잔류한다. 또한 LAB와 마찬가지로 형광표백제도 호소와 연안역의 퇴적물에서 수직분포가 밝혀져 형광표백제 성분의 변화와 유역의 하수처리시설 건설의 역사와 잘 대응하는 것도 밝혀졌다[21].

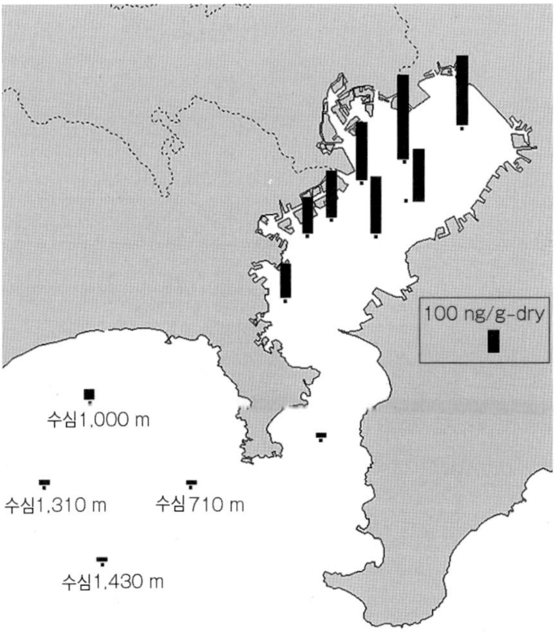

그림 13.13. 토쿄만東京湾 및 사가미만相模湾 퇴적물의 DAS1 농도

13.4. 수용성 분자마커

13.4.1. 합성의약품·항생물질류

분자마커는 석유 바이오마커, 코프로스타놀(coprostanol), LAB 등 소수성의 마커 연구로부터 발전해 왔지만 1990년대 전반까지는 수용성에 유효한 분자마커가 없었다. 1990년대 말부터 합성의약품·항생물질류가 하천수에서 검출되어 수용성 분자마커로서의 응용이 시작되었다. 11장에서 소개한 것과 같이 합성의약품 중에서도 크로타미톤(crotamiton), 칼바마제핀(carbamazepine), 디에틸톨루아미드(diethyltoluamide) 등은 log K_{OW}가 3보다 작고, 수용성이 높다. log K_{OW}가 3이하이면 하천수에서는 99% 이상이 용존태로 존재한다. 크로타미톤(crotamiton)과 칼바마제핀(carbamazepine)은 하수처리에서의 제거율도 낮기 때문에 하수 및 하수에 들어 있는 수용성 성분의 마커로서 취급할 수 있다. 일본 전국의 1급 하천 37개에서 크로타미톤(crotamiton)과 칼바마제핀(carbamazepine)의 부하량[1]과 유역 인구 사이에는 높은 정의 상관관계가 확인된다(그림 13.14). 이들 합성의약품은 하수처리에서 제거되지 않기 때문에 하수도의 보급에도 불구하고 하천 유역으로 공급되는 하수와 유역 인구 사이에 상관관계가 나타나는 것이다[22]. 물 속에서 이들 의약품의 농도가

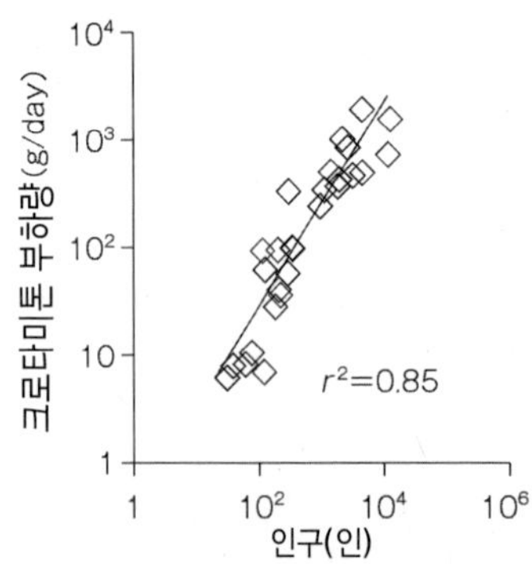

그림 13.14. 일본 전국 1급 하천의 하루의 크로타미톤(crotamiton) 부하량과 유역 인구의 관계

H. Nakada *et al., Environ. Sci. Technol.* **42**, 6349(2008)

1) 하천 하류지역에서의 성분의 농도와 하천수 유량을 곱한 것이며 그 지점에서 그 성분의 통과량을 의미한다.

높으면 그 물에 하수가 큰 영향을 미치는 것으로 생각할 수 있다.

하수 이외에도 부하원을 가진 오염물질의 기원 해석에도 이들 마커를 응용하면 그 유용성을 잘 알 수 있다. 항생물질은 사람용으로 사용되는 것 외에 가축용의 기여도 있다. 일본 전국의 1급 하천 20개에서 항생물질 농도와 크로타미톤(crotamiton) 농도 사이에 높은 상관관계가 확인되었다. 이것은 1급 하천수의 항생물질은 주로 사람용으로 사용된 것이기 때문에 가축용의 기여는 작다는 것을 의미한다[23]. 또한 항생물질도 수용성 분자마커로서 사용될 수 있는 것을 나타내고 있다. 불소계 계면활성제도 일본 전국 1급 하천의 농도를 크로타미톤(crotamiton)과 비교해 보면, PFOS는 크로타미톤(crotamiton)과 분포가 유사하여 PFOS가 도시배수를 경유하여 하천으로 공급되는 것을 알 수 있다. 그 외의 불소계 계면활성제 중에서도 PFOA의 경우는 크로타미톤(crotamiton) 농도가 낮은 하천에서도 PFOA 농도가 높은 경우가 있어 PFOA는 도시배수 이외의 기원이 있다는 것을 알 수 있다(그림 13.15)[24].

수용성 분자마커는 육상기원 오염물질이 해역으로 확산되는 과정을 알기 위해 사용할 수도 있다. 11장에서 설명한 것과 같이 토쿄만東京湾 표층 해수의 항생물질인 설파메톡사졸(sulfamethoxazole)은 만 안쪽에서 만 입구까지의 측선에서의 농도 감소는 매우 완만하고, 농도가 반감되는데 60km 이상의 거리가 필요하다. 만내뿐만 아니라 만 외로 육상기원의 수용성 성분이 넓게 확산되는 것이 확인되었다. 이것은 소수성의 오염물질과는 대조적이다. 그림 13.2(a)에서 LAB를 사용하여 예시한 것처럼 같은 하수 유래이더라도 소수성이 높은 화합물은 입자에 흡착·침강되어 퇴적물로 유입되는 것에 비해 수용성의 물질은 퇴적물로 유입되는 제거 과정이 없기 때문에 물 속에서 앞바다로 퍼져나가는 것이 확인되었다.

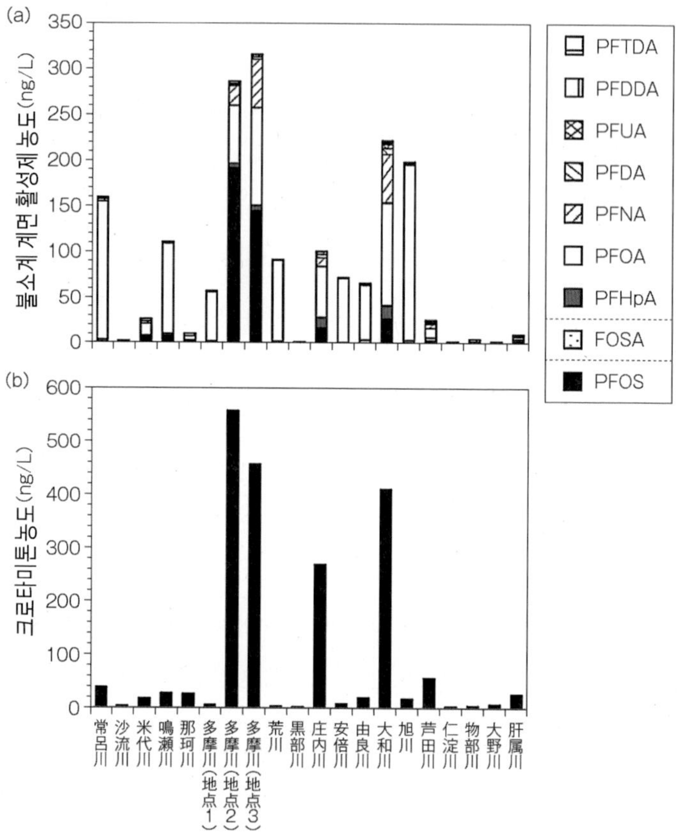

그림 13.15. 일본 전국 1급 하천에서 불소계 계면활성제의 분포(a)와 크로타미톤(crotamiton) 농도(b)

M. Murakami *et al., Environ. Sci. Technol.*, 42, 6569(2008)

수용성 분자마커는 지하수의 오염조사에도 응용된다. 소수성이 높은 마커의 경우는 토양에 흡착되어 제거되기 때문에 지하수 오염 조사에는 사용될 수 없지만 수용성 마커는 지하수 오염 조사에 응용되고 있다. 11장에서 설명한 것과 같이 토쿄도東京都 내에서 50개소의 지하수에 대해 합성의약품을 측정하여 19개 지점에서 크로타미톤(crotamiton)과 칼바마제핀(carbamazepine)이 검출되었다[25]. 토쿄東京와 같이 옛날부터 하수도가 가설된 대도시에서는 하수관망의 노후화에 의한 지하수로의 하수 유입이 우려되며, 이러한 하수 마커의 검출은 실제로 하수의 유입이 일어나고 있는 것을 나타내고 있다. 지하수의 하수에 의한 오염에 대해서는 다음 항에서 설명하는 합성감미료를 마커로 사용하여 보다 상세한 조사가 이루어졌다.

13.4.2. 합성감미료

합성감미료는 음료와 식품에 단맛을 내기 위해 첨가되는 합성화학물질이다. 그 대부분은 체내에서 흡수되지 않고 소변으로 배출되어 하수에 혼입된다. 현재 일본에서 주로 사용되는 합성감미료는 서크라로스(sucralose, 1999년 이후 사용, 그림 13.16(a))와 아세설팜(acesulfame, 2000년 이후 사용, 그림 13.16(b))이다. 모두 수용성이 높고, 토양으로의 흡착성이 낮고, 미생물분해를 받지 않기 때문에 지하수로 하수 혼입의 마커로서 사용되고 있다[26].

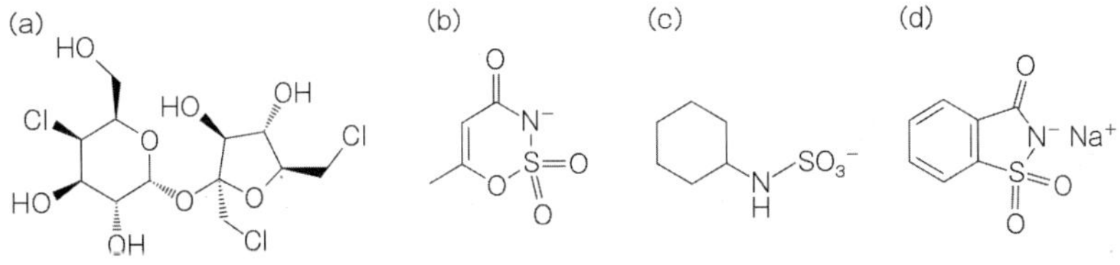

그림 13.16. 합성감미료의 구조식

(a) 서크라로스(sucralose), (b) 아세설팜(acesulfame), (c) 사이클러메이트(cyclamate), (d) 사카린

실제로 합성감미료를 사용하여 지하수로의 하수 혼입을 조사한 사례를 소개하겠다. 토쿄도東京都 내의 우물물과 용수를 70개 지점에서 채취·분석한 결과 용수 27개 지점 중 23개 지점에서, 우물물 43개 지점 중 29

개 지점에서 아세설팜(acesulfame)이 검출되었다(그림 13.17)[27]. 이러한 것들로부터 지하수로의 하수의 혼입이 광범위하게 일어나고 있는 것이 확인되었다. 서크라로스(sucralose)는 일본의 하수처리수와 2차 처리수에서 아세설팜(acesulfame)과 같은 정도로 검출되지만 분석 감도가 낮기 때문인지 검출빈도도 낮았다.

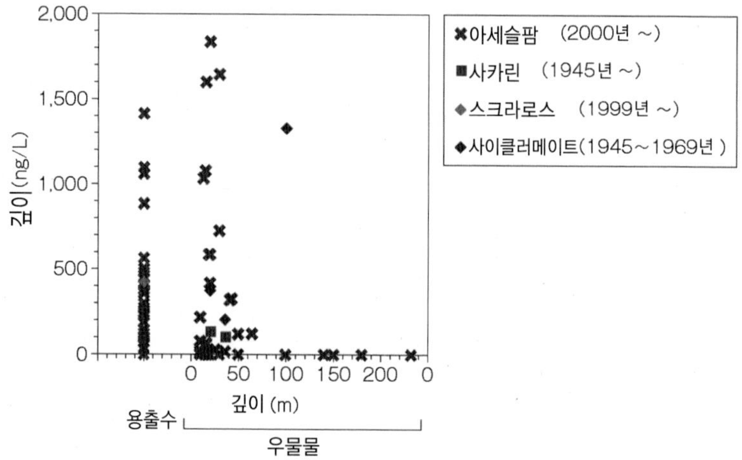

그림 13.17. 토쿄도東京都 도내 지하수의 합성감미료 농도

범례에서 괄호 안은 사용년도

지하수에서 검출된 아세설팜(acesulfame) 농도로부터 지하수로의 하수의 혼입률을 추정할 수 있다. 아세설팜(acesulfame) 농도의 중간값은 각각 용수 : 284ng/L, 우물물 : 62ng/L이었다. 한편 하수의 아세설팜(acesulfame) 농도는 약 24,000ng/L이다. 지하수의 아세설팜(acesulfame) 농도를 하수의 아세설팜(acesulfame) 농도로 나누면 용수 및 우물물로 하수의 혼입률은 각각 1.2%, 0.3%로 계산된다.

게다가 사용된 시기가 다른 여러 개의 성분을 조사하면 밝혀지는 것도 있다. 아세설팜(acesulfame)은 용수와 깊이 60m 이하의 우물에서 검출되고, 깊이 100m 이상의 우물에서는 검출되지 않았다. 아세설팜(acesulfame) 농도는 우물의 깊이, 즉 지하수 대수층의 깊이에 관련되어 있을 것으로 예상된다. 얼핏 지하 심부로의 하수 혼입은 일어나지 않을 것으로 생각되지만 아세설팜(acesulfame)이 최근(2000년 이후) 사용되기 시작한 합성감미료인 것을 고려할 필요가 있다. 실제로 아세설팜(acesulfame)이 검출되지 않았던 타이토구台東区에 있는 깊이 100m의 우물(피압지하수[2])에서는 1969년에 사용이 금지된 사이클러메이트(cyclamate, 그림 13.16(c))가 비교적 높은 농도(1,300ng/L)로 검출되었다. 토쿄東京 23개 구내에 있는 또 다른 깊은 우물(80m 이상)에서도 검출되었다. 사이클러메이트(cyclamate)가 현재의 하수에서는 미량으로 검출됨에도 불구하고, 깊은 우물에서 검출된 것이다. 이 사실이 의미하는 것은 1960년대에 지하로 침두된 하수가 천천히 아래로 침투하여 심부의 대수층에 혼입되었다는 것이다. 이와 같이 특정의 사용 연대를 가진 물질을 이용하여 지하수의 함양涵養[3] 시기의 추정에도 사용할 수 있다.

합성감미료는 높은 감도로 분석이 가능하기 때문에 시료량이 작아도 되며, 분석조작도 간편하기 때문에 높은 빈도, 높은 분해능의 분석이 가능하다. 높은 빈도, 높은 분해능으로 환경오염물질과 그것의 운반 매체가 되는 물의 움직임을 추적하는 것은 환경오염물질의 모니터링과 거동 파악에 새로운 관점을 더해줄 것으로 기대된다.

이 장에서는 형광표백제와 알킬벤젠(alkylbenzene) 등 몇몇 난분해성 인위 기원 유기화합물이 환경에 반영구적으로 잔류하고 있는 것을 소개하였다. 이들 화합물을 마커로서 취급할 경우 마커 그 자체의 독성은 문

---

2) 대수층의 상부와 하부가 점토층과 같이 물이 통하지 않는 불투수층으로 되어 있을 때, 대기압보다 큰 압력을 받고 있는 대수층의 지하수를 말한다 (출처 : 두산백과)

3) 지표수(강수 및 하천수)가 지하대수층으로 아주 완만하게 침투하여 지하수가 되는 것을 의미한다.

제로 취급하지 않는다. 현시점에서 환경 중 농도와 독성에 관한 지식으로부터 마커 자체가 개개의 생물과 생태계로 영향을 미치고 있다고는 생각되지 않는다. 그러나 향후에 그 영향이 밝혀질 가능성이 없다고 판단할 수는 없다. 예를 들어 9장에서 설명한 것과 같이 페놀계 내분비교란 화학물질에 의한 환경오염은 1960년대부터 시작되었지만 페놀계 내분비 장애 화학물질의 교란 작용이 밝혀진 것은 1990년대이며, 이미 그 시점에서는 오염이 진행된 상태이다. 이번에 소개한 많은 마커는 심해저와 지하수 대수층에 반영구적으로 잔존한다. 미래에 그것들이 생물에 미치는 영향을 알게 되었을 때는 이미 대책을 세우기에는 늦어버렸을 가능성도 있다. 예방원칙적인 입장에서는 취해야할 대비책이 있는 경우, 즉 이들 물질을 사용하지 않아도 된다면 환경 잔류성이 있는 화학물질의 사용은 최대한 피해야 할 것이다.

참고 문헌

1) R.A. Mayers Ed., "Encyclopedia of Environmental Analysis and Remediation", pp.2883-2940, Wiley-Interscience(1998).
2) R.P. Eganhouse Ed., "Molecular Markers in Environmental Geochemistry", pp. 178-195, ACS Publications(1997).
3) 東京灣海洋環境研究委員會 編, "東京灣-人と自然のかかわりの再生", 恒星社厚生閣(2011).
4) H. Takada *et al., Environ. Sci. Technol.*, **28**, 1062(1994).
5) K.O. Isobe *et al., App. Environ. Microbiol.*, **70**, 814(2004).
6) K.E. Peters, C.C. Wlaters and J.M. Moldowan, "The Biomarker Guide, volume 1: Biomarkers and Isotopes in the Environment and Human History, 2nd edition", Cambridge University Press(2005).
7) A. Wang, M. Fingas and G. Sergy, *Environ. Sci. Technol.*, **28**, 1733(1994)

8) P.M. Zakaria *et al., Environ. Sci. Technol.*, 34, 1189(2000)
9) P.M. Zakaria, T. Okuda and H. Takada, *Mar. Pollut. Bull.*, 42, 1357(2001)
10) R.P. Eganhouse, "Molecular Markers in Environmental Geochemistry", pp.110-132, ACS Publications(1997).
11) M. Blumer and J. Sass, *Science*, 176, 1120(1972)
12) J.I. Hedges and D.C. Mann, *Geochim Cosmochim. Acta*, 43, 1809(1979)
13) R.E. Laflamme and R.A. Hites, *Geochim Cosmochim. Acta*, 42, 289(1978)
14) T. Ramdahl, *Nature*, 306, 580(1983)
15) B.A. Benner *et al., Environ. Sci. Technol.*, 29, 2382(1995)
16) H. Kumata *et al., Environ. Sci. Technol.*, 34, 246(2000)
17) 山田淳也, 熊田英峰, 高田秀重, 日本地球化學會年會講演要旨集, 28(1999)
18) U.S. Environmental Protection Agency, "EPI-suite™ ver.4.11"(2012)
19) 高田秀重, 小池央朗, 環境化學討論會年會講演要旨集, 309(2013)
20) C.M. Reddy and J.G. Quinn, *Environ. Sci. Technol.*, 31, 2847(1997)
21) R.P. Eganhouse, "Molecular Markers in Environmental Geochemistry", pp.231-241, ACS Publications(1997).
22) N. Nakada *et al., Environ. Sci. Technol.*, 42, 6347(2008).
23) A. Murata *et al., Sci. Total Environ.*, 409, 5305(2011).
24) M. Murakami *et al., Environ. Sci. Technol.*, 42, 6566(2008).
25) K. Kuroda *et al., Environ. Sci. Technol.*, 46, 1455(2012).
26) I.J. Buerge *et al., Environ. Sci. Technol.*, 43, 4381(2009).
27) 高田秀重, 水環境學會誌, 36, 308(2013).

색인

기 타

역자 소개

조현서 전남대학교 / 교수, 오사카대학(공학박사) : 환경해양학
김성수 해양환경관리공단 / 수석부장, 부경대학(이학박사) : 화학해양학
김영일 해양과학기술원 / 책임연구원, 홋카이도대학(이학박사) : 화학해양학

환경오염화학

생태계 내에서 유기오염물질의 거동

인 쇄 | 2018년 3월 20일
발 행 | 2018년 3월 26일

저 자 | 水川薫子·高田秀重
역 자 | 조현서·김성수·김영일
발행인 | 정병석
발행처 | 전남대학교출판문화원

등 록 | 1981. 5. 21. 제53호
주 소 | 61186 광주광역시 북구 용봉로 77
전 화 | (062) 530-0571~2
마케팅 | (062) 530-0573
팩 스 | (062) 530-0579
홈페이지 | http://www.cnup.co.kr
이메일 | cnup0571@hanmail.net

값 18,000 원

ISBN 978-89-6849-491-8 (93400)

이 도서의 국립중앙도서관 출판예정도서목록(CIP)은 서지정보유통지원시스템 홈페이지(http://seoji.nl.go.kr)와
국가자료공동목록시스템(http://www.nl.go.kr/kolisnet)에서 이용하실 수 있습니다.
(CIP제어번호: CIP2018009734)